供电可靠性管理培训题库
综合能力

《供电可靠性管理培训题库》编委会　编

中国电力出版社
CHINA ELECTRIC POWER PRESS

图书在版编目（CIP）数据

供电可靠性管理培训题库．综合能力 /《供电可靠性管理培训题库》编委会编．—北京：中国电力出版社，2023.8

ISBN 978-7-5198-7537-4

Ⅰ.①供… Ⅱ.①供… Ⅲ.①供电可靠性－可靠性管理－技术培训－习题集 Ⅳ.① TM72-44

中国国家版本馆 CIP 数据核字（2023）第 010748 号

出版发行：中国电力出版社

地　　址：北京市东城区北京站西街 19 号（邮政编码 100005）

网　　址：http://www.cepp.sgcc.com.cn

责任编辑：石　雪（010-63412557）

责任校对：黄　蓓　王海南

装帧设计：锋尚制版

责任印制：钱兴根

印　　刷：三河市百盛印装有限公司

版　　次：2023 年 8 月第一版

印　　次：2023 年 8 月北京第一次印刷

开　　本：880 毫米 ×1230 毫米　16 开本

印　　张：15.25

字　　数：414 千字

定　　价：65.00 元

编委会

主　　任　周　霞

副 主 任　李　霞　王金宇　李景华　陈　旦

委　　员　赵辰宇　葛　栋　黄　锐　于　乔　王乃德　李方圆　刘明林
　　　　　房　牧　董　啸　左新斌　李建修

编写组

主　　编　赵辰宇

副 主 编　王乃德　李方圆

参编人员　赵永贵　刘大鹏　房婷婷　李继鹏　侯庆雷　韩召祥　任敬飞
　　　　　崔乐乐　刘军青　于学新

前言

　　电力可靠性管理是电力供应保障的一项基础性工作，在电力安全生产中发挥重要作用。其中，供电可靠性管理是电力可靠性管理的重要内容，集中体现了电力企业电网建设水平、运行管理水平以及供电服务能力。为促进电力可靠性管理专业人员素质和技能持续提升，提高供电可靠性管理工作人员培训针对性和实效性，满足电力可靠性管理工作创新发展需要，中国电力企业联合会可靠性管理中心联合国网山东省电力公司，以2022年电力行业职业技能竞赛（供电可靠性管理员）为契机，组织部分参赛选手和教练编写了《供电可靠性管理培训题库》，分为基础知识和综合能力两个分册。

　　本书为综合能力分册，将辅助规划决策、指标预控、停电计划平衡、故障停电事件处置、数据分析、可靠性评估六类应用场景进行单独或组合展示，形成15套应用场景题库，实现理论和实践的有效结合，强化4项基础（规程标准执行、专业技能掌握、课程设计培训、综合分析评估），提升4种能力（专业技术能力、实践操作能力、讲授答辩能力、综合管理能力），培养以供电可靠性为龙头的配网规划决策、状态评估、综合研判、统筹管理的多面手，打造综合能力过硬的复合型人才队伍。

　　本书可供供电可靠性各级管理及技术人员使用，作为供电可靠性新任职人员岗前培训、供电可靠性从业人员技术培训以及供电可靠性竞赛调考备选题库，也可作为相关专业人员能力评价和继续教育教材。

　　限于编写的时间和水平，书中难免存在疏漏和不足之处，恳切希望各位专家和读者批评指正！

编者

2023年3月

综合业务场景介绍

业务场景重点考查供电可靠性在实际工作中的具体应用情况，主要包括辅助规划决策、指标预控、停电计划平衡、故障停电事件处置、数据分析、报告编制、汇报展示等方面。

一、培训项目

（一）辅助规划决策场景

1．优化负荷转供能力

根据某区域现状网架结构图、用户负荷和分布情况、该区域计划投资情况，以及该区域历史一年或两年停电事件明细，分析网架转供能力方面存在的问题，查找转供电时存在用户负荷损失的薄弱环节，提出新建或改造规划方案建议。

2．网架结构标准化水平

根据某变电站全部10kV出线单线图、分段开关联络开关位置、用户接入位置和负荷情况，以及历史一年或两年停电事件明细，分析变电站10kV出线在线路网架结构上存在的问题，提出各线路分段和联络改造建议。

（二）指标预控场景

1．停电预算管控

根据电网结构、装备水平、负荷情况、历史三年指标数据，以及年度停电计划明细表，快速完成供电可靠性年度指标预测，包括等效用户数、全年停电时户数、预安排和故障停电时间等指标。

2．供电可靠性目标分解

根据年度停电计划和历史停电趋势，将全年供电可靠性目标值分解至季度、月度；根据各区县电网状况和停电计划，将全年供电可靠性目标分解至各区县；根据各专业工作安排，对可能产生停电的发展、运检、营销、建设、物资、调控等相关管理部门划定目标。

3．停电时户数管控分析

根据年初指标预测情况，包括全年和各季度、各专业停电预测、用户数量预测，以及当年实际发生的停电事件明细、等效用户数，分析时户管控中是否落实计划刚性执行，根据停电预算合理安排年度工作，发生重大事件日或大范围故障后是否及时调整后续工作安排，分析该供电企业在时户管控中的不足和问题，提出工作建议。

（三）停电计划平衡场景

1．一停多用安排

根据给定网架接线图、主网检修安排、基建工程投产送电计划、配网停电计划和客户设备停电维修需求，综合协调合理安排停电计划，制定最短时间和最小停电范围方案。

2．不停电作业勘察审核

根据给定的网架接线图、工程及检修相关两票，核对不停电作业、发电作业方式合理性，核查带电作业条件，最大限度压降停电范围。

3．检修定额审查

根据给定的停电计划及现场检修工作方案，依据检修时间定额，审查检修内容完备性，流程安排、检修时间合理性，不停电与停电作业的衔接、停电前准备工作是否充分，以及停电工作期间各环节必要性。

（四）故障停电事件处置场景

1．统筹抢修指挥

通过模拟电网故障，进行保护报文分析，分析故障事件，需综合考虑线路巡视、故障隔离、负荷转供方案，统筹安排带电、发电作业，尽可能缩小停电范围、减少停电影响，并及时与营销调控等专业沟通，确保客户通知到位、操作及时。

2．配电自动化自愈

通过系统仿真模拟10kV线路故障，查看操作配电自动化系统，发现自愈功能启动，对FA故障处理过程中出现的异常情况进行现场分析，锁定故障区间并提出最优处置方案，对故障过程进行复盘描述。

（五）数据分析场景比赛

1．供电可靠性基础数据、运行维护

根据某条中压线路单线图和基本参数，快速完成线路分段和用户台账表维护。根据停电情况，包括计划、临时、故障停电，完成运行数据维护，准确填报停电时间、设备、停电性质、责任原因、技术原因等。

2．供电可靠性数据质量核查

根据某段时间系统内中压用户明细和停电事件明细，通过核对调度日志、"两票"、停电发布信息等，核查可靠性基础台账和运行数据完整性、准确性。

（六）可靠性评估场景比赛

根据地理信息图、配电网拓扑图、配电线路和配电变压器基础参数、现状年该区域典型日（最大负荷日）各负荷点的负荷容量以及典型可靠性参数，计算现状配电网的系统、馈线和负荷点可靠性指标，找出对指标影响较大的参数，并进行指标薄弱环节分析。

二、目标要求

（1）熟练掌握配电网规划基本原则和基本方法，准确发现配电线路中的无效联络和不合理联络，对重要用户提出双电源接入建议。

（2）熟知线路分段、用户隔离设置等，能合理调整分段开关和联络开关位置，熟知配电自动化配置及其与线路主保护配合情况。

（3）熟知发改能源规〔2020〕1479号文对各区域户均停电时间要求，熟练完成停电计划各项停电影响范围、停电时间安排必要性审查，精准完成年度停电账户预测。

（4）熟练完成年度预算指标分解，包括横向专业分解、纵向分解，符合逻辑要求，能对指标影响较大的专业提出目标要求。

（5）具备停电时户管控能力和异常情况分析能力，能够根据停电预算合理安排年度工作，根据实际及时调整年度工作安排，分析时户管控不足和问题。

（6）熟练掌握各专业停电特点，能够统筹安排停电计划，做到停电范围最小、停电时间最短。

（7）熟知不停电作业方式类型，准确判断带电作业、发电作业可行性。

（8）熟知停电检修工作流程及优化方法，熟练掌握常规检修时间定额，现场操作、停电、不停电

作业衔接方式等。

（9）熟知故障抢修工作流程，具备故障分析能力和抢修组织能力。

（10）熟悉配电自动化原理和系统功能，应用配电自动化系统判断故障区间，进行故障原因和过程分析并复演。

（11）熟练掌握供电可靠性专业线路分段方法，准确理解可靠性用户概念，对用户性质、地区特征等属性进行准确判断。熟练掌握停电事件维护要求，判断停电是否需要纳入可靠性统计，准确判断停电责任原因。

（12）熟练掌握供电可靠性数据质量核查方法、相关业务系统应用方法，准确计算核查结果。

（13）熟练编制试题作答报告，恰当表达根据给定问题制定的相应措施，具备负荷计算及识绘图能力。

目录

一、主要考点

供电可靠性数据编码体系；投运日期、注册日期、注销日期、退役日期的区别；持续时间在1min及以上的用户停电应全部录入，包括转供电等短时停电；停电性质、设备名称、技术原因名称、责任原因的区分；可靠性评价指标与统计方法；故障修复时间概念。

二、考察重点

选手对线路和用户台账、运行数据维护能力，对停电时户数、系统平均停电时间和供电可靠率等指标准确掌握及计算能力。

三、试题及参考答案

安康市总面积5965km²，常住人口4704138人，共有中压用户51200户，其中公变22300户、专变28900户。对安康市11月（截至29日）停电运行数据进行核查，共停电16896h·户，其中预安排停电7603.20h·户（计划停电6462.72h·户、临时停电760.32h·户、系统电源不足限电380.16h·户），故障停电9292.80h·户（内部故障停电6226.18h·户，外部停电3066.62h·户），短时停电1720h·户。请根据安康市相关可靠性数据、调度日志及网架情况等资料，进行基础台账维护、数据计算分析、事件填报等工作。

【参考资料】

资料1：11月30日安康地区调度运行日志

资料2：11月30日安康地区发布的95598故障信息

资料3：11月30日安康供电公司运行数据维护情况（停电事件）

资料4：10kV神山线接线示意图

资料5：10kV神山线44J开关配电自动化信息

资料6：临时采用中压发电车紧急供电的发电作业操作票及停送电信息

【试题】

参照要求分析给定资料，结合分析优化结果，编制考题答案。要求章节清晰明了、分段分类合理、语言表达清晰无语病、计算过程清晰、各项数据正确。最终计算结果精确到小数点后2位，其中供电可靠率保留到小数点后4位。

1. 请根据资料4，建立35kV关山站10kV 12神山线线段和用户台账。

2. 请根据资料1～5，核查安康市11月30日运行数据维护情况，梳理漏报停电事件明细。

3. 请根据资料6，计算11月30日10kV神山线发电作业减少停电时户数、神山线实际停电时户数、故障修复时间，要求列出详细计算过程。

4．请根据资料1～5，计算安康市11月的系统平均停电时间（用户平均停电时间）SAIDI-1、SAIDI-2、SAIDI-3、SAIDI-4，系统平均供电可靠率（用户供电可靠率）ASAI-1、ASAI-2、ASAI-3、ASAI-4。

5．若该市加强运维管理，提高检修效率，将内部故障停电时间缩短20%，且计划检修停电时间缩短30%，计算该单位的系统平均供电可靠率ASAI-1。

资料1：

表1 11月30日安康地区调度运行日志

青阳09:05，35kV关山站：10kV神山线接地告警、多次巡视无异常，09:52:20，拉开10kV神山线46D开关接地未消失，09:53:49，合上10kV神山线46D开关；09:55:27，10kV神山线12开关速断跳闸、重合成功，配电自动化系统显示10kV神山线44J开关速断跳闸、故障区间在10kV神山线44J开关后端，经巡线10:10:27发现10kV东神山线支#7～#8杆电缆中间接头故障（长期泡水）。10:35:50，组织人员开始抢修；15:10:30，完成抢修。
唐州10:41，35kV杨电站：10kV杨东线1204开关过流Ⅰ段保护动作跳闸，重合成功。损失负荷0MW，本年度累计跳闸1次。馈线自动化未启动。15:02杨屯供电所巡线无故障。
临平23:21，110kV唐庄站：10kV1037唐科线106D开关过流保护动作跳闸。馈线自动化判定故障区间为10kV 1037唐科线106D开关以下，判定正确。23:40，巡线发现10kV 1037唐科线#144杆T接变压器烧坏，造成AB相间短路跳闸。23:55，故障已隔离。
唐州10:45，35kV十河站：10kV十里线后吴支24J开关速断保护动作跳闸。馈线自动化判定故障区间为10kV十里线后吴支24J开关以下，判定正确。11:20，巡线发现#24杆T接后吴支线分界开关出线侧有鸟叼树枝搭在AB相导线上。11:35，故障已处理。11:42，10kV十里线后吴支24J开关送电正常。
安康13:09，35kV义寺站：10kV义和线B相接地（小电流接地选线装置未动作）。13:38，安康供电中心巡线发现10kV义和线铁屯支#24-66-01杆有鸟叼铁丝搭在B相令克与横担之间，造成B相接地。13:40，故障已处理，接地复归。停电时户数0。
池广13:05，110kV胡王站：10kV胡屯线21D开关过流保护动作跳闸。13:40，巡线发现鸟叼树枝搭在10kV胡屯线#25杆大韩支线隔离开关上，造成BC相间短路跳闸。14:40，故障处理完毕。14:47，10kV胡屯线21D开关送电正常。
石楼08:58，110kV李块站：10kV李堂线10D开关、26D开关过流保护动作跳闸，馈线自动化启动合上10kV李堂线10D开关，自愈成功。09:15，巡线发现10kV李堂线#29杆T接郝庄井井通1支线#3杆T接茌辉机械厂高压电缆被施工车辆挖断。09:25，故障已隔离。09:32，10kV李堂线26D开关送电正常。
安康11:11，110kV谷东站：10kV谷营Ⅰ线B相接地（小电流接地选线装置动作正确）。11:51，安康供电中心巡线发现10kV张庙线（由谷营Ⅰ线接带）#46杆下户令克处有鸟叼铁丝。11:54，故障已处理，接地复归。停电时户数0。
安康22:00，110kV南郊变电站10kV荆庄线3#公变台区低压总开关故障，导致工业园梧桐嘉苑小区停电。12月1日11:30，低压总开关抢修完毕，恢复送电。

资料2:

表2　11月30日安康地区发布的95598故障信息。

供电单位	开始时间	结束时间	停电区域	停电原因	变电站名称	线路名称	台区名称	停电类型
关西供电公司	2021/11/30 08:22	2021/11/30 10:00	停关西35kV辛集变电站10kV辛丙线韩路韩支线全支线	10kV辛丙线韩路支线全支线因#128杆交引线线夹脱落导致停电	关丙35kV辛集变电站	10kV辛丙线	东张庄、王刘八寨、韩路西#1、王刘八寨#2、韩路西#2、韩路东#3、韩路西#3、王刘八寨公变、饮马庄、王刘八寨#3、韩路公变、东张庄北、韩路西#4、王刘八寨#4、韩路东#1、韩路东#2、饮马庄#3、王刘八寨#7、东张庄#3、东张庄#4、王刘八寨#8、王刘八寨#9、韩路西#5、韩路公变#2	故障停电
安康供电公司	2021/11/30 22:05	2021/12/01 12:00	停110kV南郊变电站10kV荆庄线#3公变台区	10kV荆庄线#3公变台区低压开关烧坏,需更换	110kV南郊变电站	10kV荆庄线	工业园梧桐嘉苑一桃源居#3	故障停电
临平市供电公司	2021/11/30 10:44	2021/11/30 13:00	停临平110kV会通变电站10kV 1031会山线亚太东公变台区	因10kV 1031会山线亚太东公变台区保险烧坏停电	临平110kV会通变电站	10kV 1031会山线	亚太东公变	故障停电
青阳供电公司	2021/11/30 10:30	2021/11/30 17:00	停35kV关山变电站10kV神山线44J至开关末端线路	10kV东神山线支#7~#8杆电缆长期泡水引起故障	35kV关山变电站	10kV神山线	东神山#1、东神山#2、东神山#3、东神山#4、东神山#5、东神山#6、东神山#7、煤改电#1、煤改电#2、煤改电#3、煤改电#4	故障停电

资料3：

表3 11月30日安康供电公司运行数据维护情况（停电事件）

序号	县公司	线路名称	起始时间	终止时间	时户数（h·户）	停电性质	停电原因	设备名称	技术原因名称	责任原因
1	临平市供电公司	10kV 1037唐科线	2021/11/30 23:21	2021/11/30 23:55	0.572	内部故障停电	变压器台架	烧损	设备老化
2	临平市供电公司	10kV 1207刘东线	2021/11/30 14:54	2021/11/30 16:59	14.384	内部故障停电	柱上隔离开关	异常	设备老化
3	关西供电公司	10kV 1103前王线	2021/11/30 14:47	2021/11/30 15:46	20.328	内部故障停电	用户设备	短路	用户影响
4	沈辛供电公司	10kV 1202道口线	2021/11/30 14:07	2021/11/30 16:11	49.374	内部故障停电	导线	弯曲	大风大雨
5	池广县供电公司	10kV 1108胡屯线	2021/11/30 13:00	2021/11/30 14:47	34.713	内部故障停电	导线	短路	动物因素
6	沈辛供电公司	10kV 1101节村线	2021/11/30 12:00	2021/11/30 12:52	20.655	内部故障停电	导线	脱落	用户影响
7	关西县供电公司	10kV 1206富华线	2021/11/30 11:07	2021/11/30 11:49	38.415	内部故障停电	用户设备	短路	用户影响
8	唐州县供电公司	10kV 1103十里线	2021/11/30 10:46	2021/11/30 11:42	33.078	内部故障停电	导线	短路	动物因素
9	临平市供电公司	10kV 1031会山线	2021/11/30 10:31	2021/11/30 11:06	0.585	内部故障停电	高压熔断器	熔断	设备老化
10	关西市供电公司	10kV 1106芦村线	2021/11/30 09:36	2021/11/30 11:06	19.5	内部故障停电	用户设备	短路	用户影响
11	石楼县供电公司	10kV 1203李堂线	2021/11/30 08:58	2021/11/30 09:32	6.237	内部故障停电	用户设备	损伤	用户影响
12	临平市供电公司	10kV 1207刘东线	2021/11/30 08:38	2021/11/30 10:06	7.335	内部故障停电	柱上隔离开关	异常	设备老化
13	关西供电公司	10kV 1204辛西线	2021/11/30 08:12	2021/11/30 08:44	74.62	内部故障停电	金具	脱落	规划、设计不周

资料4:

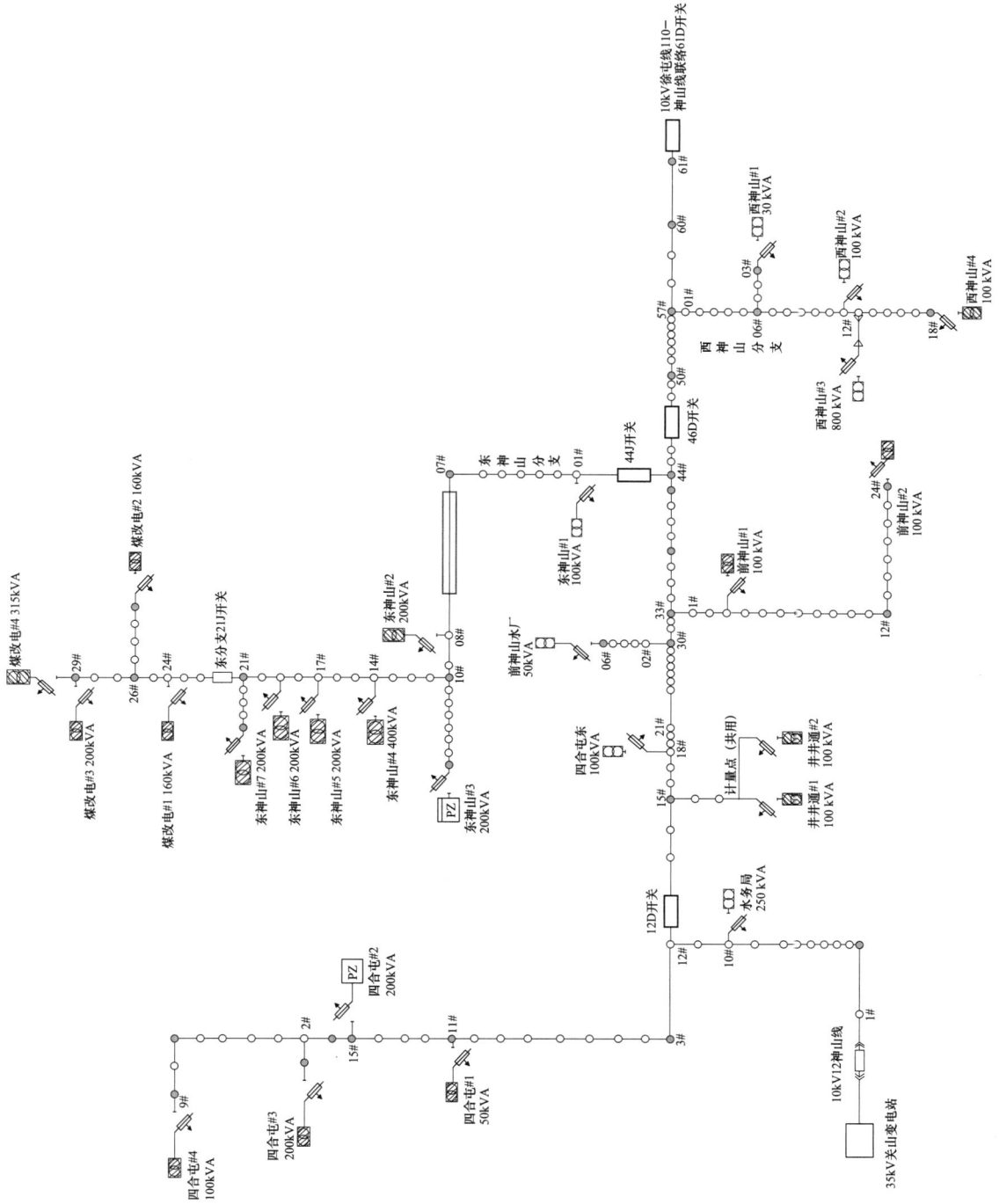

图1　10kV神山线接线接线示意图

资料5：

表4 10kV神山线44J开关配电自动化信息

1. 2021/11/30 09:55:27.441保护状态变化青阳关山10kV神山线44J开关速断保护动作（SOE）
2. 2021/11/30 09:55:27.478合分状态变化青阳关山10kV神山线44J开关位置分（SOE）
3. 2021/11/30 09:55:28.491保护状态变化青阳关山10kV神山线44J开关速断保护复归（SOE）
4. 2021/11/30 09:55:28.920保护状态变化关山10kV神山线44J开关速断保护动作
5. 2021/11/30 09:55:28.007终端状变关山10kV神山线44J开关跳闸
6. 2021/11/30 09:55:30.070故障信息关山10kV神山线44J开关速断报警故障发生
7. 2021/11/30 09:55:32.070保护状态变化关山10kV神山线44J开关速断保护复归
8. 2021/11/30 09:55:32.050故障区间关山10kV神山线44J开关至末端故障区间设定
9. 2021/11/30 15:34:23.020控制操作关山10kV神山线44J开关合预置下发
10. 2021/11/30 15:34:23.210控制操作关山10kV神山线44J开关合预置成功
11. 2021/11/30 15:34:25.020控制操作关山10kV神山线44J开关合执行下发
12. 2021/11/30 15:34:25.385合分状态变化青阳关山10kV神山线44J开关位置合（SOE）
13. 2021/11/30 15:34:27.110控制操作关山10kV神山线44J开关合执行成功
14. 2021/11/30 15:34:36.430控制操作关山10kV神山线44J开关远方合成功

资料6：临时采用中压发电车紧急供电的发电作业操作票及停送电信息

因10kV神山线东神山分支21J开关后接带煤改电负荷，为了确保居民正常用电，该单位紧急调用中压发电车（1000kVA）供电，10:35将10kV神山线东分支21J开关拉开，将发电车出线电缆接入神山线东分支21J开关大号侧，并执行操作票如表5、表6所示。

表5 发电车倒闸操作票（一）

单位	青阳县供电公司			编号	0000000001
发令人	张三	受令人	李四	发令时间	2022年11月30日10:40
操作开始时间				**操作结束时间**	
2022年11月30日10:40:00				2022年11月30日10:50:00	
操作任务	10kV神山线东分支21J开关下游负荷转至10kV 2#中压发电车供电				
顺序	操作项目			是否完成	
1	核对线路相序，面向线路负荷侧从右至左相序分别为（ ）、（ ）、（ ）			√，10:40:00	
2	检查2#发电车保护跳闸压板确已投入			√，10:41:00	
3	检查2#发电车保护合闸压板确已投入			√，10:41:30	
4	检查2#发电车欠压脱扣压板已投入			√，10:41:50	
5	检查2#发电车"远方/就地"把手处于"远方"位置			√，—	
6	检查2#发电车01进线柜01开关处于分闸位置			√，—	
7	检查2#发电车01进线柜01-1刀闸处于分闸位置			√，—	
8	检查2#发电车01进线柜01-D3刀闸处于分闸位置			√，—	
9	检查2#发电车12出线柜12开关处于分闸位置			√，—	
10	检查2#发电车12出线柜12-3刀闸处于分闸位置			√，—	

续表

顺序	操作项目	是否完成
11	检查2#发电车12出线柜12-D3接地刀闸处于分闸位置	√，—
12	检验2#发电车电缆接入点确无电压	√，—
13	将10kV 2#中压发电车Ⅰ支柔性电缆与发电车11出线柜电缆接口1连接	√，—
14	将10kV 2#中压发电车Ⅰ支柔性电缆带电挂接到10kV神山线东神山分支刀闸大号侧	√，—
15	检查10kV 2#中压发电车Ⅰ支柔性电缆已可靠连接，并核对相序	√，—
16	启动10kV 2#中压发电车发电机组	√，10:47:00
17	检查2#发电车电压确为10.5kV	√，—
18	检查2#发电车频率确为50Hz	√，—
19	检查发电车相序与线路相序正确	√，—
20	合上2#发电车01进线柜01-1刀闸	√，10:48:10
21	检查2#发电车01进线柜01-1刀闸处于合闸位置	√，10:48:30
22	合上2#发电车01进线柜01开关合闸控制开关，1#发电车01进线柜01开关合闸	√，10:49:00
23	合上2#发电车11出线柜11开关	√，10:50:00

表6　发电车倒闸操作票（二）

单位	青阳县供电公司		编号	0000000002
发令人	张三	受令人　李四	发令时间	2022年11月30日15:18
操作开始时间			**操作结束时间**	
2022年11月30日15:18:00			2022年11月30日15:30:00	
操作任务	10kV中压发电车退出运行			
顺序	操作项目		是否完成	
1	检查中压发电车01出线柜01开关处于合闸位置		√，15:18:00	
2	拉开中压发电车01出线柜01开关		√，15:20:00	
3	检查中压发电车01出线柜01开关处于分闸位置		√，—	
4	检查中压发电车01进线柜01-1刀闸处于合闸位置		√，—	
5	拉开中压发电车01进线柜01-1刀闸		√，—	
6	检查中压发电车01进线柜01-1刀闸处于分闸位置		√，15:22:00	
7	检查中压发电车11出线柜11开关处于合闸位置		√，—	
8	拉开中压发电车11出线柜11开关		√，—	
9	检查中压发电车11出线柜11开关处于分闸位置		√，15:25:00	
10	对10kV 2#中压发电车Ⅰ支柔性电缆进行放电		√，—	
11	拆除10kV 2#中压发电车Ⅰ支柔性电缆		√，—	
12	清理工作现场，汇报作业结束		√，15:30:00	
13	通知设备运维管理单位合神山线东神山分支刀闸		√，15:30:00	
操作人	×××		监护人	×××

　　在发电车停止运行后，于15:40:30合上21J开关，线路恢复正常运行，所有用户恢复供电。

第二部分 参考答案

1．请根据资料4，建立35kV关山站10kV 12神山线线段和用户台账

线路和用户台账

线段名称	线段范围	断路器编号	所带变压器	注册日期
关山01210	12出线断路器至主干12D断路器	012	水务局、四合屯#1、四合屯#2、四合屯#3、四合屯#4	2019/09/17
关山01220	主干12D断路器至主干46D断路器	12D	井井通#1、井井通#2、四合屯东、前神山水厂、前神山#1、前神山#2	2019/09/17
关山01221	东神山分支44J断路器至东分支21J断路器	44J	东神山#1、东神山#2、东神山#3、东神山#4、东神山#5、东神山#6、东神山#7	2019/09/17
关山012211	东分支21J断路器至该分支末端	21J	煤改电#1、煤改电#2、煤改电#3、煤改电#4	2019/09/17
关山01230	46D断路器至主干末端	46D	西神山#1、西神山#2、西神山#3、西神山#4	2020/06/11

2．请根据资料1～5，核查安康市11月30日运行数据维护情况，梳理漏报停电事件明细

漏报停电事件明细

序号	县公司	线路名称	起始时间	终止时间	停电性质	设备名称	技术原因名称	责任原因
1	安康供电公司	10kV荆庄线	2021/11/30 22:00	2021/12/01 11:30	内部故障停电	变压器低压配电设施	烧损	低压设施故障
2	青阳县供电公司	10kV神山线	2021/11/30 09:52:20	2021/11/30 09:53:49	内部故障停电	设备不明	接地	责任原因不清
3	青阳县供电公司	10kV神山线	2021/11/30 09:55:27	2021/11/30 15:40:30	内部故障停电	电缆中间接头	击穿	运行管理原因

3．根据资料6，计算11月30日10kV神山线发电作业减少停电时户数、神山线实际停电时户数、故障修复时间（列出详细计算过程），要求列出详细计算过程

（1）发电作业减少停电时户数。由发电车操作票可以判断发电开始时间10:50:00，结束时间15:20:00，持续时间为4.5h，共涉及4户，因此发电时户数为4.5×4＝18（h·户）。

（2）神山线实际停电时户数。根据线路接线图可知故障停电范围为东神山分支44J后端，该支线可分2段进行计算，如下图所示。

1）区段44J至东分支21J停电时户数计算。根据44J开关动作信息可分析该区段停电时间为09:55:27，

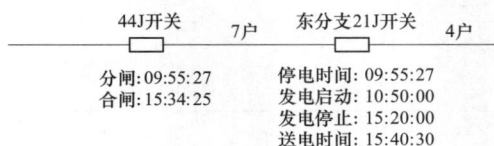

东神山分支44J后端分段示意图

复电时间为15:34:25，停电持续时间为5.649h，影响户数为7户停电时户数为5.649×7＝39.543（h·户）。

2）东分支21J至末端停电时户数计算。根据题目分析，故障修复过程该区段发生停电2次、中间进行发电作业不计算，可分为2个时间段分析：

第一停电时间段，停电时间09:55:27，复电时间10:50:00，停电持续数为0.909h，户数为4户，影响时户数为0.909×4＝3.636（h·户）。

第二停电时间段：停电时间15:20:00，复电时间15:40:30，持续时间为0.342h，影响户数为4户，停电时户数为0.342×4＝1.368（h·户）。

此外该线路在故障前试拉短时停电1次，停电时间09:52:20，复电时间09:53:49，停电持续数为0.025h，户数为4户，影响时户数为0.025×4＝0.1（h·户）。

所以本次故障停电共影响时户数为39.543＋3.636＋1.368＋0.1＝44.65（h·户）。

（3）故障修复时间。该次故障为电缆中间头故障，可判断故障开始时间为44J开关动作跳闸09:55:27，最终修复送电时间为15:34:25，故障修复时间为5.65h。

4. 请根据资料1~5，计算安康市11月的系统平均停电时间（用户平均停电时间）SAIDI-1、SAIDI-2、SAIDI-3、SAIDI-4，系统平均供电可靠率（用户供电可靠率）ASAI-1、ASAI-2、ASAI-3、ASAI-4

（1）11月停电总时户数。

截至29日停电时户数为16896h·户。资料3中已维护事件的时户数为319.796h·户；10kV荆庄线停电时户数为2h·户；10kV神山线实际停电时户数为44.65h·户。

30日停电时户数＝319.796＋2＋44.65＝366.446（h·户）

11月停电总时户数＝16896＋366.446＝17262.446（h·户）

（2）系统平均供电可靠率。

SAIDI-1＝∑（每次停电时间×每次停电用户数）/总用户数＝17262.45/51200＝0.34（h/户）

SAIDI-2＝SAIDI-1－∑（外部影响停电时户数）/总用户数＝0.34－（49.374＋380.16＋3066.62）/51200＝0.27（h/户）

其中，30日外部影响时户为49.374h·户（道口线）；系统电源不足限电为380.16h·户；外部故障停电3066.62h·户。

SAIDI-3＝SAIDI-1－∑（系统电源不足限电）/总用户数＝0.34－380.16/51200＝0.33（h/户）

SAIDI-4＝SAIDI-1－∑（短时停电）/总用户数＝0.34－（1720＋0.1）/51200＝0.31（h/户）

ASAI-1＝［1－SAIDI-1/（24×30）］×100%＝99.9528%

ASAI-2＝［1－SAIDI-2/（24×30）］×100%＝99.9625%

ASAI-3＝［1－SAIDI-3/（24×30）］×100%＝99.9542%

ASAI-4＝［1－SAIDI-4/（24×30）］×100%＝99.9569%

5. 若该市加强运维管理，提高检修效率，将内部故障停电时间缩短20%，且计划检修停电时间缩短30%，计算该单位的系统平均供电可靠率ASAI-1

11月计划检修时户数为6462.72h·户

11月内部故障时户数为6226.18＋319.796＋2＋44.65＝6592.626（h·户）

提高效率等措施后总时户数＝6462.72×0.7＋760.32＋380.16＋6592.626×0.8＋3066.62（或17262.446－6462.72×0.3－6592.626×0.2）＝14005.105（h·户）

SAIDI-1＝∑（每次停电时间×每次停电用户数）/总用户数＝14005.105/51200＝0.274（h/户）

ASAI-1＝［1－SAIDI-1/（24×30）］×100%＝99.9619%

试题二　数据分析场景二

一、主要考点

停电范围选取，用户内部故障引起停电，用户不统计在内；停电事件准确性核查要素；停电性质和责任原因划分；停电时户数核查。

二、考察重点

对停电时间、时户数核查，停电范围及责任原因划分。

三、试题及参考答案

第一部分　题目内容

省庄镇位于天泰市郊，近几年根据天泰市（地级市）"东拓"发展战略，经济发展迅速。请根据省庄镇电网现状、负荷情况、近2年内供电可靠性情况，分析网架（包括变电站布点）中存在的问题不足，并提出电网规划、改造建议。请根据安康市相关供电可靠性数据、运行日志、95598停电公告及网架情况等资料，进行基础台账维护、数据计算分析、运行数据核查等工作。

【参考资料】

资料1：8月30日安康地区调度运行日志

资料2：8月30日安康地区发布的部分停电信息公告

资料3：8月30日安康供电公司可靠性停电事件明细

资料4：青阳县供电公司10kV苫山线8月30日可靠性系统中停电用户明细

资料5：青阳县供电公司10kV苫山线2021年8月24、25日无故障日期的负荷曲线和8月30日故障日期的负荷曲线图

资料6：青阳县供电公司10kV苫山线8月30日单线图

资料7：配电自动化信息

资料8：站内D500系统报文

资料9：发电车倒闸操作票

【试题】

参照要求分析给定资料，结合分析优化结果，编制考题答案。要求章节清晰明了、分段分类合理、语言表达清晰无语病、计算过程清晰、各项数据正确。最终计算结果精确到小数点后2位，其中供电可靠率保留到小数点后4位。

1．请根据资料2，核查该地区8月30日运行数据维护情况；若有漏报的停电事件，请说明哪条事件及其时户数（时户数精确至小数点后2位）。

2．请根据资料1～8，对8月30日10kV苫山线的停电事件进行准确性核查。

3．请根据资料1～4，从停电性质、责任原因两方面判断，安康供电公司已维护的8月30日可靠性

停电事件中，哪些还存在问题？存在问题的事件是否影响ASAI-2、ASAI-3指标的计算？（排除10kV苦山线停电事件）

4. 被查单位提供了当日苦山线发电作业相关资料，若资料属实，计算苦山线停电事件缺失或多出的停电时户数（计算时停、送电时间按分钟取整，如5时40分50秒按5时40分计算，时户数精确至小数点后2位，写出解答步骤）。

资料1：

表1　8月30日安康地区调度运行日志

石楼 08:58，110kV李块站：10kV李堂线10D开关、26D开关过流保护动作跳闸，馈线自动化启动合上10kV李堂线10D开关，自愈成功。09:15，巡线发现10kV李堂线#29杆T接郝庄支线茬辉机械厂用户侧电缆被外部施工车辆挖断。09:25，故障已隔离。09:32，10kV李堂线26D开关送电正常
青阳 10:05，35kV关山站：10kV苦山线1202开关过流Ⅰ段保护动作跳闸，重合成功。年累计跳闸2次。10:30，巡线发现10kV苦山线苦山分支#7～#10杆被青阳公司组织的临近线路施工机械碰绝缘线导致导线断线
唐州 10:41，35kV杨屯站：10kV杨东线1204开关过流Ⅰ段保护动作跳闸，重合成功。损失负荷0MW，本年度累计跳闸1次。馈线自动化未启动。15:02，杨屯供电所巡线无故障
唐州 10:45，35kV十河站：10kV十里线后吴支24J开关速断保护动作跳闸。馈线自动化判定故障区间为10kV十里线后吴支24J开关以下，判定正确。11:20，巡线发现#24杆T接后吴支24J开关出线侧有鸟搭在AB相导线上。11:35，故障已处理。11:42，10kV十里线后吴支24J开关送电正常
安康 11:11，110kV谷东站：10kV谷营Ⅰ线B相接地（小电流接地选线装置动作正确）。11:51，安康供电中心巡线发现10kV张庙线（由谷营Ⅰ线接带）#46杆下令克处有鸟叼铁丝。11:54，故障已处理，接地复归。无用户停电
池广 13:05，110kV胡王站：10kV胡屯线21D开关过流保护动作跳闸。13:40，巡线发现风筝搭在10kV胡屯线#25杆大韩支线隔离开关上，造成BC相间短路跳闸。14:40，故障处理完毕。14:47，10kV胡屯线21D开关送电正常
安康 13:09，35kV义寺站：10kV义和线B相接地（小电流接地选线装置未动作）。13:38，安康供电中心巡线发现10kV义和线铁屯支#24-66-01杆有鸟叼铁丝搭在B相令克与横担之间，造成B相接地。13:40，故障已处理，接地复归。无用户停电
临平 23:21，110kV唐庄站：10kV 1037唐科线106D开关动作跳闸。馈线自动化判定故障区间为10kV 1037唐科线106D开关以下，判定正确。23:40，巡线发现10kV 1037唐科线#144杆T接变压器高压引线老化烧毁。23:55，故障已隔离

资料2:

表2　8月30日安康地区发布的部分停电信息公告

供电单位	开始时间	结束时间	停电区域	停电原因	变电站名称	线路名称	停电台区	停电类型
关西供电公司	2021/08/30 08:22	2021/08/30 17:00	停关西35kV辛集变电站10kV辛西线韩路支线全支线	10kV辛西线韩路支线全支线检修	关35kV辛集变电站	10kV辛西线	东张庄, 王刘八寨, 韩路西1#, 王刘八寨#2, 韩路西#2, 韩路东#3, 韩路西#3, 王刘八寨#3, 饮马庄, 王刘八寨#3, 韩路公变, 东张庄#1, 王刘八寨#4, 王刘八寨公变, 韩路东#4, 韩路西#4, 饮马庄#3, 韩路东#1, 王刘八寨#2, 东张庄#3, 东张庄#4, 王刘八寨#8, 王刘八寨#9, 韩路西#5, 韩路公变#2	计划停电
安康供电公司（直供区）	2021/08/30 19:05	2021/08/30 22:00	停110kV南郑变电站10kV荆庄线南陵支线	10kV荆庄线南陵支线制药厂内部线路故障, 故障出门1号致南陵支线全停	110kV南郑变电站	10kV荆庄线	南陵村1台变, 南陵村东台变, 南陵制药厂	故障停电
临平市供电公司	2021/08/30 10:44	2021/08/30 13:00	停临平110kV会通变电站10kV 1031会山线亚太东公变台区	图10kV 1031会山线亚太东公变台区跌落保险烧坏停电	临平110kV会通变电站	10kV 1031会山线	亚太东公变	故障停电
青阳县供电公司	2021/08/30 10:30	2021/08/30 17:00	停35kV关山变电站10kV苕山线44-01D至开关末端线线路	10kV苕山线苕山分支#7~#10杆被临近线路施工机械碰线导致引线断线	35kV关山变电站	10kV苕山线	中国电信贵苕山基站#2 400kVA, 联通公司苕山基站, 西苕山南#1, 西苕山南#2, 西苕山东南#1, 西苕山东北, 东苕山改电, 东苕山#20煤改电, 东苕山中煤改电400kVA	故障停电

资料3：

表3 8月30日安康供电公司可靠性停电事件明细

序号	县公司	起始时间	终止时间	时户数（h·户）	停电性质	设备名称	技术原因名称	责任原因	线路名称
1	临平市供电公司	2021/08/30 23:21:33	2021/08/30 23:55:51	0.572	内部故障停电	柱上负荷开关	短路	其他外力因素	10kV 1037 唐科线
2	临平市供电公司	2021/08/30 14:54:00	2021/08/30 16:59:00	14.384	内部故障停电	柱上隔离开关	异常	设备老化	10kV 1207 刘东线
3	关西供电公司	2021/08/30 14:47:00	2021/08/30 15:46:00	20.328	内部故障停电	用户设备	短路	用户影响	10kV 前王线
4	沈辛供电公司	2021/08/30 14:07:00	2021/08/30 16:11:00	49.374	内部故障停电	导线	弯曲	大风大雨	10kV 1202 道口线
5	池广县供电公司	2021/08/30 13:00:00	2021/08/30 14:47:00	34.713	内部故障停电	导线	异物	运行管理不当	10kV 胡屯线
6	沈辛供电公司	2021/08/30 12:00:00	2021/08/30 18:52:00	20.655	供电网限电	—	—	供电网限电	10kV 1101 节村线
7	关西供电公司	2021/08/30 11:07:00	2021/08/30 11:49:00	38.415	内部故障停电	用户设备	短路	用户影响	10kV 富华线
8	唐州县供电公司	2021/08/30 10:46:00	2021/08/30 11:42:00	33.078	内部故障停电	架空线路	其他	用户影响	10kV 十里线
9	临平市供电公司	2021/08/30 10:31:11	2021/08/30 11:06:18	0.585	内部故障停电	高压熔断器	熔断	设备老化	10kV 1031 会山线
10	青阳县供电公司	2021/08/30 09:55:00	2021/08/30 15:34:00	55.67	内部故障停电	架空线路	其他	外部施工影响	10kV 苫山线
11	关西供电公司	2021/08/30 09:36:00	2021/08/30 18:06:00	19.5	系统电源不足限电	—	—	系统电源不足限电	10kV 芦村线
12	石楼县供电公司	2021/08/30 08:58:00	2021/08/30 09:32:00	6.237	内部故障停电	架空线路	其他	运行管理原因	10kV 李堂线
13	临平市供电公司	2021/08/30 08:38:00	2021/08/30 10:06:00	7.335	内部故障停包	柱上隔离开关	异常	设备老化	10kV 1207 刘东线
14	关西供电公司	2021/08/30 08:12:00	2021/08/30 15:44:00	74.62	内部计划检修停电	—	—	10（20，6）kV配电网设施计划检修	10kV 辛西线

资料4：

表4　青阳县供电公司10kV苫山线8月30日可靠性系统中停电用户明细

序号	责任部门	用户名称	起始时间	终止时间	用户性质	停电时户数（h·户）
1	青阳刘集供电所	中国电信贾山基站	2021/08/30 10:05	2021/08/30 15:34	公用	5.48
2	青阳刘集供电所	西苫山公变 200kVA	2021/08/30 10:05	2021/08/30 15:34	公用	5.48
3	青阳刘集供电所	前苫山 #2 400kVA	2021/08/30 10:05	2021/08/30 15:34	公用	5.48
4	青阳刘集供电所	前苫山南 #2 400kVA	2021/08/30 10:05	2021/08/30 15:34	公用	5.48
5	青阳刘集供电所	联通公司 苫山基站	2021/08/30 10:05	2021/08/30 15:34	公用	5.48
6	青阳刘集供电所	西苫山南#1	2021/08/30 09:55	2021/08/30 15:34	公用	5.65
7	青阳刘集供电所	西苫山南#2	2021/08/30 09:55	2021/08/30 15:34	公用	5.65
8	青阳刘集供电所	西苫山东南	2021/08/30 09:55	2021/08/30 15:34	公用	5.65
9	青阳刘集供电所	西苫山#1	2021/08/30 09:55	2021/08/30 15:34	公用	5.65
10	青阳刘集供电所	西苫山东北	2021/08/30 09:55	2021/08/30 15:34	专用	5.65

资料5：

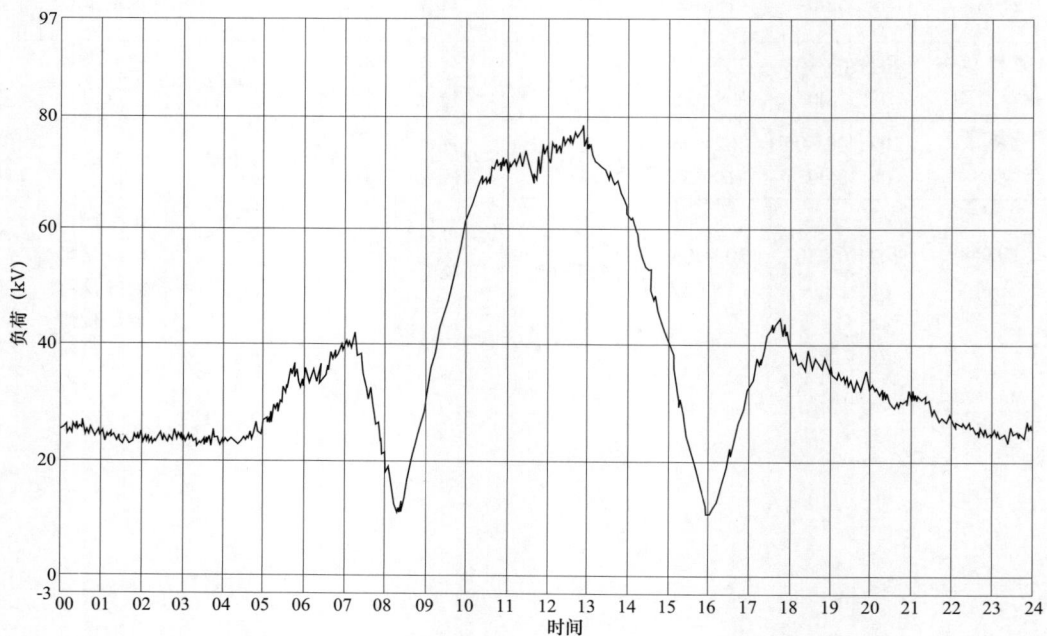

图1　青阳县供电公司10kV苫山线2021年8月24日负荷曲线

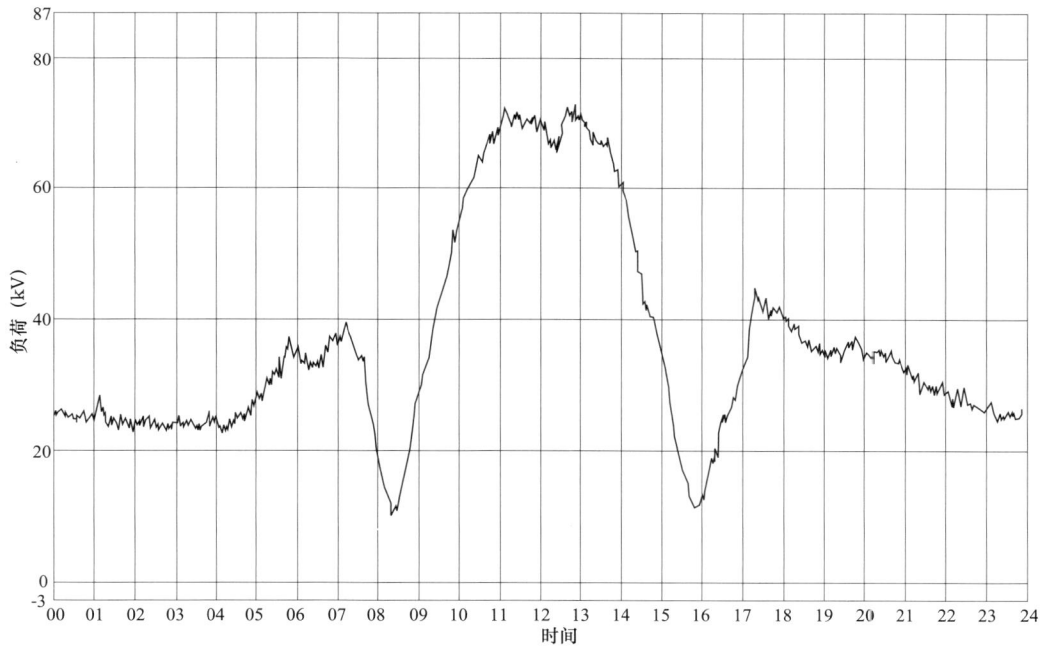

图2　青阳县供电公司10kV苦山线2021年8月25日负荷曲线

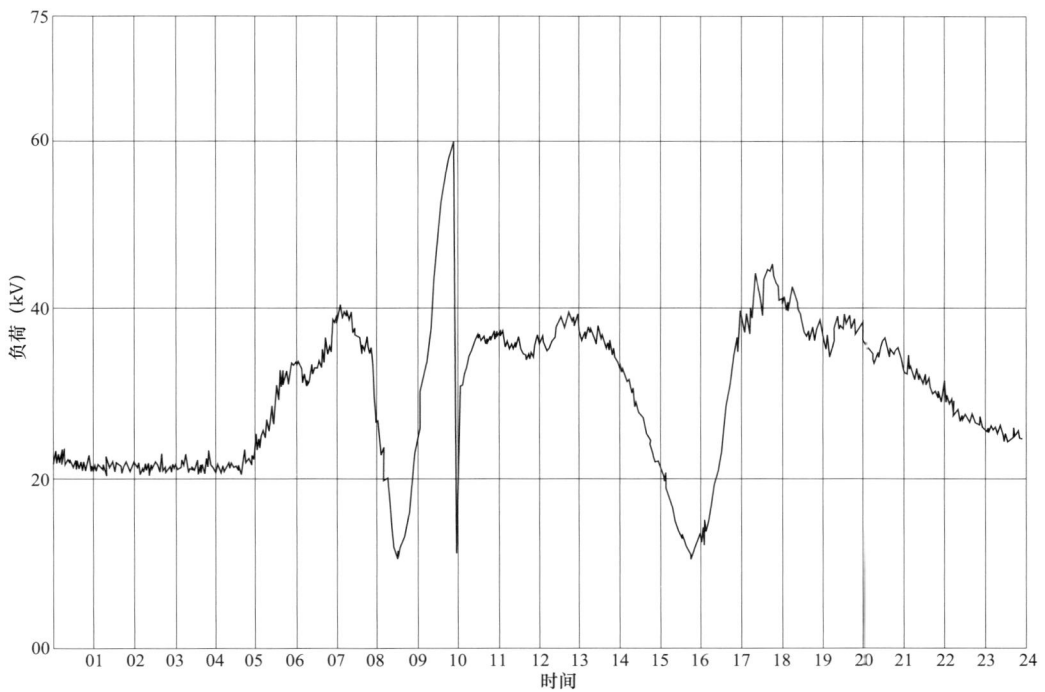

图3　青阳县供电公司10kV苦山线2021年8月30日负荷曲线

资料6：

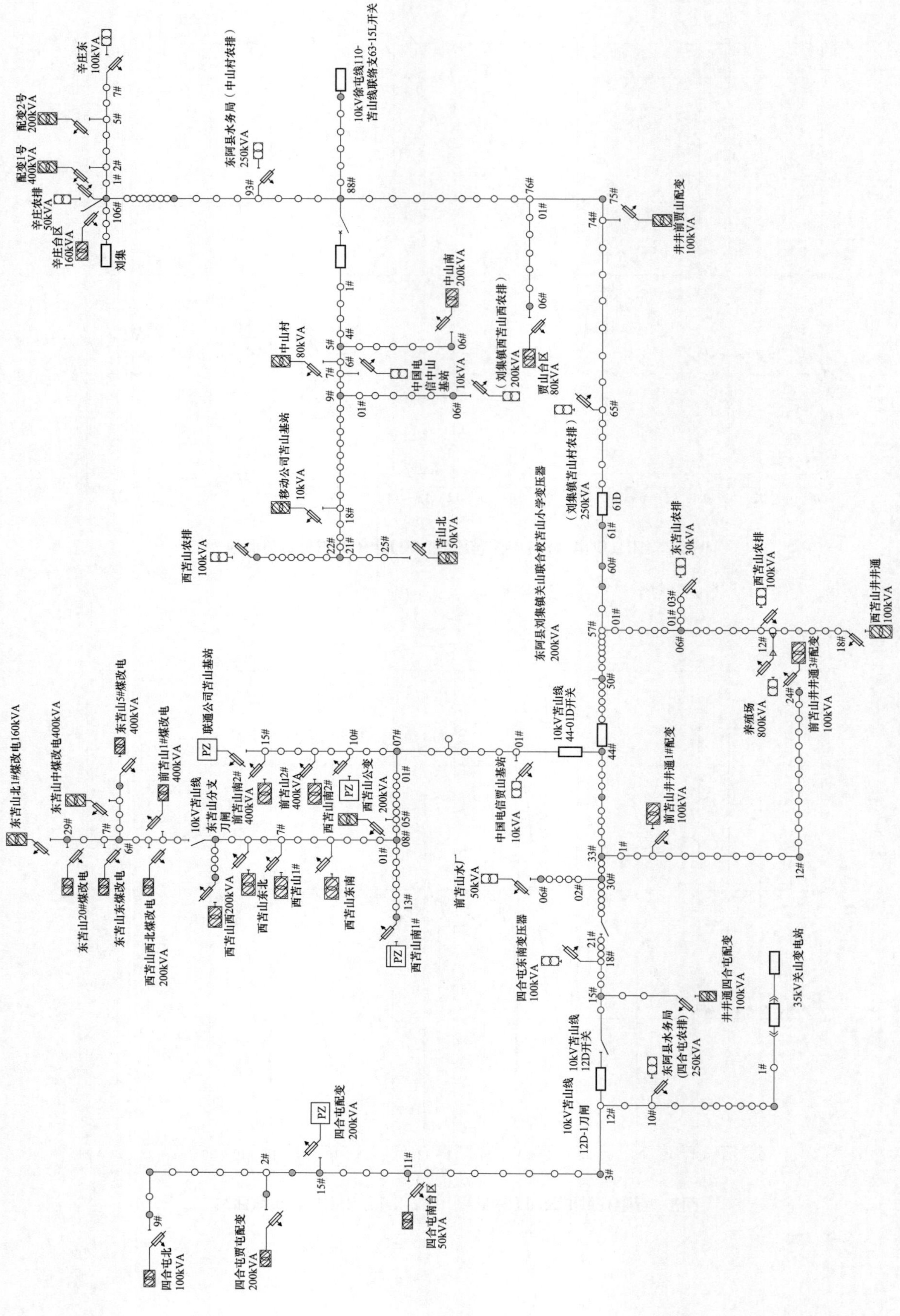

图4 青阳县供电公司10kV苫山线8月30日单线图

资料7：

表5 配电自动化信息

1. 2021/08/30 09:55:27.441 保护状态变化 青阳关山10V苫山线44-01D开关 速断保护 动作（SOE）
2. 2021/08/30 09:55:27.478 合分状态变化 青阳关山10V苫山线44-01D开关 开关位置 分（SOE）
3. 2021/08/30 09:55:28.491 保护状态变化 青阳关山10V苫山线44-01D开关 速断保护 复归（SOE）
4. 2021/08/30 09:55:28.920 保护状态变化 关山10V苫山线44-01D开关 速断保护 动作
5. 2021/08/30 09:55:28.007 终端状变 关山10V苫山线44-01D开关 跳闸
6. 2021/08/30 09:55:30.070 故障信息 关山10V苫山线44-01D开关 速断报警 故障发生
7. 2021/08/30 09:55:32.070 保护状态变化 关山10V苫山线44-01D开关 速断保护 复归
8. 2022/11/30 09:55:32.050 故障区间 关山10V苫山线44-01D开关故障区间设定
9. 2022/11/30 15:34:23.020 控制操作 关山10V苫山线44-01D开关 合 预置下发
10. 2022/11/30 15:34:23.210 控制操作 关山10V苫山线44-01D开关 合 预置成功
11. 2022/11/30 15:34:25.020 控制操作 关山10V苫山线44-01D开关 合 执行下发
12. 2022/11/30 15:34:25.385 合分状态变化 青阳关山 10V苫山线44-01D开关 开关位置 合（SOE）
13. 2022/11/30 15:34:27.110 控制操作 关山10V苫山线44-01D开关 合 执行成功
14. 2022/11/30 15:34:36.430 控制操作 关山10V苫山线44-01D开关 远方合 成功

资料8：

表6 站内D5000系统报文

所属场站	告警内容
安康青阳关山站	2021/08/30 09:55:27 安康青阳关山站10kV苫山线1202开关控制回路断线 动作
安康青阳关山站	2021/08/30 09:55:27 安康青阳关山站10V苫山线1202开关控制回路断线 复归
安康青阳关山站	2021/08/30 09:55:28 安康青阳关山站10kV苫山线1202开关间隔事故信号 动作
安康青阳关山站	2021/08/30 09:55:28 安康青阳关山站 安康青阳关山站/10kV苫山线1202开关 分闸
安康青阳关山站	2021/08/30 09:55:30 安康青阳关山站10kV苫山线1202/间隔保护重合闸出口 动作
安康青阳关山站	2021/08/30 09:55:30 安康青阳关山站10kV苫山线1202开关间隔事故信号 复归
安康青阳关山站	2021/08/30 09:55:31 安康青阳关山站10kV苫山线1202开关 合闸
安康青阳关山站	2021/08/30 09:55:31 安康青阳关山站10kV苫山线1202开关机构弹簧未储能 动作
安康青阳关山站	2021/08/30 09:55:31 安康青阳关山站10kV苫山线1202间隔保护重合闸出口 复归
安康青阳关山站	2021/08/30 09:55:31 安康青阳关山站10kV苫山线1202间隔保护重合闸充电完成 复归
安康青阳关山站	2021/08/30 09:55:33 安康青阳关山站10kV苫山线1202开关储能电机故障 动作（全数据判定）
安康青阳关山站	2021/08/30 09:55:38 安康青阳关山站10kV苫山线1202开关机构弹簧未储能 复归
安康青阳关山站	2021/08/30 09:55:58 安康青阳关山站10kV苫山线1202间隔保护重合闸充电完成 动作

资料9：

因10kV苫山线东苫山分支刀闸后接带煤改电负荷，为了确保居民正常用电，该单位紧急调用中压发电车供电，10:40将10kV苫山线东苫山分支刀闸拉开，将发电车出线电缆接入苫山线东苫山分支刀闸大号侧，并执行如下操作票。

表7 发电车倒闸操作票（一）

单位		青阳县供电公司		编号		0000000001
发令人	张三	受令人	李四	发令时间		2021年8月30日10:40
操作开始时间				**操作结束时间**		
2021年8月30日10:40:00				2021年8月30日10:50:00		
操作任务		10kV苦山线东苦山分支刀闸下游负荷转至10kV 2#中压发电车供电				

顺序	操作项目	是否完成
1	核对线路相序，面向线路负荷侧从右至左相序分别为（ ）、（ ）、（ ）	√，10:40:00
2	检查2#发电车保护跳闸压板确已投入	√，10:41:00
3	检查2#发电车保护合闸压板确已投入	√，10:41:30
4	检查2#发电车欠压脱扣压板确已投入	√，10:41:50
5	检查2#发电车"远方/就地"把手处于"远方"位置	√，—
6	检查2#发电车01进线柜01开关处于分闸位置	√，—
7	检查2#发电车01进线柜01-1刀闸处于分闸位置	√，—
8	检查2#发电车01进线柜01-D3刀闸处于分闸位置	√，—
9	检查2#发电车12出线柜12开关处于分闸位置	√，—
10	检查2#发电车12出线柜12-3刀闸处于分闸位置	√，—
11	检查2#发电车12出线柜12-D3接地刀闸处于分闸位置	√，—
12	检验2#发电车电缆接入点确无电压	√，—
13	将10kV 2#中压发电车Ⅰ支柔性电缆与发电车11出线柜电缆接口1连接	√，—
14	将10kV 2#中压发电车Ⅰ支柔性电缆带电挂接到10kV苦山线东苦山分支刀闸大号侧	√，—
15	检查10kV 2#中压发电车I支柔性电缆已可靠连接，并核对相序	√，—
16	启动10kV 2#中压发电车发电机组	√，10:47:00
17	检查2#发电车电压确为10.5kV	√，—
18	检查2#发电车频率确为50Hz	√，—
19	检查发电车相序与线路相序正确	√，—
20	合上2#发电车01进线柜01-1刀闸	√，10:48:10
21	检查2#发电车01进线柜01-1刀闸处于合闸位置	√，10:48:30
22	合上2#发电车01进线柜01开关合闸控制开关，1#发电车01进线柜01开关合闸	√，10:49:00
23	合上发电车11出线柜11开关	√，10:50:00

续表

表8　发电车倒闸操作票（二）

单位	青阳供电公司		编号	0000000002
发令人	张三	受令人　李四	发令时间	2021年8月30日15:18
操作开始时间			**操作结束时间**	
2021年8月30日15:18:00			2021年8月30日15:30:00	
操作任务		10kV中压发电车退出运行		
顺序	操作项目		是否完成	
1	检查中压发电车01出线柜01开关处于合闸位置		√，15:18:00	
2	拉开中压发电车01出线柜01开关		√，15:25:00	
3	检查中压发电车01出线柜01开关处于分闸位置		√，—	
4	检查中压发电车01进线柜01-1刀闸处于合闸位置		√，—	
5	拉开中压发电车01进线柜01-1刀闸		√，—	
6	检查中压发电车01进线柜01-1刀闸处于分闸位置		√，15:27:00	
7	检查中压发电车11出线柜11开关处于合闸位置		√，—	
8	拉开中压发电车11出线柜11开关		√，—	
9	检查中压发电车11出线柜11开关处于分闸位置		√，15:30:00	
10	对10kV 2#中压发电车Ⅰ支柔性电缆进行放电		√，—	
11	拆除10kV 2#中压发电车Ⅰ支柔性电缆		√，—	
12	清理工作现场，汇报作业结束		√，15:35:00	
13	通知设备运维管理单位合苫山线东苫山分支刀闸		√，15:35:00	
操作人	×××		监护人	×××

第二部分　参考答案

1．根据资料2，核查该地区8月30日运行数据维护情况；若有漏报的停电事件，请说明哪条事件及其时户数（时户数精确至小数点后2位）

根据资料2判定，安康供电公司8月30日南郊变电站10kV荆庄线停电事件漏报。

根据资料2判定，荆庄线事件停电用户为南陵村1台变、南陵村东台变，共2户。

停电时长＝22:00－19:05＝2.917（h）

停电时户数＝2.917×2＝5.83（h·户）

2．请根据资料1～8，对8月30日10kV苦山线的停电事件进行准确性核查

（1）核查内容包括：停电性质，停电范围，停电时间，停电原因（停电原因也可替换为责任原因、停电设备、技术原因）。

（2）计算苦山线停电事件缺失或多出的停电时户数（计算时停、送电时间按分钟取整，如5时40分50秒按5时40分计算，时户数精确至小数点后2位，写出解答步骤）。

算法1：

停电用户数为18户

停电时长＝15:34－09:55＝5.65（h）

实际停电时户数＝18×5.65＝101.70（h·户）

时户差值＝55.67－101.7＝－46.03（h·户）

苦山线停电事件缺失46.03h·户

算法2：

缺失用户8户，停电时间从09:55～15:34

缺失的时户数＝8×（5＋39/60）＝45.20（h·户）

5户停电起始时间不正确，应该是09:55，系统维护成10:05

缺失时户数＝5×（10/60）＝0.83（h·户）

累计缺失时户数＝45.20＋0.83＝46.03（h·户）

（3）除停送电时间、停电时户数外，对苦山线停电事件还存在的其他相关问题进行更正。

1）设备名称方面，本次跳闸属于绝缘导线断线，设备名称应选择为最末一级，应该为"绝缘线"。

2）技术原因方面，本次跳闸属于绝缘线断线，应该为"断线"。

3）责任原因方面，本次跳闸属于青阳公司内部施工导致线路断线，责任原因不正确，应该为"运行管理原因"。

4）停电性质为"内部故障停电"，无问题。

3．根据资料1～4，从停电性质、责任原因两方面判断，安康供电公司已维护的8月30日可靠性停电事件中，哪些还存在问题？存在问题的事件是否影响ASAI-2、ASAI-3指标的计算？（排除10kV苦山线停电事件）

（1）10kV 1037唐科线停电事件为变压器高压引线老化烧毁，责任原因应为设备老化，影响ASAI-2、不影响ASAI-3。

（2）10kV 1202胡屯线停电事件为风筝搭线，停电责任原因应为异物短路，不影响ASAI-2，不影响ASAI-3。

（3）10kV十里线停电事件为鸟搭短路，责任原因应为动物因素，不影响ASAI-2，不影响ASAI-3。

（4）10kV李堂线停电事件为用户电缆施工挖断，责任原因应为用户影响，不影响ASAI-2，不影响ASAI-3。

4．被查单位提供了当日苦山线发电作业相关资料，若资料属实，计算苦山线停电事件缺失或多出的停电时户数（计算时停、送电时间按分钟取整，如5时40分50秒按5时40分计算，时户数精确至小数点后2位，写出解答步骤）

因10kV苦山线东苦山分支刀闸后接带煤改电负荷，为了确保居民正常用电，该单位紧急调用中压发电车供电，10:40将10kV苦山线东苦山分支刀闸拉开，将发电车出线电缆接入苦山线东苦山分支刀闸大号侧，并执行如下操作票。

发电车倒闸操作票（一）

单位	青阳县供电公司		编号	0000000001
发令人	张三	受令人 李四	发令时间	2021年8月30日10:40
	操作开始时间		操作结束时间	
	2021年8月30日10:40:00		2021年8月30日10:50:00	
操作任务	10kV苦山线东苦山分支刀闸下游负荷转至10kV 2#中压发电车供电			
顺序	操作项目			是否完成
1	核对线路相序，面向线路负荷侧从右至左相序分别为（　）、（　）、（　）			√，10:40:00
2	检查2#发电车保护跳闸压板确已投入			√，10:41:00
3	检查2#发电车保护合闸压板确已投入			√，10:41:30
4	检查2#发电车欠压脱扣压板确已投入			√，10:41:50
5	检查2#发电车"远方/就地"把手处于"远方"位置			√，—
6	检查2#发电车01进线柜01开关处于分闸位置			√，—
7	检查2#发电车01进线柜01-1刀闸处于分闸位置			√，—
8	检查2#发电车01进线柜01-D3刀闸处于分闸位置			√，—
9	检查2#发电车12出线柜12开关处于分闸位置			√，—
10	检查2#发电车12出线柜12-3刀闸处于分闸位置			√，—
11	检查2#发电车12出线柜12-D3接地刀闸处于分闸位置			√，—
12	检验2#发电车电缆接入点确无电压			√，—
13	将10kV 2#中压发电车Ⅰ支柔性电缆与发电车11出线柜电缆接口1连接			√，—
14	将10kV 2#中压发电车Ⅰ支柔性电缆带电挂接到10kV苦山线东苦山分支刀闸大号侧			√，—
15	检查10kV 2#中压发电车Ⅰ支柔性电缆已可靠连接，并核对相序			√，—
16	启动10kV 2#中压发电车发电机组			√，10:47:00
17	检查2#发电车电压确为10.5kV			√，—
18	检查2#发电车频率确为50Hz			√，—
19	检查发电车相序与线路相序正确			√，—

续表

顺序	操作项目	是否完成
20	合上2#发电车01进线柜01-1刀闸	√，10:48:10
21	检查2#发电车01进线柜01-1刀闸处于合闸位置	√，10:48:30
22	合上2#发电车01进线柜01开关合闸控制开关，1#发电车01进线柜01开关合闸	√，10:49:00
23	合上发电车11出线柜11开关	√，10:50:00

发电车倒闸操作票（二）

单位	青阳供电公司			编号	0000000002
发令人	张三	受令人	李四	发令时间	2021年8月30日15:18
操作开始时间			**操作结束时间**		
2021年8月30日15:18:00			2021年8月30日15:30:00		
操作任务	10kV中压发电车退出运行				
顺序	操作项目			是否完成	
1	检查中压发电车01出线柜01开关处于合闸位置			√，15:18:00	
2	拉开中压发电车01出线柜01开关			√，15:25:00	
3	检查中压发电车01出线柜01开关处于分闸位置			√，—	
4	检查中压发电车01进线柜01-1刀闸处于合闸位置			√，—	
5	拉开中压发电车01进线柜01-1刀闸			√，—	
6	检查中压发电车01进线柜01-1刀闸处于分闸位置			√，15:27:00	
7	检查中压发电车11出线柜11开关处于合闸位置			√，—	
8	拉开中压发电车11出线柜11开关			√，—	
9	检查中压发电车11出线柜11开关处于分闸位置			√，15:30:00	
10	对10kV 2#中压发电车Ⅰ支柔性电缆进行放电			√，—	
11	拆除10kV 2#中压发电车Ⅰ支柔性电缆			√，—	
12	清理工作现场，汇报作业结束			√，15:35:00	
13	通知设备运维管理单位合苦山线东苦山分支刀闸			√，15:35:00	
操作人	×××		监护人	×××	

方法一：

由发电车倒闸操作票和单线图得知，10kV苦山线东苦山分支刀闸后共计7户，发电作业影响用户数为7户。

此7户第一次停电时间为09:55～10:50，第一次停电时长0.917h；发电车撤出后第二次停电时间为15:25～15:34，第二次停电时长0.15h。

7户的停电时户数＝（0.917＋0.15）×7＝7.469（h·户）；

其余未发电用户数11户，11户停电时户数＝5.65×11＝62.15（h·户）

实际停电时户数＝7.469＋62.15＝69.619（h·户）

时户差值＝55.67－69.619＝－13.95（h·户）

苦山线停电事件缺失13.95h·户。

方法二：

由发电车倒闸操作票和单线图得知，10kV苦山线东苦山分支刀闸后共计7户，发电作业影响用户数为7户。

此7户发电时间为10:50～15:25，发电时长4.583h。

7户的停电时户数＝（5.65－4.583）×7＝7.469（h·户）

其余未发电用户数11户，11户停电时户数＝5.65×11＝62.15（h·户）

实际停电时户数＝7.469＋62.15＝69.619（h·户）

时户差值＝55.67－69.619＝－13.95（h·户）

苦山线停电事件缺失13.95h·户。

方法三：

由发电车倒闸操作票和单线图得知，10kV苦山线东苦山分支刀闸后共计7户，发电作业影响用户数为7户。

此7户发电时间为10:50～15:25，发电时长4.583h。

实际停电时户数＝5.65×18－7×4.583＝69.619（h·户）

时户差值＝55.67－69.619＝－13.95（h·户）

苦山线停电事件缺失13.95h·户。

试题三 数据分析场景三

一、主要考点

基于PMS系统、营销业务应用系统（SG186）系统对中压线路及用户台账信息进行核查，基于95598停电信息、调度运行日志、调度系统出线开关电流曲线图对可靠性系统停电事件信息完整性进行核查，基于各系统数据台账对可靠性停电事件的停电户数、持续时间、停电时户数、停电性质进行准确性核查。

二、考察重点

重点考察基于PMS、95598停电信息、调度运行日志等数据台账，灵活运行Excel数据表格对可靠性系统中录入的可靠性停电事件的基础数据、运行数据进行准确性、完整性核查的能力，确保可靠性数据录入的准确、完整，能够全面考察对可靠性系统数据核查的掌握程度和实际应用水平。

三、试题及参考答案

─── 第一部分　题目内容 ───

请根据下列资料，参照模板要求，编制报告。要求章节清晰明了、分段分类合理、语言表达清晰无语病、图文并茂且计算过程清晰、各项数据正确。要求1名参赛选手在3h内，完成报告的编制和PPT的制作。

【参考资料】

资料1：灵武市中压线段及用户台账信息

资料2：可靠性系统中压线路及用户台账信息

资料3：95598停电信息

资料4：调度运行日志

资料5：调度系统出线开关电流曲线图（部分）

资料6：可靠性系统中压线段停电信息

资料7：配电线路调度系统开关变位告警信息（部分）

资料8：配电线路单线图（部分）

【试题】

1. 填写中压线路台账数据完整性核查明细表（保留到小数点后2位）。

2. 填写95598停电信息完整性核查表。

3. 填写调度运行日志完整性核查表。

4. 填写调度系统出线开关电流曲线突变数据完整性核查表。

5. 填写中压停电事件准确性核查表（保留到小数点后2位）。

资料1：灵武市中压线段及用户台账信息

通过PMS系统、营销业务应用系统（SG186）系统收集了灵武市城东县、武清县中压线段及用户台账数据，如表1所示。

表1　灵武市中压线段及用户台账信息

序号	地市公司	线路名称	电压等级	架设方式	架空裸导线长度（km）	绝缘架空线长度（km）	电缆线路长度（km）	公用变台数（台）	公用变容量（kVA）	专用用户数（户）	专用变容量（kVA）	线路所含双电源户数（户）	备注
1	城东县公司	郑33大馈线	交流10kV	电缆	0	0	0.744	4	2520	3	1890	7	
2	城东县公司	郑52大馈线	交流10kV	电缆	0	0	0.498	4	2520	0	0	3	
3	城东县公司	于所581大馈线	交流10kV	电缆	0	0	0.25	3	1890	4	2520	1	
4	城东县公司	于所582大馈线	交流10kV	电缆	0	1.1	0.15	1	630	1	630	0	
5	城东县公司	铁11大馈线	交流10kV	混合	0	0.295	8.351	4	2520	3	1890	2	
6	城东县公司	铁12大馈线	交流10kV	电缆	0	0	3.098	0	0	2	1260	0	
7	城东县公司	泉丰524大馈线	交流10kV	混合	1.296	1.102	1.9	3	1890	4	2520	0	
8	城东县公司	张湾13大馈线	交流10kV	电缆	0	0	6.581	4	2520	3	1890	0	
9	城东县公司	松36大馈线	交流10kV	架空	0	3.613	0	4	2520	3	1890	1	
10	城东县公司	松11大馈线	交流10kV	电缆	0	0	9.04	15	9450	5	3660	1	
11	武清县公司	郑楼627大馈线	交流10kV	混合	0	0.6	1.39	2	1260	1	630	0	
12	武清县公司	郑楼626大馈线	交流10kV	电缆	0	0	5.53	3	1890	4	2520	11	
13	武清县公司	郑楼619大馈线	交流10kV	混合	1.178	3.075	2.7	14	8820	0	0	0	
14	武清县公司	郑楼618大馈线	交流10kV	混合	0	5.629	5	4	2520	3	1890	1	
15	武清县公司	雍西484大馈线	交流10kV	混合	4.293	9.004	11.17	6	3780	1	630	7	
16	武清县公司	雍西483大馈线	交流10kV	混合	1.262	5.135	8.46	15	9450	5	3660	1	
17	武清县公司	张湾12大馈线	交流10kV	电缆	0	0	6.303	0	0	1	630	0	
18	武清县公司	泉丰522大馈线	交流10kV	电缆	0	0	3.23	4	2520	3	1890	5	

续表

序号	地市公司	线路名称	电压等级	架设方式	架空裸导长度（km）	绝缘架空线长度（km）	电缆线路长度（km）	公用变台数（台）	公用变容量（kVA）	专用用户数（户）	专用变容量（kVA）	线路所含双电源户数（户）	备注
19	武清县公司	清坨898大馈线	交流10kV	混合	6.034	1.925	3.8	15	9450	5	3150	1	
20	武清县公司	清坨896大馈线	交流10kV	混合	9.68	1.145	1.86	3	1890	4	2520	0	

资料2：可靠性系统中压线路及用户台账信息

　　抽取城东县、武清县共8条线路进行线段和用户核查，通过查找可靠性系统得到相关中压线段及用户台账信息（剩余未抽检线路默认台账无问题），扫描右侧二维码可下载并阅读。

可靠性系统中压线路及用户台账信息

资料3：95598停电信息

　　扫描右侧二维码可下载并阅读。

95598停电信息

资料4：调度运行日志

　　扫描右侧二维码可下载并阅读。

调度运行日志

资料5：调度系统出线开关电流曲线图（部分）

　　分别抽取城东县、武清县各5条线路调度系统出线开关电流曲线图，开展停电信息核对，具体如图1所示。

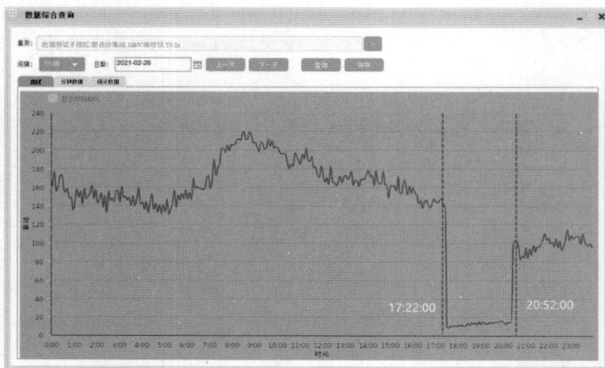

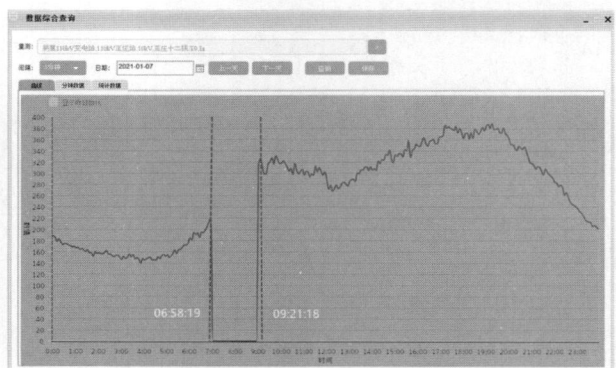

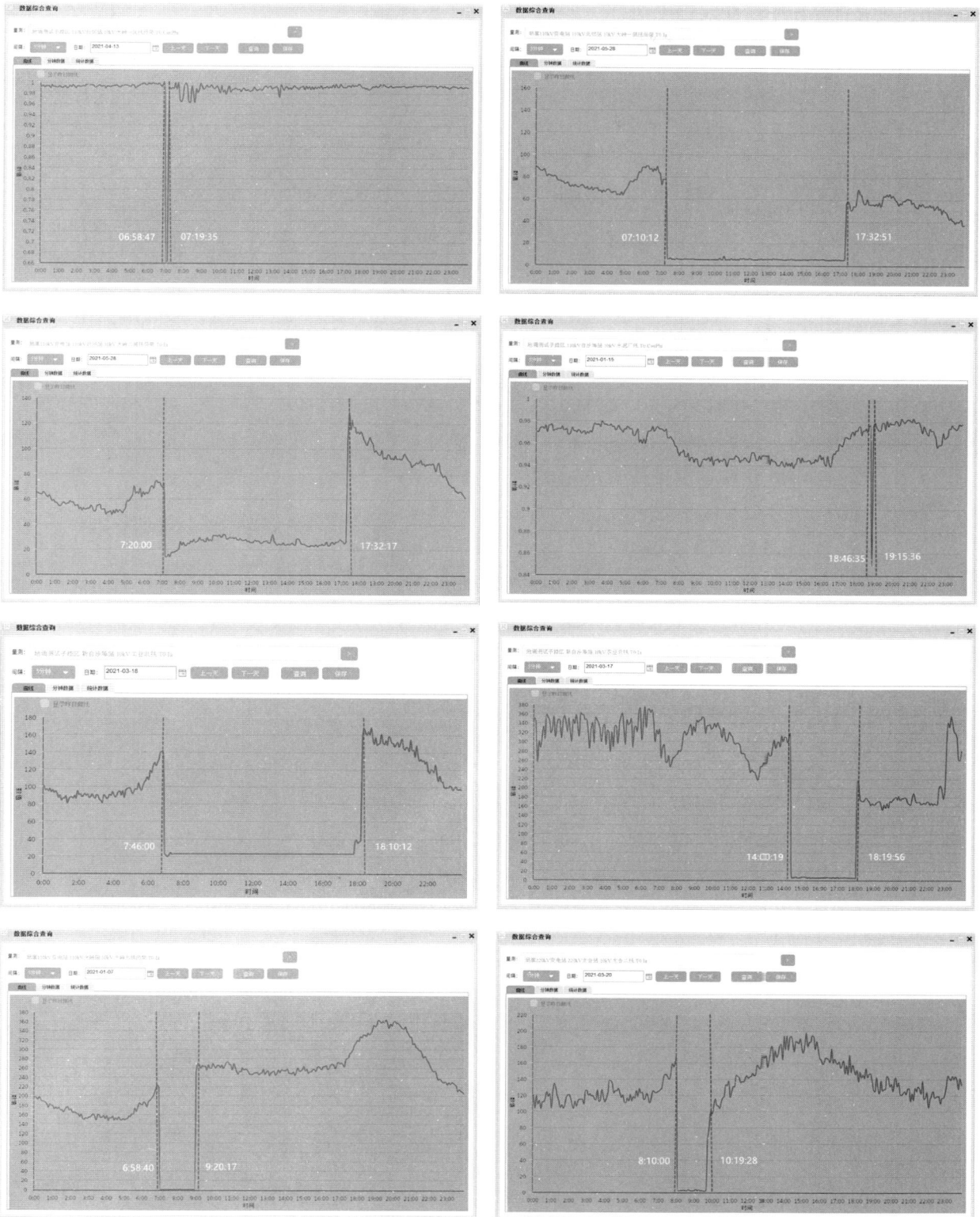

图1　调度系统出线开关电流曲线图

资料6：可靠性系统中压线段停电信息

扫描右侧二维码可下载并阅读。

可靠性系统中压线段停电信息

资料7：

表2 配电线路调度系统开关变位告警信息（部分）

序号	告警地点	动作信号
1	2021/01/05 20:36:20灵武武清/武柏站10kV 5北农业线开关	分位
2	2021/01/05 22:54:10灵武武清/武柏站10kV 5北农业线开关	合位
3	2021/01/06 09:51:00灵武武清/武柏站10kV 15长安九线开关	分位
4	2021/01/06 11:34:45灵武武清/武柏站10kV 15长安九线开关	合位
5	2021/04/17 13:09:44灵武武清/武柏站10kV 0303宝马线开关	分位
6	2021/04/17 13:09:46灵武武清/武柏站10kV 0303宝马线开关	合位
7	2021/04/17 13:09:46灵武武清/武柏站10kV 0303宝马线开关	分位
8	2021/04/17 19:03:03灵武武清/武柏站10kV 0303宝马线开关	合位
9	2021/04/26 05:20:08灵武城东/城东站10kV 28大岭十八线开关	分位
10	2021/04/26 08:29:00灵武武清/武柏站10kV 7大岭九线开关	分位
11	2021/04/26 17:48:50灵武武清/武柏站10kV 7大岭九线开关	合位
12	2021/04/26 17:51:11灵武城东/城东站10kV 28大岭十八线开关	合位

资料8：

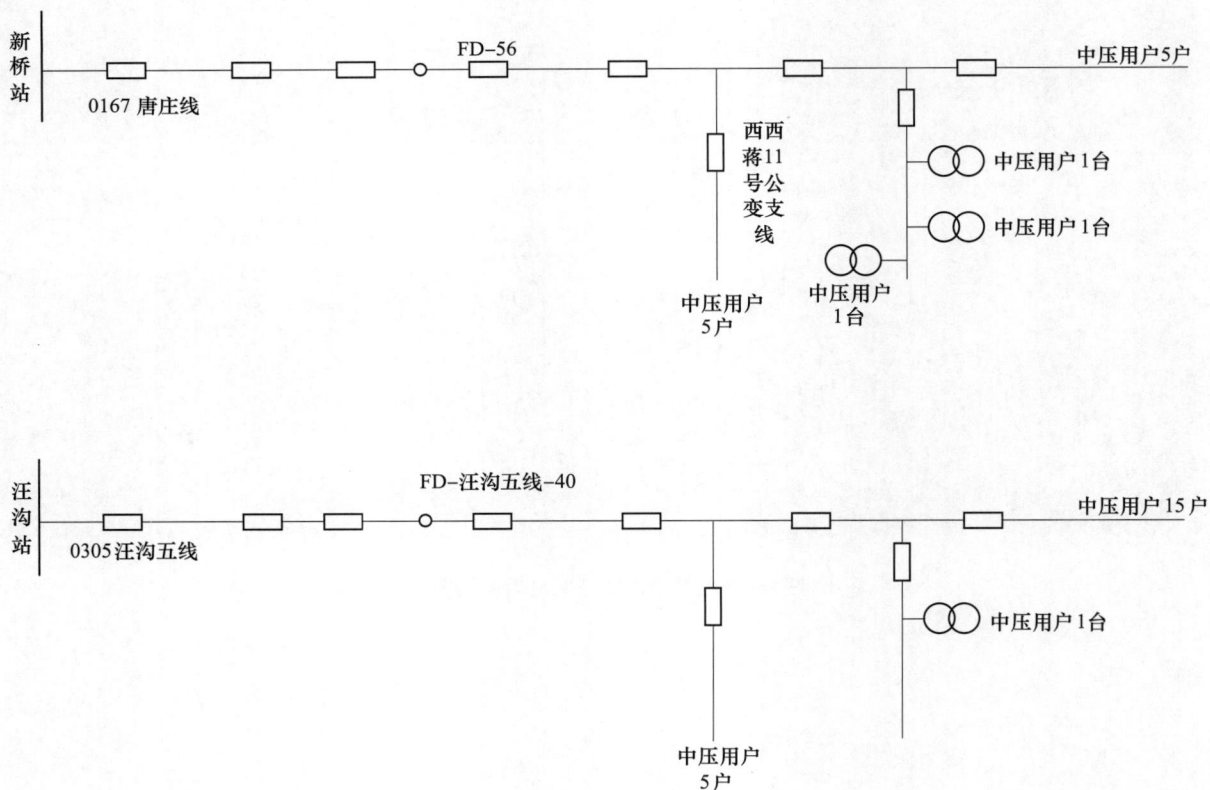

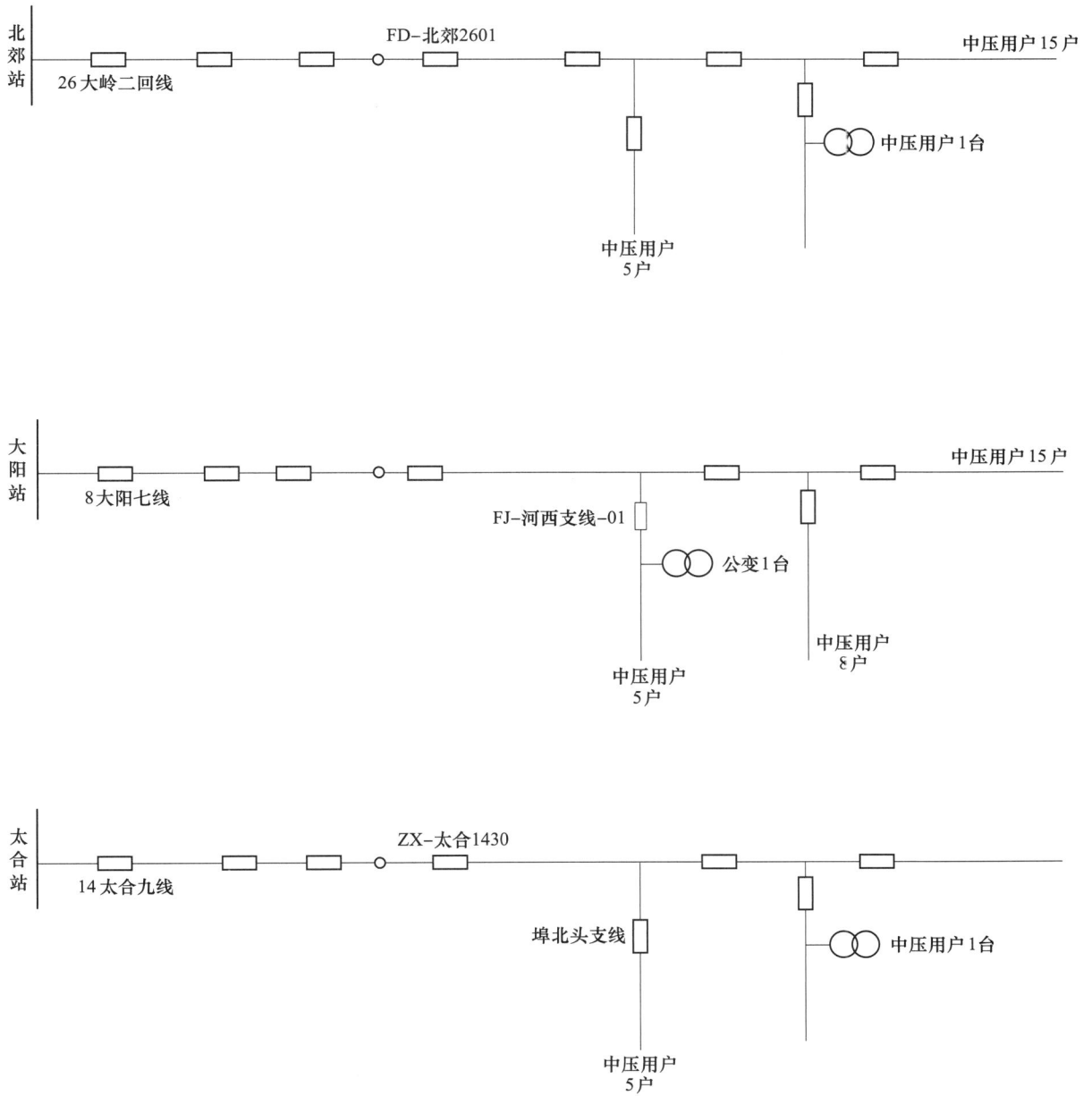

图2　配电线路单线图（部分）

第二部分　参考答案

1. 填写中压线路台账数据完整性核查明细表（保留到小数点后2位）

中压线路台账数据完整性核查明细表

序号	省公司	地市公司	区县	中压线路台账						中压用户台账					
				完整性						完整性					
				PMS系统线路条数（条）	可靠性系统线路条数（条）	线路条数完整率（%）	PMS系统线路总长度（km）	可靠性系统线路总长度（km）	线路长度完整率（%）	PMS系统公用配变台数（台）	可靠性系统公用用户数（户）	公用用户完整率（%）	营销业务应用系统专用用户数（户）	可靠性系统专用用户数（户）	专用用户完整率（%）
1	汉东省	灵武市	合计	20	20	100	136.421	132.421	97.07	108	106	98.15	55	53	96.36
2	汉东省	灵武市	城东公司	10	10	100	38.018	38.018	100.00	42	42	100.00	28	28	100.00
3	汉东省	灵武市	武清公司	10	10	100	98.403	94.403	95.94	66	64	96.97	27	25	92.59

注：1. 线路条数完整率＝可靠性系统线路条数/PMS系统线路条数×100%。

2. 线路长度完整率＝可靠性系统线路总长度/PMS系统线路总长度×100%。

3. 公用用户完整率＝可靠性系统公用用户数/PMS系统公用配变台数×100%。

4. 专用用户完整率＝可靠性系统专用用户数/营销业务应用系统专用用户数×100%。

5. 若可靠性系统公用用户数大于PMS系统公用配变台数，则公用用户完整率为100%。

6. 若可靠性系统专用用户数大于营销业务应用系统专用用户数，则专用用户完整率为100%。

2. 填写95598停电信息完整性核查表

扫描右侧二维码可下载并填写。

95598停电信息
完整性核查表

3. 填写调度运行日志完整性核查表

扫描右侧二维码可下载并填写。

调度运行日志
完整性核查表

4．填写调度系统出线开关电流曲线突变数据完整性核查表

调度系统出线开关电流曲线突变数据完整性核查表

序号	省公司	地市公司	区县公司	停电线路	对应截图存放位置	停电起始时间	是否漏报（1为漏报）
	合计				核查条数：10条　　漏报条数：1条　　一致率：90%		
1	汉东公司	灵武公司	武清县公司	10kV 3水泥厂线	附件1：调度系统出线开关电流曲线突变数据截图/兰山10kV 3水泥厂线202101151913	2021/01/15 19:13	0
2	汉东公司	灵武公司	城东县公司	10kV 5大岭七线	附件1：调度系统出线开关电流曲线突变数据截图/兰山10kV 5大岭七线202101071100	2021/01/07 11:00	0
3	汉东公司	灵武公司	城东县公司	10kV 5农业北线	附件1：调度系统出线开关电流曲线突变数据截图/兰山10kV 5农业北线202103171430	2021/03/17 14:30	0
4	汉东公司	灵武公司	城东县公司	10kV 5太合二线	附件1：调度系统出线开关电流曲线突变数据截图/兰山10kV 5太合二线202103200810	2021/03/20 08:10	0
5	汉东公司	灵武公司	城东县公司	10kV 23南坊线	附件1：调度系统出线开关电流曲线突变数据截图/兰山10kV 23南坊线20210226	2021/02/26 17:23	0
6	汉东公司	灵武公司	武清县公司	10kV 23王庄十二线	附件1：调度系统出线开关电流曲线突变数据截图/兰山10kV 23王庄十二线202101071020	2021/01/07 10:20	0
7	汉东公司	灵武公司	武清县公司	10kV 25大岭一回线	附件1：调度系统出线开关电流曲线突变数据截图/兰山10kV 25大岭一回线202104130720	2021/04/13 07:13	0
8	汉东公司	灵武公司	武清县公司	10kV 25大岭一回线	附件1：调度系统出线开关电流曲线突变数据截图/兰山10kV 25大岭一回线202105280700	2021/05/28 07:00	1
9	汉东公司	灵武公司	武清县公司	10kV 26大岭二回线	附件1：调度系统出线开关电流曲线突变数据截图/兰山10kV 26大岭二回线202105280700	2021/05/28 07:00	0
10	汉东公司	灵武公司	城东县公司	10kV 45工业北线	附件1：调度系统出线开关电流曲线突变数据截图/兰山10kV 45工业北线202103180700	2021/03/18 07:00	0

注：一致率＝（1－漏报条数/核查条数）×100%。

5．填写中压停电事件准确性核查表（保留到小数点后2位）

扫描右侧二维码可下载并填写。

中压停电事件
准确性核查表

试题四　数据分析场景四

一、主要考点

分析某一地市公司年度供电可靠性基础及运行数据，编写《××市××年度供电可靠性技术分析报告》。

二、考察重点

供电可靠性基础知识储备、数据分析能力、图表制作能力、文字表达能力等，体现可靠性管理员对管辖区域内电网可靠性各项指标的分析能力和电网运检知识的掌握综合能力。

三、试题及参考答案

第一部分　题目内容

根据下列资料及模板要求，编制报告。要求章节清晰明了、分段分类合理，语言表达清晰无语病、图文并茂且计算过程清晰、各项数据准确。要求3名选手合作在3h内完成报告的编制和PPT的制作。

【参考资料】

资料1：2017—2019年武运市供电公司供电可靠性责任原因统计表

资料2：2017—2020年武运市供电公司供电可靠性指标统计表

资料3：2021年武运市供电公司台账统计及用户停电数据明细表

资料4：武运市2021年度供电可靠性技术分析报告模板

【试题】

参考资料4编写武运市2021年度供电可靠性技术分析报告。

资料1：2017—2020年武运市供电公司供电可靠性责任原因统计表

扫描右侧二维码可下载并阅读。

2017—2020年武运市供电公司供电可靠性责任原因统计表

资料2：2017—2020年武运市供电公司供电可靠性指标统计表

扫描右侧二维码可下载并阅读。

2017—2020年武运市供电公司供电可靠性指标统计表

资料3：2021年武运市供电公司台账统计及用户停电数据明细表

扫描右侧二维码可下载并阅读。

2021年武运市
供电公司台账
统计及用户停
电数据明细表

资料4：武运市2021年度供电可靠性技术分析报告模板

（说明：报告中涉及的数据应当通过图、表的形式进行展现，注意报告质量，已知武运市2019、2020年无重大事件日，2021年重大事件日界限值为0.238h。）

一、电网基本情况

（1）通过2017—2021年武运市的配电线路、等效用户数变化情况，分析武运市供电公司整体的电网规模变化趋势。

（2）重点对武运市直供区及县公司2021年与2020年配电网同比变化情况进行重点分析。

二、供电可靠性指标分析

（1）分析2017—2021年武运市直供区及各县公司全口径供电可靠率情况，分全口径、城市、农村三类进行。

（2）分析2021年武运市直供区及各县公司系统平均停电时间及同比变化情况进行分析，分全口径、预安排、故障三类进行。

（3）分析2021年武运市直供区及各县公司系统平均停电频率及同比变化情况进行分析，分全口径、城市、农村三类进行。

同步完成中压可靠性数据汇总表。

三、停电情况分析

（1）按责任原因，对2021年武运市停电情况进行分析，分预安排停电、故障停电两部分。对每部分影响较大的两个责任原因的直供区及各县公司情况进行分析。

（2）用户累计停电时长分析，统计2021年武运市供电用户累计停电时长占比情况，并对直供区、各县公司累计停电超过24h的用户情况进行分析。［注：占比情况按小于4h（含4h）、4～8h（不含4h、含8h，以此类推）、8～12h、12～16h、16～20h、20～24h、大于24h共7个档次进行统计］

（3）用户重复停电次数分析，统计2021年武运市供电用户重复停电次数占比情况，并对直供区及各县公司累计停电超过3次的用户情况进行分析。（注：占比情况按1～2次、3～5次、6～10次、11～15次、大于15次共6个档次进行统计）

四、存在的问题及建议

根据2021年的数据分析，提出影响武运市供电公司整体供电可靠性的原因，并针对原因提出相应的管理措施。

第二部分　参考答案

参考资料4编写武运市2021年度供电可靠性技术分析报告。

一、电网基本情况

截至2021年年底，武运市供电公司管辖配电线路654条，线路长度16508km，等效用户数55783.35户，用户容量12614.16MVA。配电线路包括公用线路和专用线路。配电线路变化趋势和等效用户数变化趋势如下图所示。

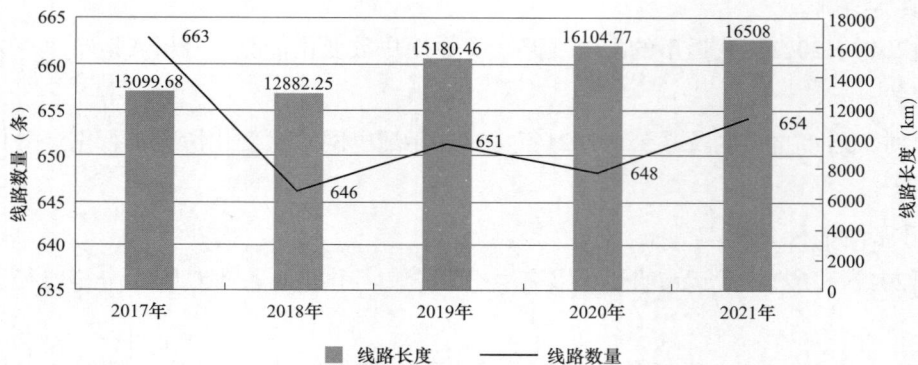

武运市2017—2021年配电线路变化趋势

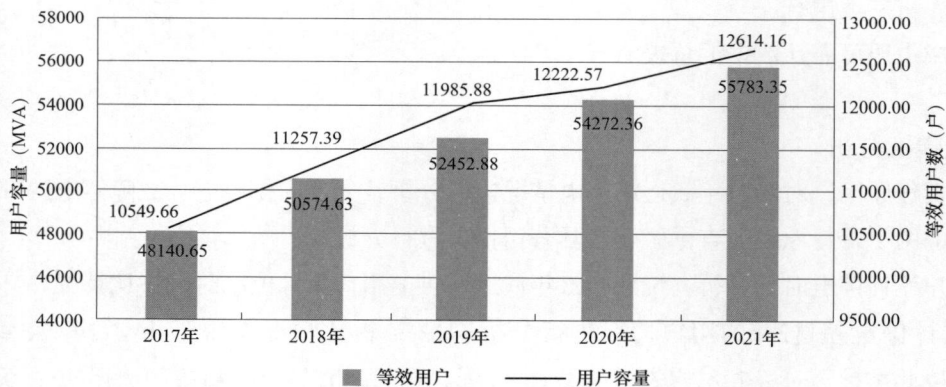

武运市2017—2021年等效用户数变化趋势

武运市供电公司配电线路中，架空线路15307.70km，绝缘化率38.35%，较2020年同期同比分别提升2.47%和0.28%；电缆线路1200.30km，电缆化率7.27%，较2020年同比提升2.91%和0.03%。中压用户中，公用变压器20948台，容量5199.40MVA，较2020年同比提升4.11%和4.02%，专变用户30293户，容量7414.76MVA，较2020年同比提升3.15%和2.58%。武运市分区域特征情况如下表所示。

武运市供电公司2021年电网规模基本情况汇总表

电网情况	全口径 （1+2+3+4）	城市地区				农村地区（4）
		城市（1+2+3）	市中心（1）	市区（2）	城镇（3）	
等效总用户数（户）	55783.35	11733.42	361.09	2286.94	9085.39	44049.93
用户总容量（MVA）	12614.16	4446.16	273.80	1483.44	2688.93	8167.99
线路总长度（km）	16508.00	3629.05	478.06	625.71	2525.28	12878.95
架空线路绝缘化率（%）	38.35	59.61	71.47	90.36	55.02	33.38
电缆化率（%）	7.27	20.10	41.49	60.62	6.01	3.66
公用配电变压器（台）	20948	3676	179	878	2619	17272
专用用户（户）	30293	7349	200	1400	5749	22944

武运市供电公司2021年各区县电网情况

单位名称	公线条数（条）	平均长度（km）	平均分段数（段）	平均每段用户数（户）
直供区	164	16.22	14.35	3.71
北斗县	40	25.07	25.78	4.89
昌隆市	108	15.69	13.24	4.81
东风县	15	71.83	87.87	3.05
丰华县	90	36.58	33.21	2.70
丰茂县	74	33.51	23.38	3.11
复兴县	28	69.59	43.11	4.68
冠群县	29	81.13	105.21	2.41
总计	1260	28.31	25.85	3.41

二、供电可靠性指标分析

（一）供电可靠率指标情况

2021年，武运市供电公司全口径供电可靠率（ASAI-1）为99.906%，同比降低0.049个百分点；不计外部影响供电可靠率（ASAI-2）为99.956%，同比降低0.005个百分点；不计系统电源不足限电供电可靠率（ASAI-3）为99.907%，同比降低0.048个百分点。

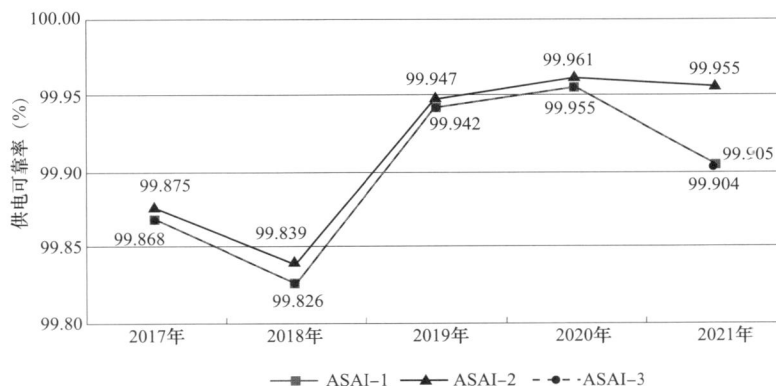

近5年供电可靠率完成情况分布图

注：2017—2020年ASAI-3与ASAI-1一致。

　　武运市2021年城市供电可靠率为99.901%，同比降低0.070个百分点；农村供电可靠率为99.908%，同比降低0.042个百分点。

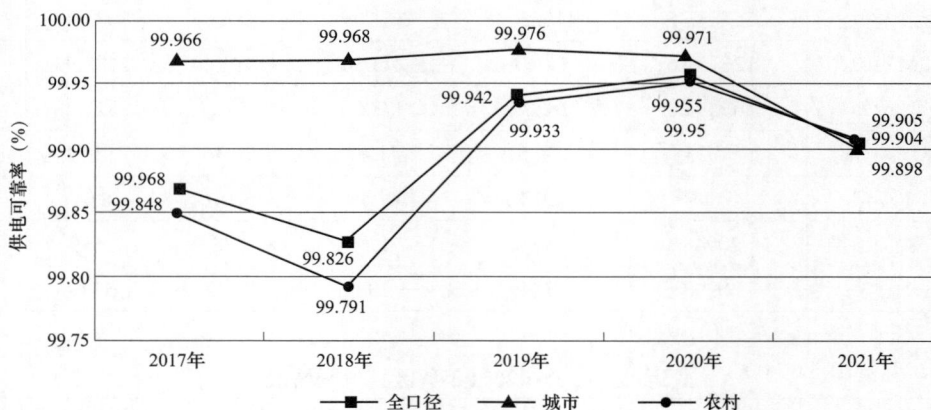

近5年全口径、城市和农村供电可靠率完成情况分布图

各单位2021年供电可靠率及同比情况统计表　　　　　　　　　单位：%

单位	全口径可靠率	全口径同比增长	城市可靠率	城市同比增长	农村可靠率	农村同比增长	不计外部影响可靠率	不计外部影响同比增长
直供区	99.945	-0.016	99.914	-0.052	99.968	0.011	99.961	-0.003
昌隆	99.876	-0.081	99.933	-0.061	99.864	-0.085	99.945	-0.02
冠群	99.918	-0.031	99.873	-0.072	99.924	-0.025	99.944	-0.01
丰华	99.828	-0.124	99.765	-0.193	99.843	-0.107	99.944	-0.015
丰茂	99.943	-0.013	99.742	-0.222	99.952	-0.004	99.968	0.007
东风	99.932	-0.023	99.942	-0.022	99.928	-0.024	99.945	-0.019
北斗	99.929	-0.027	99.949	-0.044	99.925	-0.024	99.969	0.005
复兴	99.901	-0.053	99.946	-0.035	99.886	-0.059	99.971	0.012
全市	99.906	-0.049	99.901	-0.070	99.908	-0.042	99.956	-0.005

（二）系统平均停电时间情况

　　全市系统平均停电时间（SAIDI）8.2201h/户，同比降低-106.78%，平均停电时间较短的单位为直供区（4.8566h/户）、丰茂县供电公司（4.9960h/户）、东风县供电公司（5.9757h/户），平均停电时间较长的单位为丰华县供电公司（15.0901h/户）、昌隆市供电公司（10.8701h/户）。

各单位系统平均停电时间及同比变化情况统计表

单位	系统平均停电时间（h/户）	全口径同比增长（%）	预安排平均停电时间（h/户）	预安排同比增长（%）	故障平均停电时间（h/户）	故障同比增长（%）
直供区	4.8566	-40.63	1.7509	-52.49	3.1057	-34.72
北斗县	6.2597	-61.13	0.3763	33.23	5.8834	-77.14

续表

单位	系统平均停电时间（h/户）	全口径同比增长（%）	预安排平均停电时间（h/户）	预安排同比增长（%）	故障平均停电时间（h/户）	故障同比增长（%）
昌隆市	10.8701	−184.57	1.2688	−196.29	9.6013	−183.09
东风县	5.9757	−51.55	2.0660	−208.76	3.9098	−19.42
丰华县	15.0901	−256.96	2.9588	−1426.50	12.1314	−200.76
丰茂县	4.9960	−30.54	1.2405	−73.01	3.7555	−20.75
复兴县	8.6398	−113.64	0.4399	−31.98	8.2000	−120.98
冠群县	7.1761	−60.10	2.0251	−362.34	5.1510	−27.37
全市	8.2201	−106.78	1.5165	−175.75	6.7036	−95.71

（三）系统平均停电频率情况

全市系统平均停电频率2.790次/户，同比增长140.43%。按地区特征划分，城市平均停电频率2.329次/户，同比增长209.93%；农村平均停电频率2.912次/户，同比增长129.48%。按停电性质划分，系统平均预安排停电频率0.250次/户，同比增长156.17%；系统平均故障停电频率2.540次/户，同比增长138.99%。

2021年武运市系统平均停电频率统计表

单位	全口径平均停电频率SAIFI-1（次/户）	同比增长（%）	城市平均停电频率SAIFI-1（次/户）	同比增长（%）	农村平均停电频率SAIFI-1（次/户）	同比增长（%）	系统平均预安排停电频率SAIFI-S（次/户）	同比增长（%）	系统平均故障停电频率SAIFI-F（次/户）	同比增长（%）
直供区	1.179	40.56	1.791	158.01	0.709	-24.95	0.250	39.26	0.930	40.92
北斗县	2.386	141.88	1.189	286.04	2.611	134.06	0.072	15.79	2.315	150.32
昌隆市	3.898	372.61	2.492	1283.56	4.190	334.06	0.220	266.90	3.679	380.89
东风县	3.215	155.03	2.450	170.30	3.515	151.46	0.308	40.35	2.907	179.16
丰华县	4.357	125.36	2.758	85.22	4.756	132.65	0.431	476.21	3.926	111.23
丰茂县	2.053	186.95	8.422	848.76	1.776	150.82	0.256	214.37	1.798	183.43
复兴县	2.556	128.16	2.007	252.27	2.740	109.82	0.096	56.92	2.459	132.30
冠群县	2.765	92.18	3.937	232.13	2.620	78.28	0.368	331.19	2.397	77.10
合计	2.790	140.43	2.329	209.93	2.912	129.48	0.250	156.17	2.540	138.99

中压可靠性数据汇总表

填报单位：武运市供电公司　　电压等级：10kV　　2021年1月1日至2021年12月31日

序号	单位名称	平均供电可靠率（%）			系统平均停电时间（h/户）			系统平均停电频率（次/户）			系统平均短时停电频率（次/户）	平均系统等效停电频率（次）	平均系统等效停电时间（h）	系统基本数据					
		计入外部影响	不计外部影响	不计系统电源不足限电	计入外部影响	不计外部影响	不计系统电源不足限电	计入外部影响	不计外部影响	不计系统电源不足限电				架空线路长度（km）	电缆线路长度（km）	线路条数（条）	用户总数（户）	系统容量（kVA）	出线断路器台数（台）
1	直供区	99.945	99.961	99.946	4.860	3.430	4.700	1.180	0.750	1.110	0.001	1.071	4.525	2011.66	648.36	164	8737	3418785	187
2	昌隆市	99.876	99.945	99.877	10.870	4.790	10.770	3.900	2.020	3.840	0.003	3.956	10.742	1657.38	37.01	108	6883	1914131	130
3	冠群县	99.918	99.944	99.919	7.180	4.920	7.120	2.760	1.940	2.740	0.007	3.463	9.042	2319.31	33.33	29	7340	1520760	40
4	丰华县	99.828	99.944	99.829	15.090	4.920	14.980	4.360	1.740	4.300	0.001	5.101	19.540	3172.14	119.98	90	8083	1317707	97
5	丰茂县	99.943	99.968	99.945	5.000	2.790	4.850	2.050	1.210	1.900	0.000	2.314	5.659	2299.13	180.96	74	5384	1317390	82
6	东凤县	99.932	99.945	99.933	5.980	4.860	5.880	3.210	2.670	3.170	0.000	4.075	8.519	1010.31	67.17	15	4018	924409	18
7	北斗县	99.929	99.969	99.929	6.260	2.740	6.240	2.390	1.510	2.380	0.000	3.681	9.980	903.03	99.74	40	5045	1092569	65
8	复兴县	99.901	99.971	99.902	8.640	2.570	8.570	2.560	1.450	2.500	0.000	3.680	11.638	1934.74	13.75	28	5649	1108404	35
	合计	99.906	99.956	99.907	8.220	3.860	8.130	2.790	1.610	2.730	0.002	3.024	9.090	15307.7	1200.3	548	51139	12614155	654

注：平均供电可靠率保留小数点后4位，线路条数、用户总数、系统容量、出线断路器台数保留整数位，其余保留到小数点后2位。

三、停电情况分析

（一）按停电性质划分

2021年武运市预安排和故障对停电的影响分别占18.46%、81.54%，其中，10kV配电网设施故障、检修停电2类责任原因是引起停电的主要原因，共占全市91.41%。

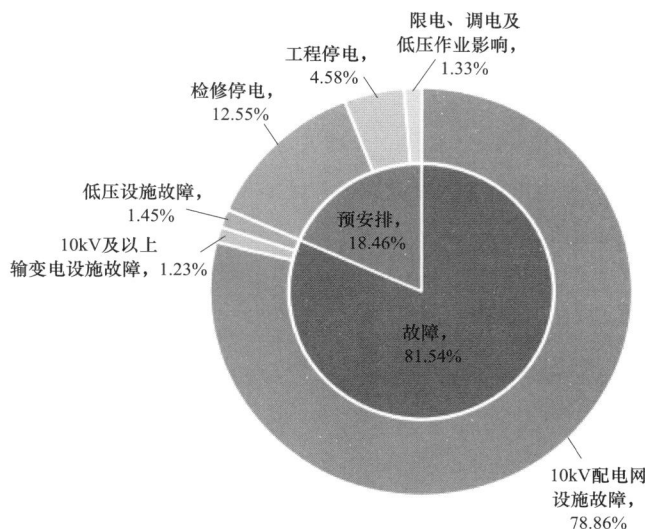

武运市停电责任原因分布图

1．预安排停电

全市整体上看，检修停电占68.00%，引起用户平均停电时间1.0319h/户，主要是10kV配电网设施计划检修占53.34%；工程停电占24.83%，引起用户平均停电时间0.3768h/户，主要是10kV配电网设施计划施工占24.10%。

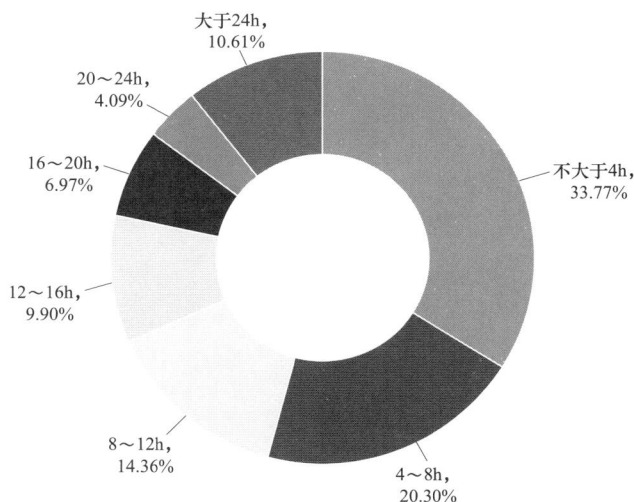

武运市预安排停电责任原因分布图

从上述主要责任原因在各单位分布上看，10kV配电网设施计划检修停电冠群县供电公司（29.45%）、直供区（24.10%）在全市占比较高，10kV配电网设施计划施工停电丰华县供电公司（80.69%）、复兴县供电公司（9.01%）在全市占比较高。

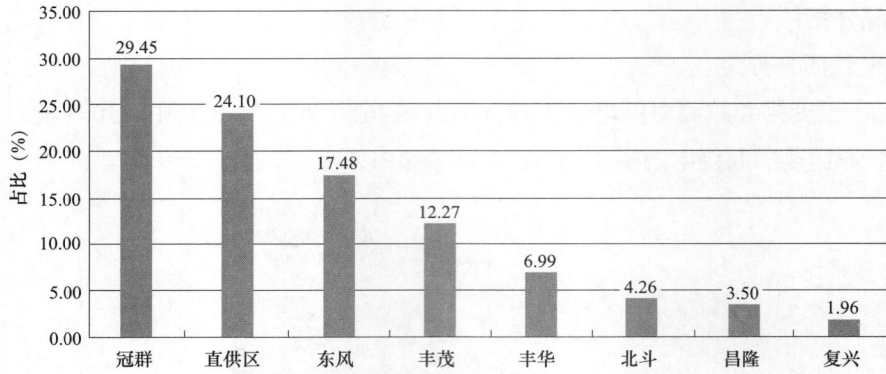

10kV配电网设施计划检修各单位占比情况

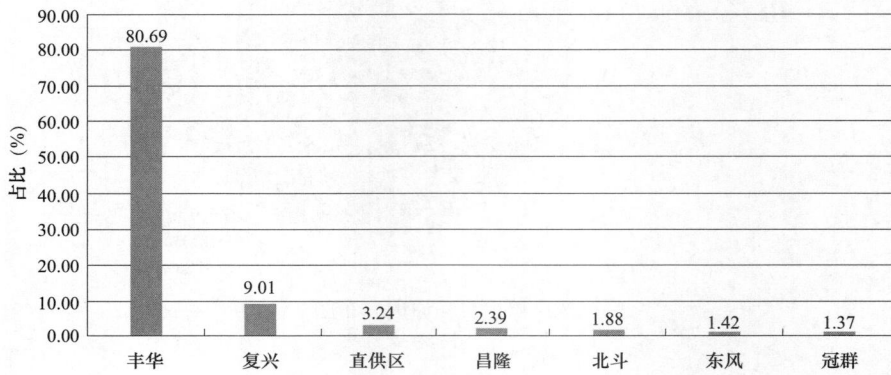

10kV配电网设施计划施工各单位占比情况

2．故障停电

武运市整体上看，10kV配电网设施故障停电占96.71%，引起用户平均停电时间6.4821h/户。其中，自然因素占57.64%，外力因素占15.59%，是10kV配电网设施故障的主要原因。

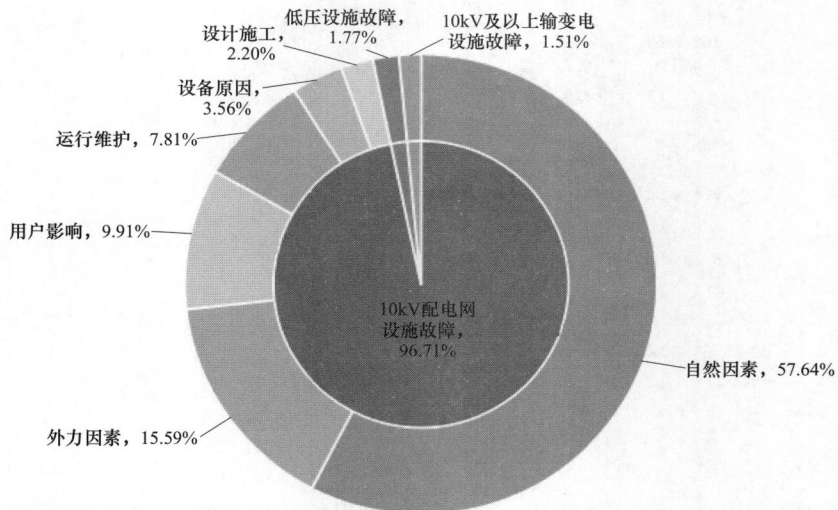

武运市故障停电责任原因分布图

　　从上述主要责任原因在各单位分布上看，自然因素停电丰华县供电公司（31.53%）、复兴县供电公司（21.45%）在全市占比较高，外力因素停电丰华县供电公司（40.92%）、昌隆市供电公司（29.24%）在全市占比较高。

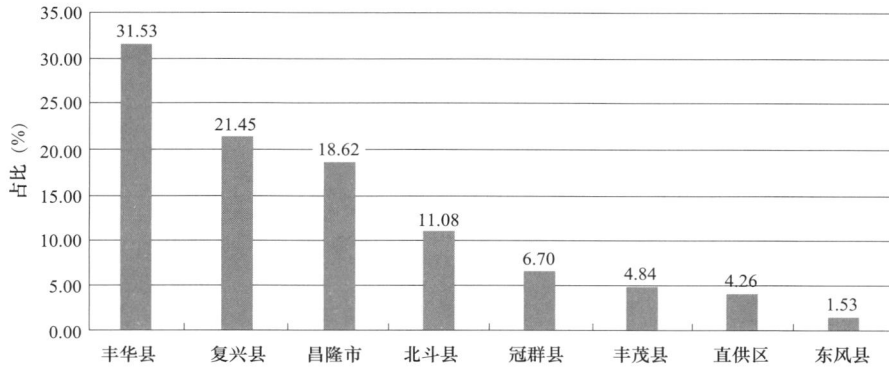

自然因素停电各单位占比情况

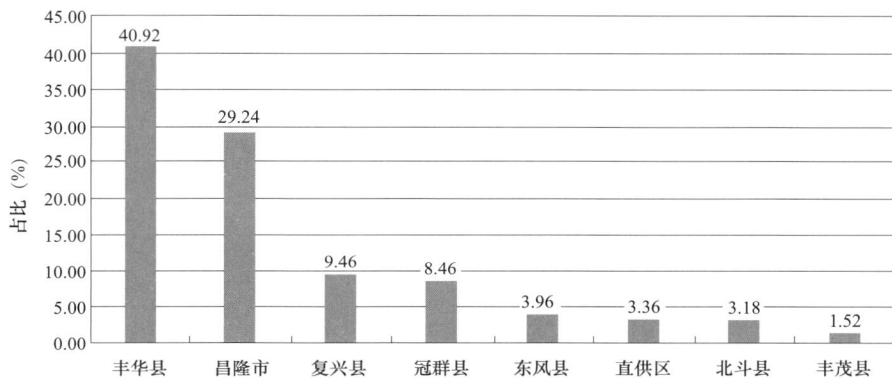

外力因素停电各单位占比情况

（二）累计停电时长分析

　　2021年武运市供电用户累计停电小于4h占比最高为33.77%，累计停电4～8h（20.30%）、8～12h（14.36%）占比较高。

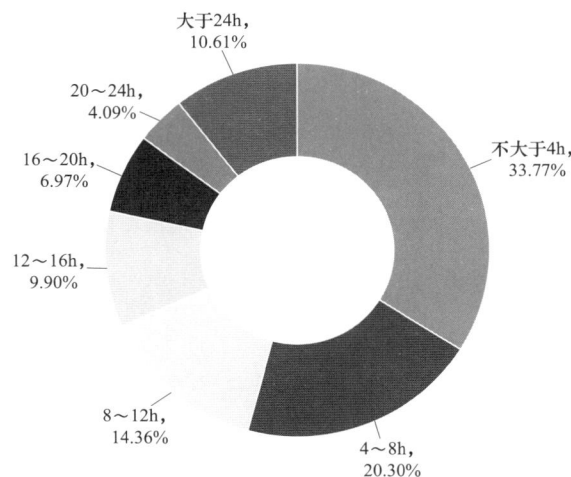

2021年武运市用户不同停电时长占比

各县区不同停电时长占比 单位：%

地区	不大于4h	4~8h	8~12h	12~16h	16~20h	20~24h	大于24h
北斗县	28.06	21.72	15.83	10.18	5.97	7.61	10.63
昌隆市	29.66	19.29	14.28	9.99	7.54	4.81	14.44
东风县	44.54	25.48	10.44	7.38	5.19	3.65	3.32
丰华县	18.87	17.13	16.28	13.25	9.44	5.62	19.40
丰茂县	52.06	21.35	11.12	7.12	4.86	1.43	2.06
复兴县	33.45	17.09	12.30	8.37	6.34	3.80	18.66
冠群县	33.84	22.36	16.70	9.39	7.22	3.38	7.11
直供区	40.86	20.71	15.24	11.11	6.92	2.08	3.08

对累计停电超过24h的用户进行分析，按照各单位等效用户占比看，丰华县（18.90%）、复兴县（16.98%）、昌隆市（13.23%）较高。累计停电时间超过100h·户（包含）的用户40户，其中丰华县34户、复兴县5户、冠群县1户。丰华县小邹家2公变持续停电时间116.552h·户，累计停电时间最长。

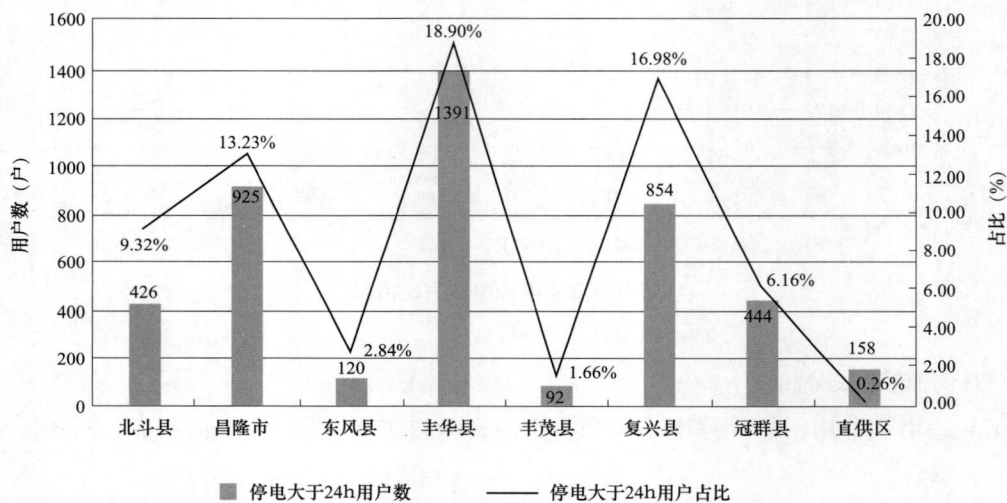

武运市各单位超过24h停电情况

（三）累计停电次数分析

2021年武运市供电用户重复停电按户次分，1~2次的占比47.30%（19688户·次），3~5次的占比31.82%（13246户·次），6~10次的占比16.16%（6726户·次），11~15次的占比3.55%（1478户·次），大于15次的占比1.16%（484户·次）。

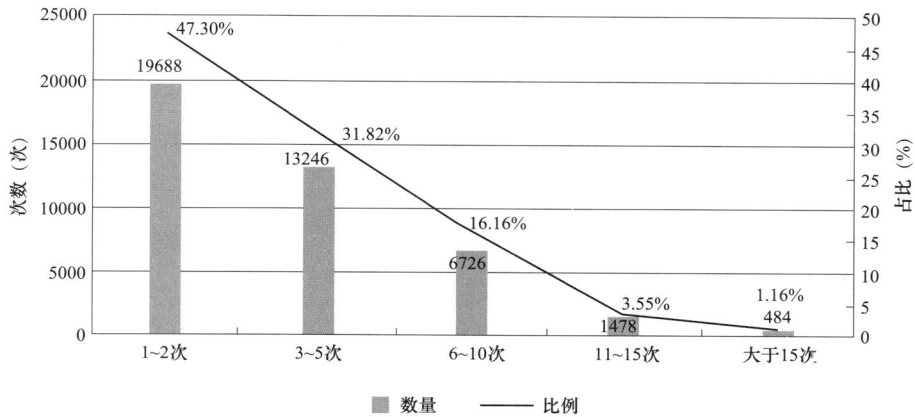

武运市供电用户重复停电次数及占比情况

按用户数统计，全市重复3次以上停电用户16142户，占全市市总等效用户数量的15.97%；按户次数统计，3次以上停电户次数110280户·次，占全市总停电户次的70.87%。

按单位统计，丰华县（25.68%）、昌隆市（18.92%）、复兴县（14.01%）、冠群县（13.86%）3次以上停电用户占比超全市平均值，占比较高。昌隆市、丰华县存在重停超25次的用户。

2021年武运市累计停电超过3次的用户情况分析

区县	最大重停次数（次）	重停3次以上用户比例（%）	重停3次以上用户数（户）
北斗县	23	12.01	1938
昌隆市	28	17.49	2824
东风县	16	10.13	1635
丰华县	25	24.44	3945
丰茂县	17	5.79	935
复兴县	22	12.82	2069
冠群县	19	14.14	2283
直供区	11	3.18	513
总计	28	100.00	16142

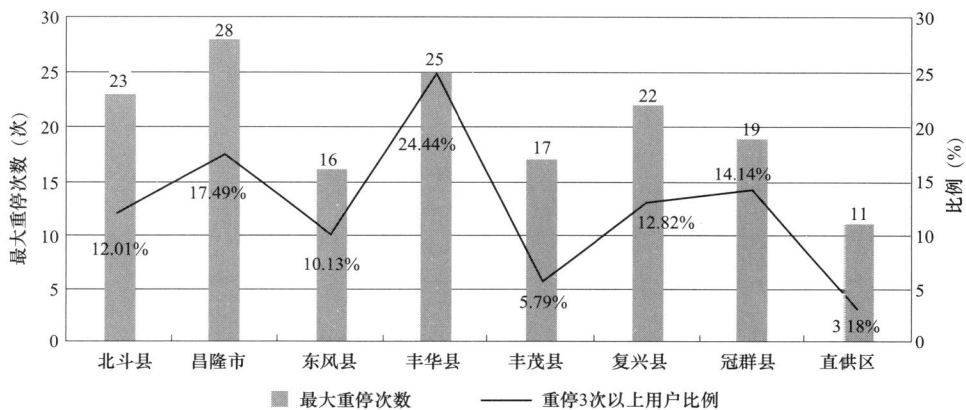

各单位重停3次以上用户比例及重停总数分布图

各单位按停电性质重停3次以上用户比例及最大重停次数表 单位：户

区县	故障3次重停用户数	预安排3次重停用户数	3次重停用户总数
北斗县	12850	378	13228
昌隆市	19734	1128	20862
东风县	8740	935	9675
丰华县	26015	2300	28315
丰茂县	4547	439	4986
复兴县	14982	472	15454
冠群县	13681	1607	15288
直供区	2158	314	2472
总计	102707	7573	110280

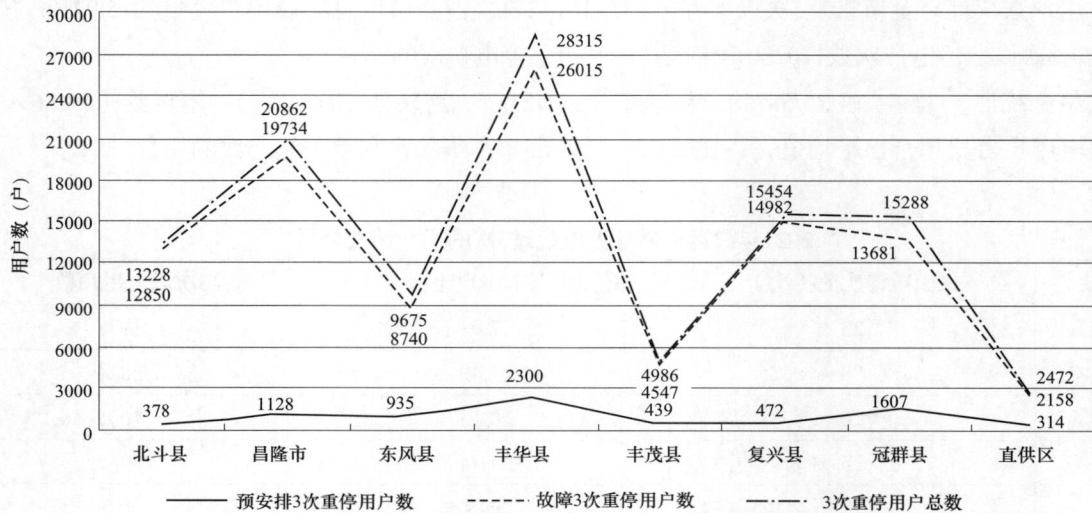

各区县重停3次及以上用户比例及最大重停次数分布

（四）重大事件日分析

2021年，武运市供电公司重大事件日界限值 T_{MED} 为0.238h，重大事件日共4天，均为极端恶劣天气影响，合计发生故障停电时户数为14.64万h·户，影响系统平均故障停电时间2.7h/户。剔除重大事件日故障停电后，全口径平均供电可靠率99.934、同比降低0.021个百分点，系统平均停电时间5.75h/户、同比增加44.6%。

2021年重大事件日情况统计表

重大事件日	故障停电时户数（h·户）	影响系统平均故障停电时间（h/户）
2021/05/26	14269.26	0.26
2021/06/30	31142.84	0.57
2021/07/11	60785.02	1.12
2021/11/07	40219.74	0.74
合计	146416.86	2.70

（五）停电平均持续时间分析

2021年，武运市供电公司预安排停电平均持续时间7.71h/次，直供区及各县公司在5.90～9.64h/次，各单位差异较小；故障停电平均持续时间2.64h/次，直供区及各县公司在2～3.5h/次，各单位差异较小。

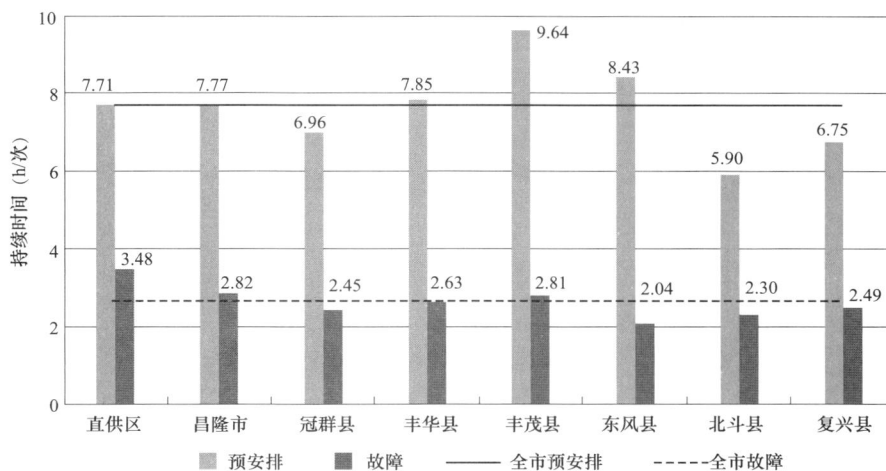

各区县2021年预安排及故障停电平均持续时间分布图

（六）停电平均用户数分析

2021年，武运市供电公司预安排停电平均用户数17.98户/次，直供区及各县公司在8.9～30.5户/次，各单位差异较大；故障平均停电持续时间12.79户/次，直供区及各县公司持续时间在6.4～17.3户/次，各单位差异较大。

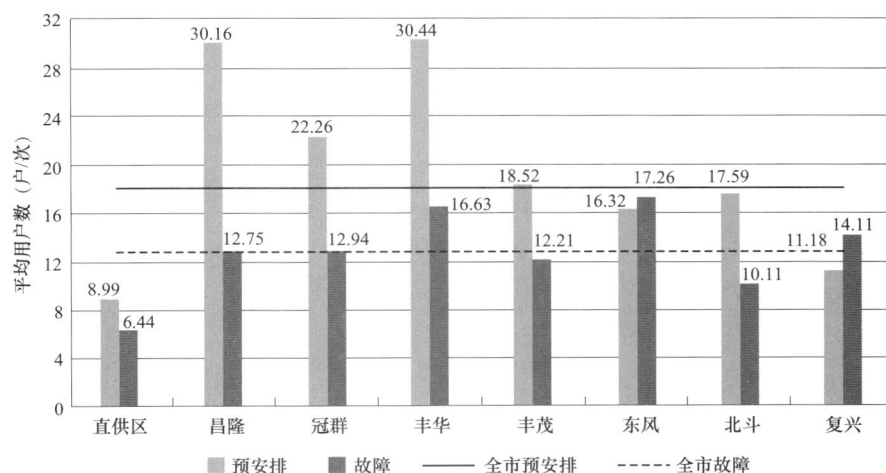

各区县2021年预安排及故障停电平均用户数分布图

（七）存在的问题及建议

一是做好设备精益运维。与政府部门建立良好沟通，引导市政园林部门优化城区绿化树种。借助政府力量开展综合执法，及时清理电力线路防护区树障隐患；对开断类设备（跌落式熔断器、隔离开关、柱上开关等）、耐张线夹压接点、各类T接点、裸导线横担两侧2m开展局部绝缘化封包治理，结合巡视定期开展红外成像测温及设备局放检测，箱柜类设备基础通风治理。

二是提高装备水平及网架合理性调整。因地制宜开展配电线路整体绝缘化、架空避雷线、电缆化等本质安全能力提升建设，合理调整单条线路接带客户数量，通过就近切割、新配出线路、增加合理联络等压降接带范围及用户数量。

三是提高配电自动化应用水平。线路分段/分支/异站联络配电自动化开关全覆盖，推广使用暂态选线选段远传定位型故障指示器、一二次融合型环网柜、柱上开关等状态监测设备提高故障范围判断能力及故障区域隔离能力；通过线路合理分段联络，缩小故障影响范围，提高非故障区域自愈恢复供电能力。

四是提高不停电作业能力。按照"先复电、再抢修"的原则，综合应用联络转供、中压发电、低压发电作业等方式优先恢复非故障区域供电，不断增强不停电作业能力建设。对于天气异常预报，根据预警信息提前合理增加抢修一二级梯队人员值班力量。

五是做好落后单位的帮扶及对标提升。建立区县运维质量、可靠性基础管理质量周通报月考核制度。从人员配置、工作质量、投资质效、落后指标提升幅度等方面进行帮扶，通过管理上横纵对比进行考核，促进该地市供电可靠性管理水平整体提升。

试题五 辅助规划决策场景

一、主要考点

根据网架结构图、用户负荷和分布情况、该区域计划投资情况，分析网架转供能力方面存在的问题，提出新建或改造规划方案建议；网架结构中负荷密度、容载比、负载率计算及规划目标的确定。

二、考察重点

对辅助规划决策相关知识的理解及运用。

三、试题及参考答案

第一部分 题目内容

省庄镇位于天泰市郊，近几年根据天泰市（地级市）"东拓"发展战略，经济发展迅速。请根据以下资料分析网架（包括变电站布点）中存在的问题不足，依照模板在3h内完成省庄镇配电网规划报告。最终计算结果精确到小数点后2位，其中供电可靠率保留到小数点后4位。

【参考资料】

资料1：省庄镇主配网概况、可靠性时户管控情况

资料2：省庄镇配电网地理接线图及线路概况

资料3：省庄镇配电网负荷分布图

资料4：正常运行方式下110kV省庄变电站一次接线图

资料5：省庄镇近两年停电事件明细

资料6：省庄镇近两年内故障停电自动化开关自愈情况

资料7：10kV羊娄线单线图

资料8：110kV省庄站其他联络线路单线图

资料9：配电设备允许载流量表

资料10：供电区域划分表

资料11：各类供电区域规划目标

资料12：电源并网电压等级参考表

资料13：各类供电区域变电站最终容量配置推荐表

【试题】

1. 请根据资料1、10、12，做出网架结构测算分析：

（1）计算供电区域负荷密度（σ）。

（2）计算供电区域容载比（R_s）。

（3）计算主变最大负载率。

（4）计算省庄镇区域的用户平均停电时间规划目标及综合电压合格率规划目标。

（5）分别计算10kV羊娄线新报装的5户分布式光伏用户的电网并网电压等级。

2．请根据资料1～12，提出供电可靠性提升建议：

（1）利用供电可靠性、配电自动化、配电网规划等方面知识分析10kV羊娄线在线路结构等方面存在的问题，并给出结构标准化改造方案。

（2）根据区域内设备负载率、网架结构等问题，给出区域内网架结构短期解决方案（优化后10kV线路联络率、$N-1$通过率达到100%，线路无重过载）。

（3）根据110kV省庄站主变负载、负荷增长及10kV网架等情况，制定短期优化方案和长期规划方案（短期优化方案后主变负载降至70%以下，长期规划方案需满足线路供电半径要求）。

资料1：

省庄镇位于天泰市东部，总面积48km²，辖30个行政村，总人口5万人。该地区主供变电站1座，为110kV省庄站，主供线路为110kV红祖省支线（年度最大电流267A），备用线路为110kV红范省支线（年度最大电流182A），两条线路全年未分列运行，均为一条线路带全站负荷。2台主变容量均为31.5MVA，其中正常运行方式下#1主变年度最大负载25.74MVA、#2主变年度最大负载27.35MVA。10kV供电线路10条，联络线路6条，年供电量1.2亿kWh。区域外相邻变电站2座，分别为110kV凤台站、小井站。综合考虑负荷增长、变压器负载率等因素，供电区域容载比宜控制在1.8～2.2之间，正常方式下主变负载宜控制在80%以下，线路负载宜控制在70%以下。

110kV省庄站共有10kV配出间隔13个，目前已使用10个，剩余3个。周边110kV小井站、凤台站均有较多的待用间隔。省庄镇负荷主要集中在泰莱路与灵山大街中间，博阳路以西主要为制造业，博阳路以东主要为生活居住区。泰莱路以北主要为新建居住小区，入住率较低。灵山大街以南食品加工等新兴工业负荷发展较快，供电可靠率要求较高。

整个供电区域目前暂无分布式电源用户，但随着分布式光伏的推广，在新型工业园区存在光伏用户接入需求。天泰市计划开展大型高科技企业招商，并将其集中安置在省庄镇新型工业区，预计新企业入驻后，供电负荷还存在30MVA的缺口。

根据配电网规划设计要求，线路供电半径应满足末端电压质量的要求。正常负荷下，10kV线路供电半径A＋、A、B类供电区域不宜超过3km；C类不宜超过5km；D类不宜超过15km；E类供电区域供电半径应根据需要经计算确定。

省庄供电所执行预算式管控要求，全年停电账户预算 466h·户，平均停电时间 1h/户（等效用户466户），供电可靠率99.9886%。其中预安排停电账户120h·户，故障停电账户346h·户。

资料2：

省庄镇主供变电站1座，为110kV省庄站；临近变电站2座，分别为110kV凤台站（距省庄站约5.2km）、110kV小井站（距省庄站约6.4km），主变额定电压均为110kV/10kV。3座变电站10kV所有出线电缆均为YJV22-3×400。由省庄站配出的10kV供电线路10条，其中联络线路6条。

省庄镇配电网地理接线图如图1所示，配电网线路概况如表1所示。

凤台站
2×31.5MVA

10kV海洼线

10kV省庄线

岗东支线

泰 莱 路

10kV省棉线

小井站
2×50MVA

10kV#2小井线

10kV岗上线

10kV#1小井线

省庄站
2×31.5MVA

10kV粮局线

10kV同力线

岗南支线

灵 山 大 街

10kV羊娄线

广源支线

博
阳
路

10kV苑庄线

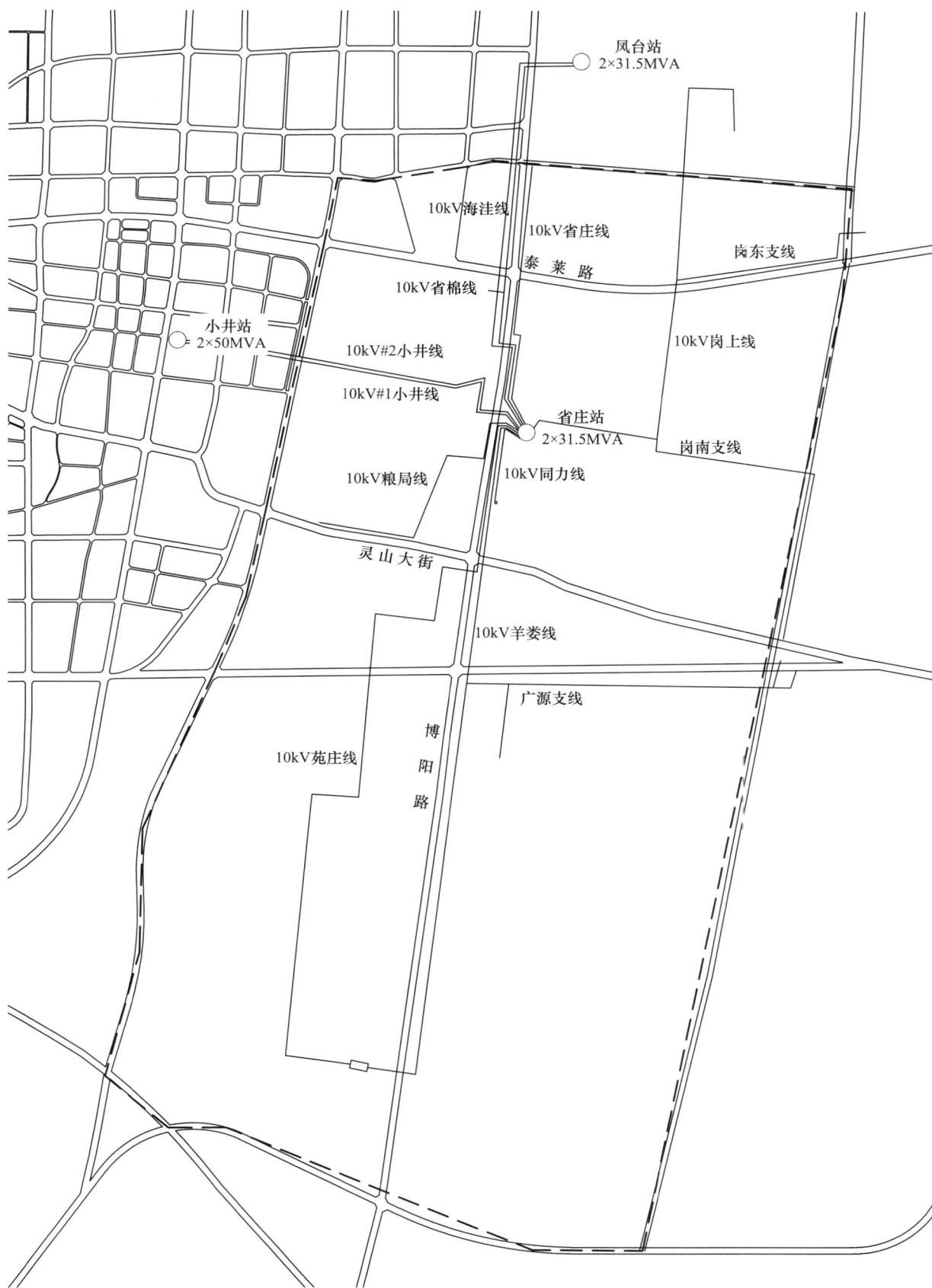

图1 省庄镇配电网地理接线图

表1　省庄镇配电网线路概况

序号	线路名称	所属变电站	所在母线	等效用户数（户）	供电半径（km）	主干线导线型号	最大允许负荷（kVA）/电流（A）	年度最大负荷（kVA）/电流（A）	是否联络	联络线路所属变电站	联络线路名称
1	10kV海洼线	110kV省庄站	Ⅱ段	25	2.8	JKLGYJ-240 JKLGYJ-150	6980/403	5109/295	是	110kV凤台站	10kV明堂线
2	10kV省棉线	110kV省庄站	Ⅰ段	12	2.4	JKLGYJ-240	9578/553	3395/196	是	110kV凤台站	10kV凤棉线
3	10kV省庄线	110kV省庄站	Ⅰ段	15	2.9	JKLGYJ-240 JKLGYJ-150	6980/403	3810/220	否	—	—
4	10kV粮局线	110kV省庄站	Ⅱ段	81	3.6	JKLGYJ-150	9578/553	3204/185	否	—	—
5	10kV#1小井线	110kV省庄站	Ⅱ段	16	3.8	JKLGYJ-240	9578/553	6270/362	是	110kV小井站	10kV北十里河线
6	10kV#2小井线	110kV省庄站	Ⅱ段	18	3.8	JKLGYJ-240	9578/553	3724/215	是	110kV小井站	10kV南十里河线
7	10kV羊娄线	110kV省庄站	Ⅰ段	105	7.2	JKLGYJ-240 JKLGYJ-150	6980/403	6893/398	是	110kV省庄站	10kV苑庄线
8	10kV苑庄线	110kV省庄站	Ⅰ段	86	8.6	JKLGYJ-240 JKLGYJ-150	6980/403	5283/305	是	110kV省庄站	10kV羊娄线
9	10kV同力线	110kV省庄站	Ⅱ段	12	1.5	JKLGYJ-240	9578/553	2356/136	否	—	—
10	10kV岗上线	110kV省庄站	Ⅱ段	96	6.4	JKLGYJ-240 JKLGYJ-150	6980/403	5542/320	否	—	—
11	10kV明堂线	110kV凤台站	Ⅰ段	10	2.4	JKLGYJ-240	9578/553	2252/130	是	110kV省庄站	10kV海洼线
12	10kV凤棉线	110kV凤台站	Ⅱ段	7	2.8	JKLGYJ-240	9578/553	3031/175	是	110kV省庄站	10kV省棉线
13	10kV北十里河线	110kV小井站	Ⅰ段	12	2.6	JKLGYJ-240	9578/553	1299/75	是	110kV省庄站	10kV#1小井线
14	10kV南十里河线	110kV小井站	Ⅱ段	15	2.6	JKLGYJ-240	9578/553	918/53	是	110kV省庄站	10kV#2小井线

资料3:

　　省庄镇负荷主要集中在泰莱路与灵山大街中间,博阳路以西主要为制造业,博阳路以东主要为生活居住区。泰莱路以北主要为新建居住小区,入住率较低。灵山大街以南食品加工等新兴工业负荷发展较快,供电可靠率要求较高。省庄镇配电网负荷分布图如图2所示。

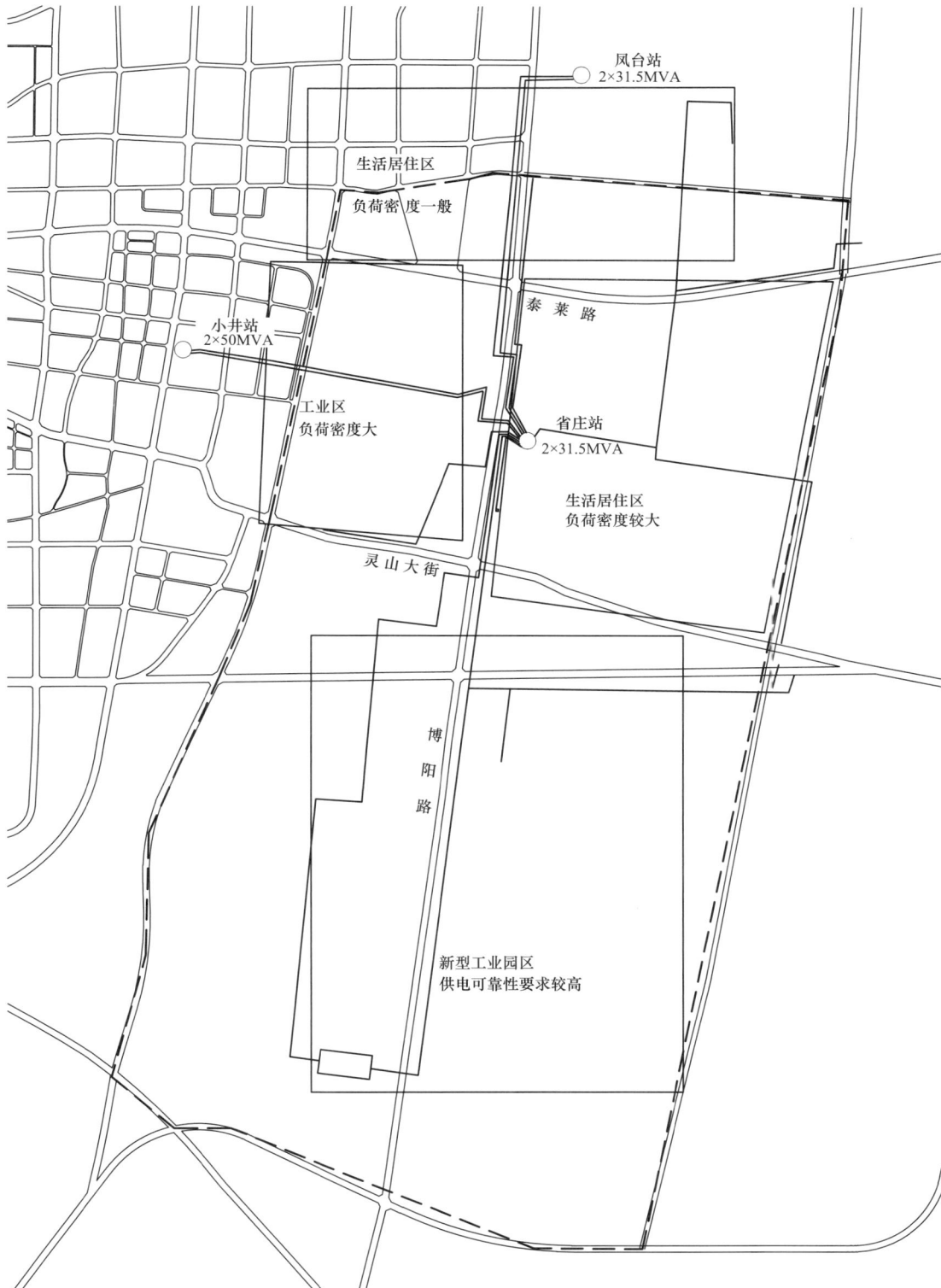

图2　省庄镇配电网负荷分布图

资料4：

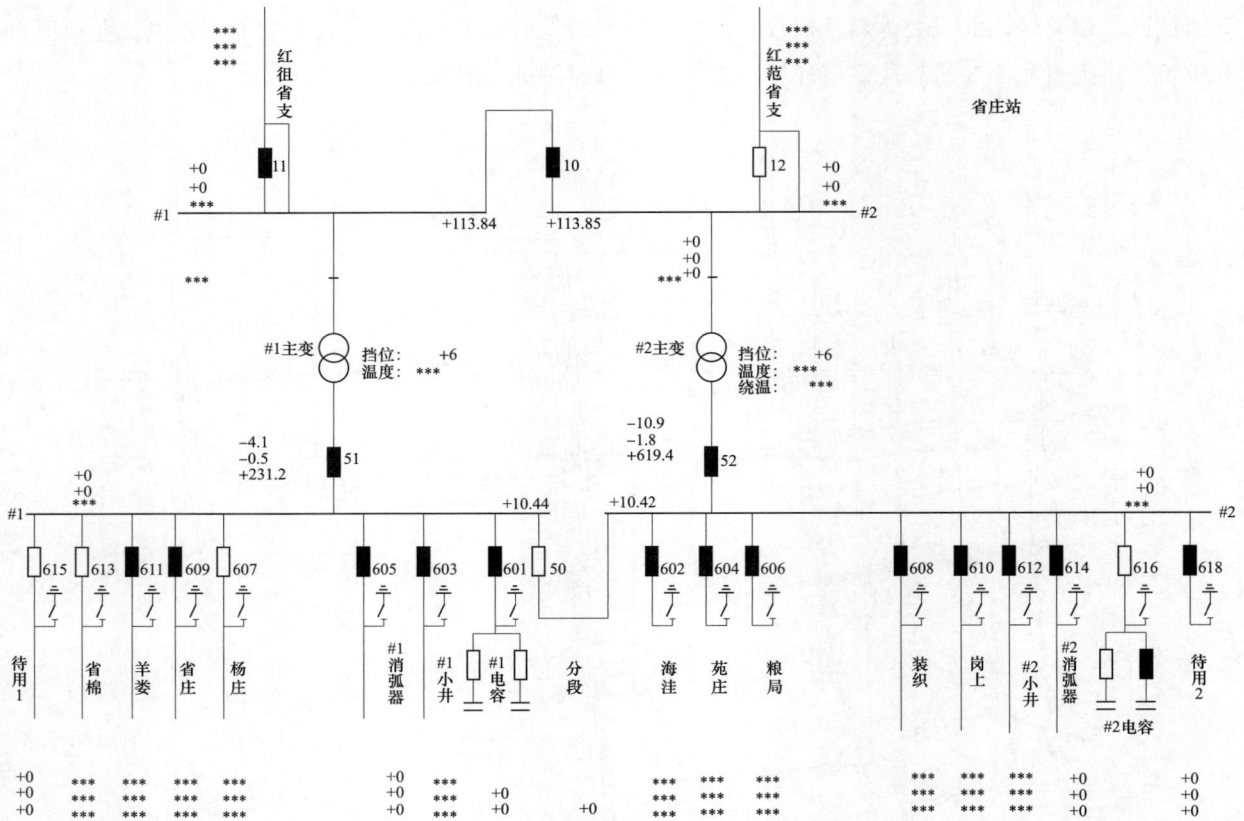

图3   正常运行方式下110kV省庄变电站一次接线图

资料5：

省庄镇近两年共发生停电事件7项，其中预安排停电1项、故障停电事件6项。6项故障停电中，2020年3月10kV羊娄线、2020年5月10kV粮局线、2021年4月10kV羊娄线为全线故障；其余3项故障停电均为支线故障。具体如表2所示。

表2   省庄镇近两年停电事件明细

序号	班所名称	线路名称	停电类型	起始时间	终止时间	停电性质	设备名称	技术原因名称	责任原因
1	省庄供电所	10kV羊娄线	故障	2020/03/10 12:56	2020/03/10 16:18	内部故障停电	架空线路	断线	设备老化
2	省庄供电所	10kV岗上线	预安排	2020/12/02 06:00	2020/12/02 19:43	计划检修停电（内部）	架空线路	损伤	10（20，6）kV配电网设施检修
3	省庄供电所	10kV粮局线	故障	2020/05/26 15:48	2020/05/26 20:40	内部故障停电	柱上断路器	烧损	大风大雨
4	省庄供电所	10kV岗上线	故障	2021/02/14 06:07	2021/02/14 08:51	内部故障停电	架空线路	其他	自然灾害
5	省庄供电所	10kV羊娄线	故障	2021/04/26 08:15	2021/04/26 18:42	内部故障停电	架空线路	倒、断杆	自然灾害

续表

序号	班所名称	线路名称	停电类型	起始时间	终止时间	停电性质	设备名称	技术原因名称	责任原因
6	省庄供电所	10kV苑庄线	故障	2021/11/12 18:06	2021/11/12 20:50	内部故障停电	柱上隔离开关	其他	产品质量不良
7	省庄供电所	10kV岗上线	故障	2021/12/27 11:00	2021/12/27 17:22	内部故障停电	电缆终端	击穿	设备老化

资料6:

　　省庄镇近两年共发生故障停电6次,其中自愈成功及正确隔离5次,自愈失败1次。自愈失败线路为10kV羊娄线。具体如表3所示。

表3　省庄镇近两年内故障停电自动化开关自愈情况

序号	线路名称	故障时间	故障类型	故障定位	实际故障位置	故障处置
1	10kV羊娄线	2020/03/10 12:56	相间故障	羊娄线60D开关至羊西支68D开关之间	主干线#62杆	区间判断正确,自愈成功
2	10kV粮局线	2020/05/26 15:48	相间故障	粮局线26D开关至粮局线40D开关之间	#32杆	区间判断正确,控分粮局线26D开关,控合粮局线606开关,线路无联络,后侧未转供
3	10kV岗上线	2021/02/14 06:07	相间故障	岗南支56D开关以下	岗南支线	故障隔离正确
4	10kV羊娄线	2021/04/26 04:15	相间故障	全线故障	广源支线	无法自愈
5	10kV苑庄线	2021/11/12 18:06	相间故障	苑庄线120D开关以下	苑庄线#122杆	故障隔离正确
6	10kV岗上线	2021/12/27 11:00	相间故障	勃家店支69D开关以下	勃家店支线	故障隔离正确

资料7:

　　10kV羊娄线共有分段开关2台,电压型模式。10kV羊娄线30D开关因机构卡涩损坏,开关位于强合位置,失去自动化功能。线路共有支线6条,其中红庙支线、广源支线、东岭支线无支线开关,直接T接于主干线;圣元支线、羊南支线、羊西支线首端安装自动化断路器,可正确隔离故障。10kV羊娄线计划新报装5户分布式光伏用户,容量分别为10MVA、5MVA、500kVA、330kVA、5kVA。具体如图4所示。

用户26户
最大负荷1528kVA

用户22户
最大负荷1444kVA

用户9户
最大负荷620kVA

红庙支线

羊南支44J开关

羊西支68J开关

省庄站 | 10kV羊娄线611开关 | JKLGYJ-150 | 羊娄线30D开关 | 羊娄线60D开关 | 联络开关

电压型，因机构卡
涩损坏，开关强合

电压型，运行正常

圣元支出36J开关

广源支线
用户23户
最大负荷1520kVA

东岭支线

用户17户
最大负荷1116kVA

用户8户
最大负荷665kVA

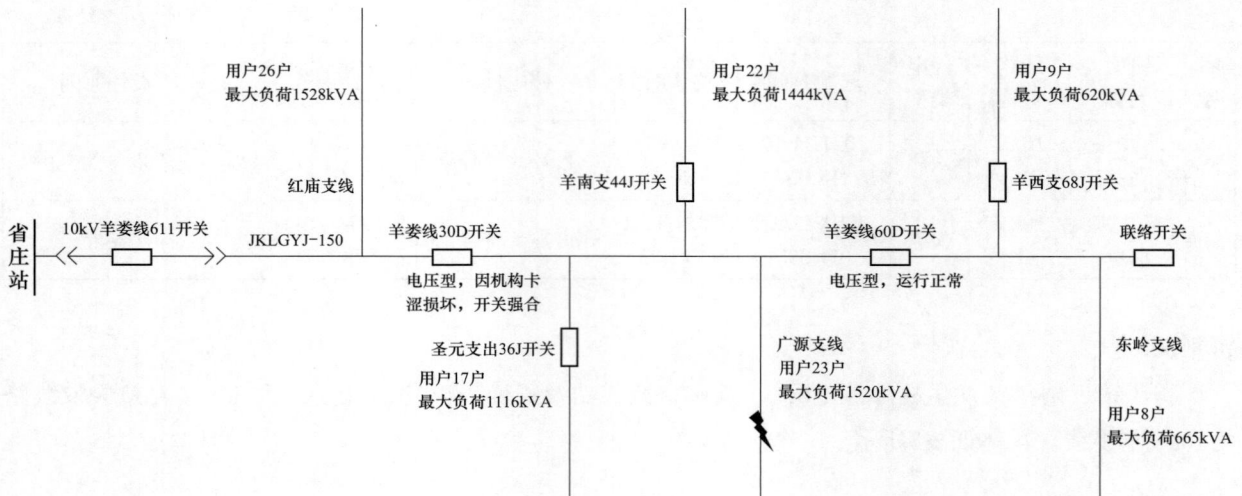

图4　10kV羊娄线单线图

资料8：

省庄站 | 10kV苑庄线615开关 | JKLGYJ-150 | 苑庄线40D开关 | 苑庄线80D开关 | 苑庄线120D开关 | 联络开关

线段长度：2km	线段长度：2km	线段长度：2km	线段长度：2.6km
所带户数：30户	所带户数：30户	所带户数：20户	所带户数：6户
年度最大负荷：1700kV	年度最大负荷：1700kV	年度最大负荷：1200kV	年度最大负荷：683kV

省庄站 | 10kV#1小井线 | #1小井线43D开关 | 联络开关 | 北十里河26D开关 | 10kV北十里河线 | 小井站

线段长度：2.4km	线段长度：1.4km	线段长度：1.3km	线段长度：1.3km
所带户数：10户	所带户数：6户	所带户数：6户	所带户数：6户
年度最大负荷：3025kV	年度最大负荷：3065kV	年度最大负荷：699kV	年度最大负荷：600kV

省庄站 | 10kV#2小井线 | #2小井线28D开关 | 联络开关 | 南十里河26D开关 | 10kV南十里河线 | 小井站

线段长度：1.4km	线段长度：2.4km	线段长度：1.3km	线段长度：1.3km
所带户数：8户	所带户数：10户	所带户数：8户	所带户数：7户
年度最大负荷：1583kV	年度最大负荷：2141kV	年度最大负荷：518kV	年度最大负荷：400kV

省庄站 | 10kV海洼线 | 海洼线28D开关 | JKLGYJ-150 | 海洼线56D开关 | 联络开关 | 明堂线24D开关 | 10kV明堂线 | 凤台站

线段长度：1.4km	线段长度：1.4km	线段长度：0.4km	线段长度：1.2km	线段长度：1.2km
所带户数：2户	所带户数：13户	所带户数：10户	所带户数：5户	所带户数：5户
年度最大负荷：338kV	年度最大负荷：2000kV	年度最大负荷：2771kV	年度最大负荷：1252kV	年度最大负荷：1000kV

省庄站 | 10kV省棉线 | 省棉线28D开关 | 联络开关 | 风棉线24D开关 | 10kV风棉线 | 凤台站

线段长度：1.2km	线段长度：1.2km	线段长度：1.6km	线段长度：1.2km
所带户数：6户	所带户数：6户	所带户数：4户	所带户数：3户
年度最大负荷：1595kV	年度最大负荷：1800kV	年度最大负荷：1531kV	年度最大负荷：1500kV

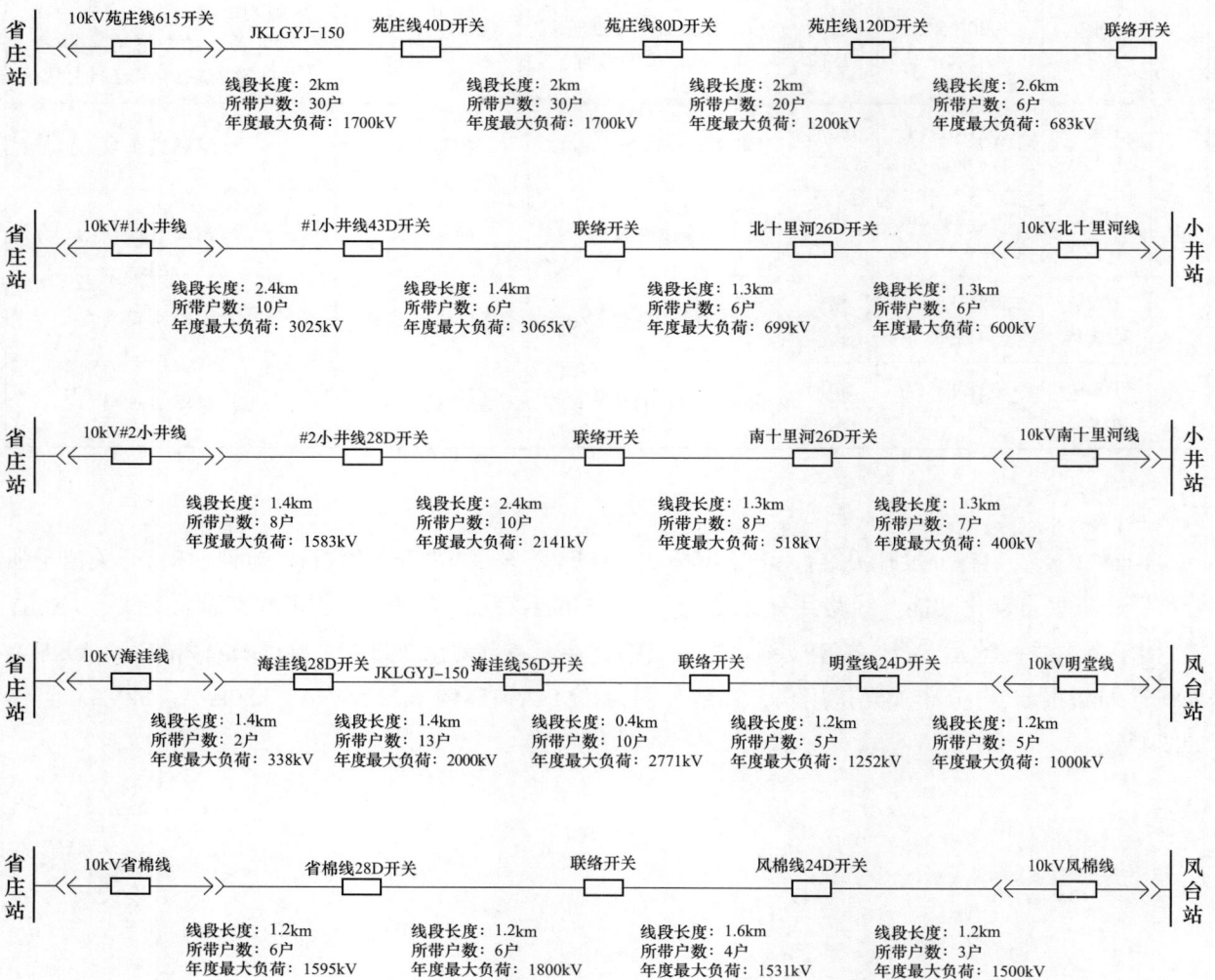

图5　110kV省庄站其他联络线路单线图（一）

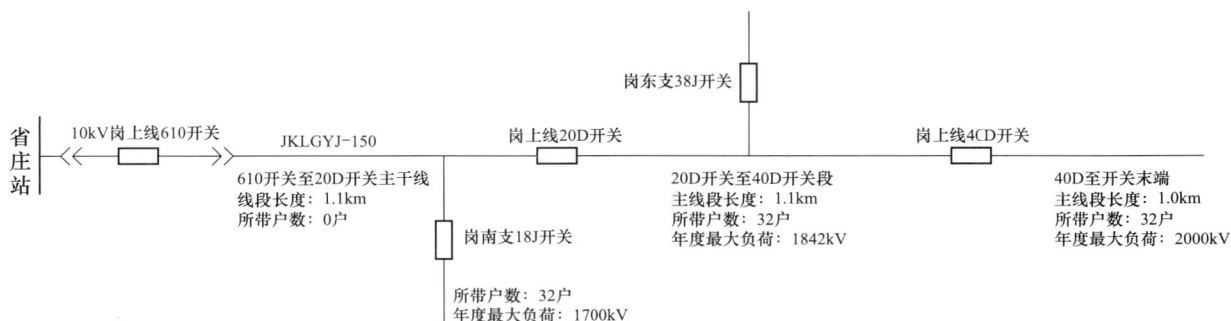

图5 110kV省庄站其他联络线路单线图（二）

资料9：配电设备允许载流量表

表4 10kV架空绝缘导线允许载流量 单位：A

导体标称截面积（mm²）	铜导体	铝导体
35	211	164
50	255	198
70	320	249
95	393	304
120	454	352
150	520	403
185	600	465
240	712	553
300	824	639

表5 10kV三芯电力电缆允许载流量 单位：A

绝缘类型		交联聚乙烯			
钢铠护套		无		有	
敷设方式		空气中	直埋	空气中	直埋
缆芯截面积（mm²）	35	123	110	123	105
	50	146	125	141	120
	70	178	152	173	152
	95	219	182	214	182
	120	251	205	246	205
	150	283	223	278	219
	185	324	252	320	247
	240	378	292	373	292
	300	433	332	428	328
	400	506	378	501	374
	500	579	428	574	424
环境温度（℃）		40	25	40	25
土壤热阻系数（K·m/W）			2.0		2.0

注：1. 表中系铝芯电缆数值；铜芯电缆的允许持续载流量值可乘以1.29。

2. 缆芯工作温度大于70℃时，允许载流量的确定还应符合下列规定：数量较多的该类电缆敷设于未装机械通风的隧道、竖井时，应计入对环境温升的影响；电缆直埋敷设在干燥或潮湿土壤中，除实施换土处理等能避免水分迁移的情况外，土壤热阻系数取值不宜小于2.0K·m/W。

资料10：

表6 供电区域划分表

供电区域		A+	A	B	C	D	E
行政级别	直辖市	$\sigma \geq 30$	$15 \leq \sigma < 30$	$6 \leq \sigma < 15$	$1 \leq \sigma < 6$	$0.1 \leq \sigma < 1$	—
	省会城市、计划单列市	$\sigma \geq 30$	$15 \leq \sigma < 30$	$6 \leq \sigma < 15$	$1 \leq \sigma < 6$	$0.1 \leq \sigma < 1$	—
	地级市（自治州、盟）	—	$\sigma \geq 15$	$6 \leq \sigma < 15$	$1 \leq \sigma < 6$	$0.1 \leq \sigma < 1$	牧区
	县（县级市、旗）	—	—	$\sigma \geq 6$	$1 \leq \sigma < 6$	$0.1 \leq \sigma < 1$	

资料11：

表7 各类供电区域规划目标

供电区域	供电可靠率（RS-1）	综合电压合格率
A+	用户年平均停电时间不高于5min（≥99.999%）	≥99.99%
A	用户年平均停电时间不高于52min（≥99.990%）	≥99.97%
B	用户年平均停电时间不高于3h（≥99.965%）	≥99.95%
C	用户年平均停电时间不高于12h（≥99.863%）	≥98.79%
D	用户年平均停电时间不高于24h（≥99.726%）	≥97.00%
E	不低于向社会承诺的指标	不低于向社会承诺的指标

资料12：

表8 电源并网电压等级参考表

电源总容量范围	并网电压等级
8kVA及以下	220V
8~400kVA	380V
400kVA~6MVA	10kV
6~50MVA	20、35、66、110kV

资料13：

表9 各类供电区域变电站最终容量配置推荐表

电压等级	供电区域类型	台数（台）	单台容量（MVA）
110kV	A+、A类	3~4	80、63、50
	B类	2~3	63、50、40
	C类	2~3	50、40、31.5
	D类	2~3	50、40、31.5、20
	E类	1~2	20、12.5、6.3
35kV	A+、A类	2~3	31.5、20
	B类	2~3	31.5、20、10
	C类	2~3	20、10、6.3
	D类	1~3	10、6.3、3.15
	E类	1~2	3.15、2

第二部分　参考答案

1．请根据资料1、10、12，做出网架结构测算分析

（1）计算供电区域负荷密度（σ）。

σ＝最大饱和负荷/供电面积＝［（110×1.732×267）/1000＋30］/48＝1.68（MW/km²）

（2）计算供电区域容载比（R_S）。

R_S＝$\Sigma S_{ei}/P_{max}$＝2×31.5/（110×1.732×267）＝1.24（MVA/MW）（忽略无功功率）

（3）计算主变最大负载率。

#1主变容量31.5MVA，年度最大负载25.74MVA

#2主变容量31.5MVA，年度最大负载27.35MVA

#1主变负载率＝25.74/31.5＝81.71%

#2主变负载率＝27.35/31.5＝86.83%

（4）计算省庄镇区域的用户平均停电时间规划目标及综合电压合格率规划目标。

1）经测算，供电区域负荷密度（σ）为1.68MW/km²，经查询资料10，该区域为C类供电区域。

2）经查询资料11，该区域的用户平均停电时间规划目标是不高于12h（≥99.863%），综合电压合格率规划目标是≥98.79%。

（5）分别计算10kV羊娄线新报装的5户分布式光伏用户的电网并网电压等级。

根据用户报装容量，经查询资料12，并网电压等级如下：

1）用户报装容量10MVA，考虑附近无35kV电压等级电网，故应接入110kV电压等级。

2）用户报装容量5MVA，应接入10kV电压等级。

3）用户报装容量500kVA，应接入10kV电压等级。

4）用户报装容量380kVA，应接入380V电压等级。

5）用户报装容量5kVA，应接入220V电压等级。

2．请根据资料1~12，提出供电可靠性提升建议

（1）利用供电可靠性、配电自动化、配电网规划等方面知识分析10kV羊娄线在线路结构等方面存在的问题，并给出结构标准化改造方案。

1）线路结构方面存在的问题。

a）线路联络及线径方面：10kV羊娄线及其联络10kV苑庄线为站内同母线联络，同停风险大，且负载率均超过70%，不满足$N-1$校验；两条线路主干线路前段均为150线径、存在卡脖子情况，最大负荷时线路重载、故障或检修时不能有效转供。

b）线路分段方面：一是10kV羊娄线为架空线路，目前有2台分段开关，线路三分段，但第一台分段开关羊娄线30D开关由于机构卡涩，位于强合位置，失去分段功能，实际线路为2分段。二是线路分段不合理，线路共有支线6条，第一分段共接带客户26户，第二分段接带客户62户，第三分段接带客户17户。

c）配电自动化方面：一是红庙支线、广源支线、东岭支线3条支线直接T接主干线，容易造成支线故障引起主线停电。二是现有开关均为电压型开关，易造成故障区间扩大和频繁停电。三是羊娄线30D开关机构卡涩，位于强合位置，失去自动化功能。

2）结构标准化改造方案（只论述，不计算）。

a）线路分段方面：一是将原羊娄线30D开关拆除、在36#～44#之间新装自动化开关1台，将圣元支线改到第一段，重新优化线路分段。二是在红庙支线、广源支线、东岭支线3条支线首端安装自动化开关，确保能够快速就地隔离故障，减少支线故障对其他区段的影响。

b）联络及负载率优化方面：一是将羊娄线150线段更换为240绝缘导线，消除卡脖子问题。二是考虑将10kV同力线延伸，接带10kV羊娄线#60杆后段负荷，并与10kV苑庄线联络。三是远期规划在南部工业园区新增变电站布点后新配出2条线路，分别联络，重新分配负荷，并可有效降低供电半径。

（2）根据区域内设备负载率、网架结构等问题，给出区域内网架结构短期解决方案（优化后10kV线路联络率、$N-1$通过率达到100%，线路无重过载）。

1）核查10kV联络线路$N-1$通过率，并对不满足条件的提出优化方案。

a）110kV省庄站10kV海洼线与110kV凤台站10kV明堂线联络，10kV海洼线最大允许载流量403A，年度最大负荷电流295A，线路负载率73.2%；10kV明堂线最大允许载流量553A，年度最大负荷电流130A，线路负载率23.51%。

403A＜295A＋130A＝425A，海洼线无法接带明堂线全部负荷。

553A＞295A＋130A＝425A，明堂线可以全部海洼线全部负荷。

该联络线路为异站联络，不满足$N-1$校验，为非有效联络。

优化方案：将10kV海洼线28D开关至海洼线56D开关间的JKLGYJ-150导线更换为JKLGYJ-240导线，最大允许电流为553A，联络开关位置不变。两条线路最大允许载流量均为553A＞295A＋130A＝425A，两条线路均满足$N-1$转供条件。10kV海洼线负载率降至53.35%，满足要求。

b）110kV省庄站10kV省棉线与110kV凤台站10kV凤棉线联络，10kV省棉线最大允许载流量553A，年度最大负荷电流196A，线路负载率35.44%；10kV凤棉线最大允许载流量553A，年度最大负荷电流175A，线路负载率31.65%。

两条线路最大允许载流量均为553A＞196A＋175A＝371A。

该联络线路为异站联络，满足$N-1$校验，为有效联络。

c）110kV省庄站10kV#1小井线与110kV小井站10kV北十里河线联络，10kV#1小井线最大允许载流量553A，年度最大负荷电流362A，线路负载率65.46%；10kV北十里河线最大允许载流量553A，年度最大负荷电流75A，线路负载率13.56%。两条线路最大允许载流量均为553A＞362A＋75A＝437A。

该联络线路为异站联络，满足$N-1$校验，为有效联络。

d）110kV省庄站10kV#2小井线与110kV小井站10kV南十里河线联络，10kV#2小井线最大允许载流量553A，年度最大负荷电流215A，线路负载率38.88%；10kV南十里河线最大允许载流量553A，年度最大负荷电流53A，线路负载率9.58%。

两条线路最大允许载流量均为553A＞215A＋53A＝268A。该联络线路为异站联络，满足$N-1$校验，为有效联络。

e）110kV省庄站10kV羊娄线与110kV省庄站10kV苑庄线联络，10kV羊娄线最大允许载流量403A，年度最大负荷电流398A，线路负载率达98.76%，为重载线路；10kV苑庄线线最大允许载流量403A，年度最大负荷电流305A，线路负载率达75.68%，为重载线路。

两条线路最大允许载流量均为403A＜398A＋305A＝703A，均无法接带联络线路。

该联络线路为同母联络，不满足$N-1$校验，为非有效联络。

优化方案：将羊娄线、苑庄线的JKLGYJ-150导线更换为KLGYJ-240导线后，最大允许电流为

553A，消除卡脖子问题；将10kV同力线延伸，接带10kV羊娄线#60杆后段负荷，并与10kV苑庄线联络；由省庄站Ⅱ段母线新配出1条线路（暂命名为10kV指挥线），接带岗上线岗南支线负荷后与羊娄线广源支线联络；最终形成同力线与苑庄线联络，羊娄线与指挥线联络的方式，4条线路最大允许负荷均为9578kVA（553A）。

对 $N-1$ 通过率分别进行计算：

同力线改接后的最大负荷＝同力线改接前最大负荷＋羊娄线#60杆后段最大负荷＝2356＋1285＝3641（kVA）

苑庄线负荷＝5283kVA

9578kVA＞3641kVA＋5283kVA＝8924kVA

两条线路均满足 $N-1$ 转供条件，为有效联络。

新建改接后的指挥线负荷＝接带岗山线岗南分支最大负荷＝1700kVA

羊娄线切割后剩余负荷＝红庙支线最大负荷＋羊南支最大负荷＋圣元支最大负荷＋广源支线最大负荷＝1528＋1444＋1116＋1520＝5608（kVA）

9578kVA＞1700kVA＋5608kVA＝7308kVA

两条线路均满足 $N-1$ 转供条件，为有效联络。

该方案通过新建一条出线、延伸改建一条线路的形式，解决了两条线路的重过载和无效联络问题。

为进一步均衡联络线路负荷，可适当调整联络点位置，即将同力线与苑庄线联络位置调整为苑庄线120D开关处，两条线路负荷分别为：

同力线调整后负荷＝3641＋683＝4324（kVA）

苑庄线调整后负荷＝5283－683＝4600（kVA）

将羊娄线与指挥线联络位置调整为广源支线与羊娄线主干线T接点位置，两条线路负荷分别为：

羊娄线调整后负荷＝5608－1520＝4088（kVA）

指挥线调整后负荷＝1700＋1520＝3220（kVA）

进一步优化后，10kV羊娄线负载率为42.68%，10kV苑庄线负载率为48.03%，10kV同力线负载率为45.15%，均不重过载。

2）核查10kV单辐射线路联络方案及 $N-1$ 通过率。110kV省庄站还有4条线路未联络，考虑变电站空余间隔和供电半径等因素，建议联络方案如下：

a）10kV省庄线。自110kV凤台站新配出1条线路（暂命名为10kV栖凤线）与10kV省庄线联络，新配出线路采用JKLGYJ-240导线、同时可将省庄线主干线JKLGYJ-150段"卡脖子"线路更换为240导线。两条线路最大允许电流为553A＞220A，且两条线路为异站联络，满足 $N-1$ 校验。

b）10kV粮局线。自110kV小井站新配出1条线路（暂命名为10kV井上线）与10kV粮局线联络。新配出线路采用JKLGYJ-240导线。两条线路最大允许电流为553A＞185A，且两条线路为异站联络，满足 $N-1$ 校验。

c）10kV岗上线。10kV岗上线向北单辐射且线路重载，存在卡脖子情况。解决方案为自110kV凤台站新配出1条线路（暂命名10kV凤岗线）与10kV岗上线末端联络，新配出线路采用JKLGYJ-240导线，同时将岗上线卡脖子线路更换为240导线，并重新分配负荷。改造后两条线路最大允许电流为553A＞320A，且两条线路为异站联络，满足 $N-1$ 校验。

自110kV省庄站Ⅱ段新配出10kV指挥线向东接带10kV岗上线岗南支线后与10kV羊娄线广源支线联络，形成新联络线路。

d）10kV同力线。因10kV羊娄线供电半径长，线路负载大，同时与10kV苑庄线I母线联络；因此，可将10kV同力线延伸，接带10kV羊娄线#60杆后段负荷，并实现与10kV苑庄线异段母线联络，重新分配负荷后可解决。10kV同力线、苑庄线最大接带负荷均为9578kVA＞3641kVA＋5283kVA，满足$N-1$校验。

（3）根据110kV省庄站主变负载、负荷增长及10kV网架等情况，制定短期优化方案和长期规划方案（短期优化方案后主变负载降至70%以下，长期规划方案需满足线路供电半径要求）。

1）主变短期优化方案。因两台主变负载率均已超过80%，且10kV线路已实现全联络，则可以通过联络线路转移部分负荷，方案如下：

a）#1主变重过载优化。10kV凤棉线、10kV北十里河线分别通过10kV省棉线、10kV#1小井线联络，将10kV省棉线28D开关至联络开关间1800kVA负荷、将10kV#1小井线43D开关至联络开关间3065kVA负荷分别转供至联手线路接带，则可转移4865kVA负荷，转移后#1主变负载率为（25.74－4.865）/31.5＝66.27%，满足要求。

另外，通过110kV凤台站新配出与10kV省庄线联络线路还可以根据需要转接负荷，#1主变负载率会进一步降低。

b）#2主变重过载优化。10kV明堂线、10kV南十里河线分别通过10kV海洼线、10kV#2小井线联络，将10kV海洼线56D开关至联络开关间2771kVA负荷、将10kV#2小井线28D开关至联络开关间2141kVA负荷、将10kV岗上线40D开关至联络开关间2000kVA负荷分别转供至联手线路接带，总共可转移约6912kVA，转移后#2主变负载率为（27.35－6.912）/31.5＝64.88%，满足要求。

另外，通过110kV小井站新配出与10kV粮局线联络线路可以根据需要转接负荷，#2主变负载率会进一步降低。

2）远期规划方案。

a）新变电站落地。经测算，目前供电区域内容载比为1.68，不满足1.8～2.2合理区间要求。考虑未来新增负荷发展趋势，可以在省庄南部地区新布点变电站1座，主变台数、容量计算如下：

区域总容量合理区间＝（1.8～2.2）×（50.8＋30）＝（145.6～177.9）MVA

变压器容量合理区间＝（145.6～177.9）－（2×31.5）＝（82.6～114.9）MVA

因预计供电负荷还存在30MVA的缺口，变电站应选择110kV等级、50MVA容量变压器，台数应为2台，新变电站投运后最高负载不高于70%，满足要求。

变电站位置适合选择新型工业园博阳路附近。

b）10kV网架完善。在变电站布点后，分别新出2回线路，与10kV同力线、苑庄线联络，切改部分负荷，切改后负载率和供电半径全部满足C类区域规划要求。

试题六　故障停电事件处置场景一

一、主要考点

参照自动化系统报文计算故障停电转供时间、故障修复时间、故障点上、下游恢复供电时间；据配电自动化等故障信息，描述整个故障实际发展演变过程，并分析自动化存在的问题；故障抢修准备及抢修方案制定；单相接地导致同母线异相故障的原理及要因分析。

二、考察重点

对配电自动化基础知识把握能力，对故障抢修方案制定的掌握能力，对单相接地原理的掌握。

三、试题及参考答案

第一部分　题目内容

阳光县供电公司近期发生了一起较大范围的配电线路停电事件。请根据以下资料，综合考虑线路巡视、故障隔离、负荷转供方案，统筹安排带电、发电作业等方式，制定故障事件处置最优方案，以达到缩小停电范围、减少停电影响目的。要求章节清晰明了、分段分类合理、语言表达清晰无语病、计算过程清晰、各项数据正确。最终计算结果精确到小数点后2位，其中供电可靠率保留到小数点后4位。

【参考资料】

资料1：阳光县供电公司主配网概况、可靠性时户管控情况

资料2：35kV邓集站变电站一次接线示意图

资料3：35kV邓集站Ⅰ母出线示意图

资料4：10kV袁庄线单线图

资料5：10kV张庄线单线图

资料6：配网检修停电时间定额标准

资料7：10kV袁庄线用户明细表

资料8：配电线路负载情况参考

资料9：故障情况

资料10：开发区抢修站简介

资料11：配电设备允许载流量表

【试题】

1. 请根据资料9，计算10kV袁庄线故障时间（计算时间精确到s，单位为h，最终答案保留到小数点后2位，写出解答步骤）。

2. 请根据资料4和资料9中配电自动化等故障信息，按时间节点描述整个故障实际发展演变过程，并分析出配电自动化方面存在的问题。

3．从抢修总负责人角度，从信息发布至故障恢复送电、多专业、多部门等角度描述故障抢修处置流程。

4．针对阳光县近期发生的多起异线不同相故障，开展原理及成因分析，制定针对性措施，避免因单相接地导致的故障扩大，提升供电可靠性。

资料1：阳光县供电公司主配网概况、可靠性时户管控情况

阳光县总面积886km²，全县辖9个镇，4个街道，1个省级开发区，659个行政村，常住人口634144人，该地区共有35kV变电站10座，110kV变电站8座，35kV线路19条，110kV线路19条，10kV线路147条，联络线路134条，年供电量30亿kWh。

35kV邓集站内由两台10MVA变压器组成，配出10kV线路5条，其中35kV邓集站10kV袁庄线与110kV马集站10kV陈河线为联络互供线路，联络开关位于袁庄线77号杆处。10kV袁庄线为混合架设线路，线路全长11.31km，其中架空线路长度5.77km，主线架空线路型号为JKLGYJ-240/30；电缆线路长度5.54km。该供电区域内由220kV仿山站（额定电压：220kV/110kV/35kV，联结组标号：YNynd11）、110kV马集站（额定电压：110kV/35kV/10kV，联结组标号：YNynd11）、110kV张河站（额定电压：110kV/10kV，联结组标号：YNd11）、35kV邓集站（额定电压：35kV/10kV，联结组标号：YNd11）供电。

10kV袁庄线包含15台公变、7台专变，其中该区域内还有一大型居民小区万城花开小区，该小区为建设新农村回迁房，居住人口密度较大。其中万城花开1期容量2400kVA，2期容量800kVA。

阳光公司以供电可靠性为配网管理工作主线，大力开展配网自动化建设，开关均升级为一二次融合开关（电流型），目前自动化配置率达到100%，并且在主网一键顺控、配网故障全自愈、一键转供电等自动化实用化功能应用方面取得了较大突破。

随着营造营商环境的持续推进和经济社会的高质量发展，社会各界对供电可靠性提出了越来越高的要求，尤其是重大活动、节假日保电、敏感地区供电、重要客户等不间断供电要求越来越强烈，供需矛盾也越来越突出。阳光县为进一步提升供电可靠性，对各类停电性质进行了分析统计发现，近年来因单相接地导致的事故扩大，发生多条线路同时跳闸的情况。针对此类问题，阳光公司正组织人员制定针对性措施。

阳光公司配网不停电作业开展较早，目前拥有绝缘斗臂车2台，0.4kV低压发电车1台（800kW，运行负载不超过最大负载100%，最长运行时间10h）。10kV发电车1台（1800kW，运行负载不超过最大负载80%，最长运行时间5h），带电作业人员15人，旁路作业装备1套（含旁路负荷开关1台及20m旁路电缆6根，额定电流200A），具备独立开展各类复杂作业能力。

资料2：

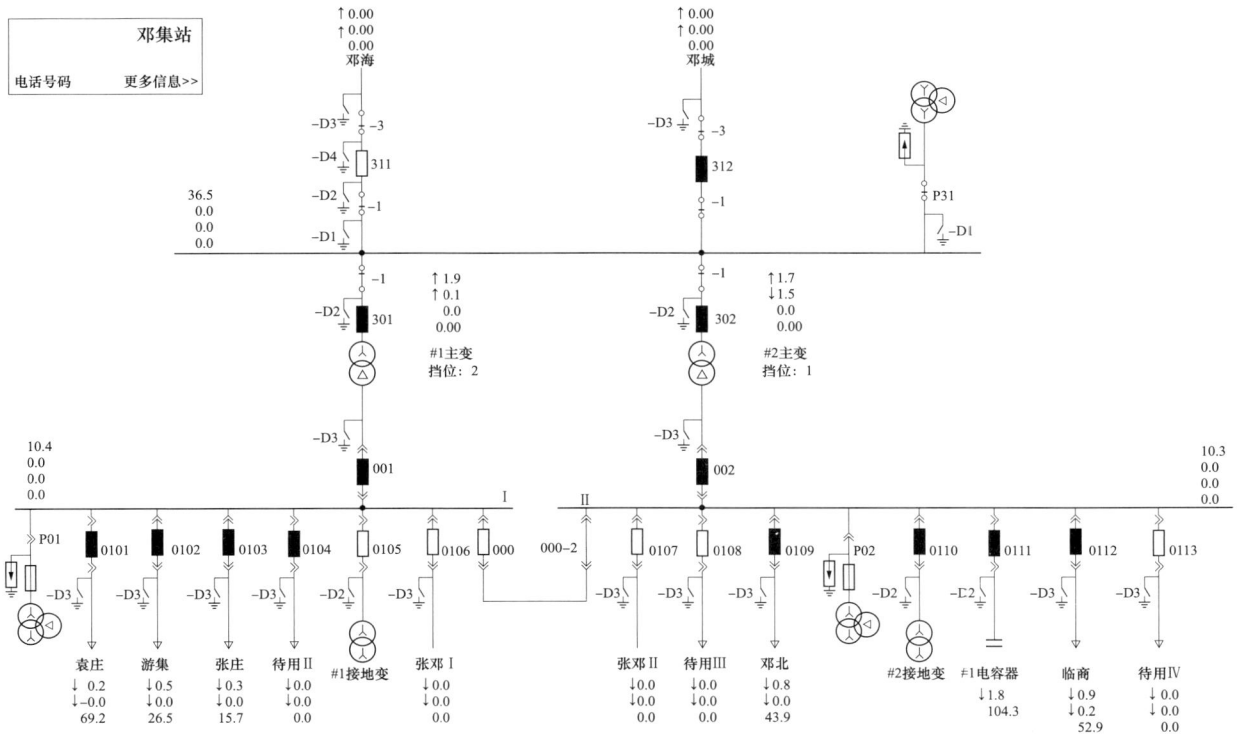

图1 35kV邓集站变电站一次接线示意图

资料3：

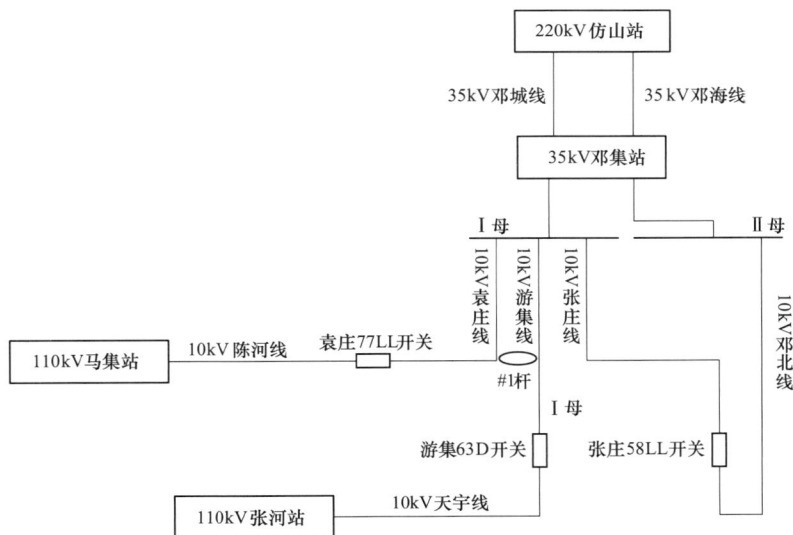

图2 35kV邓集站Ⅰ母出线示意图

资料4:

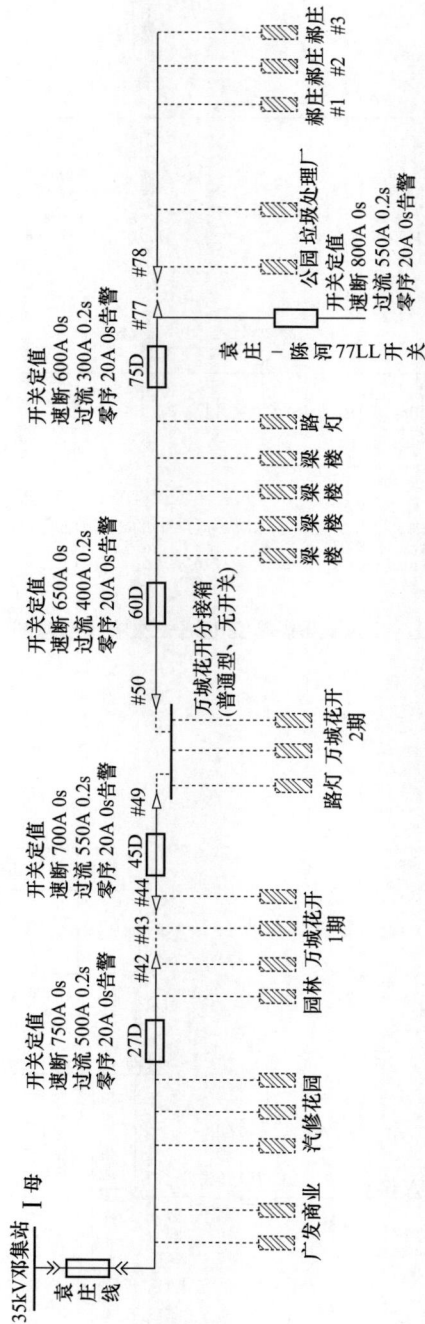

图3 10kV袁庄单线图

资料5：

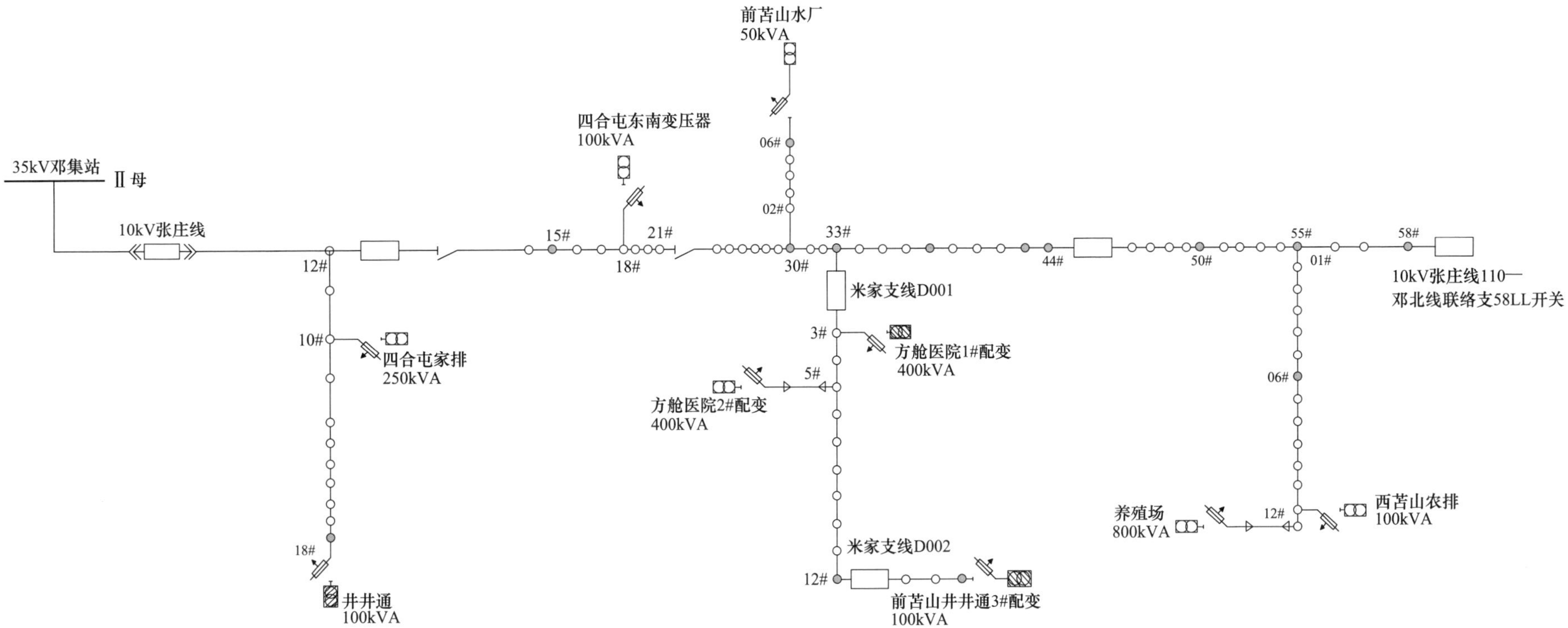

图4　10kV张庄单线线图

注：10kV张庄线包含8台专变用户，其中该区域内米家支线接带重要用户米家方舱医院变压器2台，总容量800kVA。

资料6：

表1　配网检修停电时间定额标准

序号	检修类别	定额时间（h）	备注
1	户外负荷开关（断路器）新装	4.5	
2	户外馈线自动化开关新装	5	
3	不带自动化装置的环网箱更换	7	
4	带自动化装置的环网箱更换	8	
5	电缆中间头更换	7	
6	电缆分接箱新装、更换	7	

资料7：

表2　10kV袁庄线用户明细表

序号	用户名称	规划特征	变容量	用户性质	杆号	备注
1	广发商业#1变	B	630	专用	站-27D	
2	广发商业#2变	B	630	专用	站-27D	
3	汽修花园#1变	B	630	公用	站-27D	
4	汽修花园#2变	B	630	公用	站-27D	
5	汽修花园#3变	B	630	公用	站-27D	
6	园林	B	50	专用	27D-45D	
7	万城花开小区一期#1变	B	800	公用	27D-45D	
8	万城花开小区一期#2变	B	800	公用	27D-45D	
9	万城花开小区一期#3变	B	800	公用	27D-45D	
10	路灯	B	160	专用	45D-60D	
11	万城花开小区二期#1变	B	400	公用	45D-60D	
12	万城花开小区二期#2变	B	400	公用	45D-60D	
13	梁楼#1变	B	630	公用	60D-75D	
14	梁楼#2变	B	630	公用	60D-75D	
15	梁楼#3变	B	630	公用	60D-75D	
16	梁楼#4变	B	630	公用	60D-75D	
17	路灯	B	100	专用	60D-75D	
18	公园	B	200	专用	75D-末端	
19	垃圾处理厂	B	400	专用	75D-末端	
20	郝庄#1变	B	400	公用	75D-末端	
21	郝庄#2变	B	400	公用	75D-末端	
22	郝庄#3变	B	400	公用	75D-末端	

资料8：

表3　配电线路负载情况参考

序号	时间	线路属性	电缆/导线型	最大负荷	最大负荷发生时间
1	10kV袁庄线	公配	YJV02-3×400 JKLGYJ-240	179.2A	2021/01/19 18:05:00
2	10kV张庄线	公配	YJV02-3×400 JKLGYJ-185	161.6A	2021/01/19 17:40:00
3	10kV游集线	公配	YJV02-3×400 JKLGYJ-150	36.22A	2021/01/31 22:05:00
4	10kV邓北线	公配	YJV02-3×400 YJV22-3×240	213.7A	2021/01/20 09:25:00
5	10kV陈河线	公配	YJV02-3×400 JKLGYJ-185	113.6A	2021/01/22 18:10:00

资料9：故障情况

10kV袁庄线与10kV陈河线为异站单联络线路，满足$N-1$要求，10kV袁庄线与10kV陈河线现有开关设备已全部实现自动化，并具备三遥功能，线路均投入全自动FA模式，具备接地告警功能但FA不启动。

35kV邓集变电站，两台主变分别带10kVⅠ、Ⅱ段母线，Ⅰ、Ⅱ段母线分列运行。2021年4月26日07:01:46，35kV邓集变电站母线Ⅰ段母线电压异常告警，站内小电流接地选线装置判定Ⅰ段母线袁庄线接地故障报警。

调控中心立即进行以下工作：一是通过配电自动化主站查看Ⅰ段母线及线路上传信号情况，以及线路对外联络情况。二是通知开发区抢修站巡视10kV袁庄线、张庄线，有无明显故障点。具体信息如表4所示。

经现场巡视10kV袁庄线故障情况，发现万城花开分接箱（普通型、无开关）进线间隔A相支柱绝缘子击穿烧毁，需要更换新的分接箱（有备件），其他未发现异常。经现场巡视10kV张庄线故障情况，发现米家支线D001开关负荷侧B相支柱绝缘子绝缘击穿，需更换开关（有备件），米家支线重要用户方舱医院（自备应急电源）失电，其他未发现异常。

抢修完成后，恢复原运行方式，10kV袁庄线45D开关最终合闸时间为4月26日14:35:38，60D开关最终合闸时间为4月26日14:44:21。10kV张庄线米家支线D001最终合闸时间为4月26日12:12:15。

表4　故障时自动化系统故障事件记录情况

序号	系统时标	事项类型	设备名称	原因/SOE名称	结果	操作员	监控员
1	07:01:46.000	保护状态变化	35kV邓集站10kV I 段母线间隔	接地告警	动作		
2	07:01:46.231	越限告警	35kV邓集站 I 段母线 U_a	越严重告警下限，当前值：3，限制值：3	动作		
3	07:01:46.231	越限告警	35kV邓集站 I 段母线 U_b	越严重告警上限，当前值：9.8376，限制值：9	动作		
4	07:01:46.231	越限告警	35kV邓集站 I 段母线 U_c	越严重告警上限，当前值：9.7524，限制值：9	动作		
5	07:01:46.231	保护状态变化	35kV邓集站10kV表庄线	接地告警	动作		
6	07:01:46.231	保护状态变化	35kV邓集站10kV表庄线27D开关	接地告警	动作		
7	07:01:46.231	保护状态变化	35kV邓集站10kV表庄线45D开关	接地告警	动作		
8	07:07:15.411	保护状态变化	35kV邓集站10kV表庄线27D开关	过流 II 段告警（A相532A）	动作		
9	07:07:15.411	保护状态变化	35kV邓集站10kV表庄线27D开关	开关位置	分		
10	07:07:15.411	保护状态变化	35kV邓集站10kV张庄线未家支线D001开关	过流 II 段告警（B相511A）	动作		
11	07:07:15.411	保护状态变化	35kV邓集站10kV张庄线未家支线D001开关	开关位置	分		
12	07:07:15.411	保护状态变化	35kV邓集站10kV I 段母线间隔	接地告警	复归		
13	07:07:15.411	保护状态变化	35kV邓集站10kV表庄线	接地告警	复归		
14	07:07:15.411	保护状态变化	35kV邓集站10kV表庄线27D开关	接地告警	复归		
15	07:07:15.411	保护状态变化	35kV邓集站10kV表庄线45D开关	接地告警	复归		
16	07:07:15.411	保护状态变化	35kV邓集站10kV张庄线未家支线D001开关	过流 II 段告警	复归		
17	07:07:15.411	保护状态变化	35kV邓集站10kV表庄线27D开关	过流 II 段告警	复归		
18	07:07:15.515	故障区间	35kV邓集站10kV表庄线27D开关负荷侧	故障区间设定	27D开关至45D开关之间		
19	07:07:15.523	故障区间	35kV邓集站10kV张庄线未家支线负荷侧	故障区间设定	未家支线D001开关至末端		

续表

序号	系统时标	事项类型	设备名称	原因/SOE名称	结果	操作员	监控员
20	07:07:16.095	故障操作	35kV邓集站10kV袁庄线45D开关	分	预置下发	FA	FA
21	07:07:36.295	故障操作	35kV邓集站10kV袁庄线45D开关	分	预置成功	FA	FA
22	07:07:36.315	故障操作	35kV邓集站10kV袁庄线45D开关	分	执行下发	FA	FA
23	07:07:56.534	故障操作	35kV邓集站10kV袁庄线45D开关	分	执行成功	FA	FA
24	07:08:16.734	故障操作	35kV邓集站10kV袁庄线45D开关	远方分	成功		FA
25	07:08:16.865	故障操作	袁庄-陈河77LL开关	合	预置下发	FA	FA
26	07:08:42.034	故障操作	袁庄-陈河77LL开关	合	预置成功	FA	FA
27	07:08:42.236	故障操作	袁庄-陈河77LL开关	合	执行下发	FA	FA
28	07:09:06.475	故障操作	袁庄-陈河77LL开关	合	执行成功	FA	FA
29	07:09:25.775	故障操作	袁庄-陈河77LL开关	远方合	成功		
30	07:09:25.775	保护状态变化	110kV马集站10kV Ⅰ段母线间隔	接地告警	动作		
31	07:09:25.775	越限告警	110kV马集站10kV Ⅰ段母线U_a	越严重告警下限，当前值：0，限制值：3	动作		
32	07:09:25.775	越限告警	110kV马集站10kV Ⅰ段母线U_b	越严重告警上限，当前值：9.8376，限制值：9	动作		
33	07:09:25.775	越限告警	110kV马集站10kV Ⅰ段母线U_c	越严重告警上限，当前值：9.7524，限制值：9	动作		
34	07:09:25.775	保护状态变化	110kV马集站10kV陈河线	接地告警	动作		
35	07:09:25.775	保护状态变化	35kV邓集站10kV袁庄线60D开关	接地告警	动作		
36	07:09:25.775	保护状态变化	35kV邓集站10kV袁庄线75D开关	接地告警	动作		
37	07:09:25.775	保护状态变化	袁庄-陈河77LL开关	接地告警	动作		
38	07:15:25.125	故障操作	35kV邓集站10kV袁庄线60D开关	分	预置下发	调度员	调度员

续表

序号	系统时标	事项类型	设备名称	原因/SOE名称	结果	操作员	监控员
39	07:15:25.325	故障操作	35kV邓集站10kV袁庄线60D开关	分	预置成功	调度员	调度员
40	07:15:26.425	故障操作	35kV邓集站10kV袁庄线60D开关	分	执行下发	调度员	调度员
41	07:15:26.653	故障操作	35kV邓集站10kV袁庄线60D开关	分	执行成功	调度员	调度员
42	07:15:26.713	故障操作	35kV邓集站10kV袁庄线60D开关	远方分	成功		
43	07:15:26.713	保护状态变化	110kV马集站10kV I 段母线间隔	接地告警	复归		
44	07:15:26.713	保护状态变化	110kV马集站10kV陈河线	接地告警	复归		
45	07:15:26.713	保护状态变化	35kV邓集站10kV袁庄线75D开关	接地告警	复归		
46	07:15:26.713	保护状态变化	袁庄一陈河77LL开关	接地告警	复归		
47	07:16:35.235	故障操作	35kV邓集站10kV袁庄线27D开关	合	预置下发	调度员	调度员
48	07:16:35.540	故障操作	35kV邓集站10kV袁庄线27D开关	合	预置成功	调度员	调度员
49	07:16:36.325	故障操作	35kV邓集站10kV袁庄线27D开关	合	执行下发	调度员	调度员
50	07:16:36.653	故障操作	35kV邓集站10kV袁庄线27D开关	合	执行成功	调度员	调度员
51	07:16:36.850	故障操作	35kV邓集站10kV袁庄线27D开关	远方合	成功		

资料10：开发区抢修站简介

阳光县供电公司检修工区包含输电运维班、变电运维班、变电检修班、带电作业班、配电运检班5个班组，开发区抢修站位于检修工区的沿街门头，负责开发区区域内10kV及0.4kV配网故障抢修，当前有10kV中压抢修人员25人、低压抢修人员15人。开发区抢修站靠近区域"网格"中心，抢修运维服务半径5km，距离供电区域最末端抢修到达现场时间刚好满足45min要求。假设设备管理单位、配网抢修指挥班到达现场后直接进行故障处置，故障巡视、方案制定时间忽略不计。

资料11：配电设备允许载流量表

表5　10kV架空绝缘导线允许载流量　　　　　　　　单位：A

导体标称截面（mm²）	铜导体	铝导体
35	211	164
50	255	198
70	320	249
95	393	304
120	454	352
150	520	403
185	600	465
240	712	553
300	824	639

表6　10kV三芯电力电缆允许载流量　　　　　　　　单位：A

绝缘类型		交联聚乙烯			
钢铠护套		无		有	
敷设方式		空气中	直埋	空气中	直埋
缆芯截面积（mm²）	35	123	110	123	105
	50	146	125	141	120
	70	178	152	173	152
	95	219	182	214	182
	120	251	205	246	205
	150	283	223	278	219
	185	324	252	320	247
	240	378	292	373	292
	300	433	332	428	328
	400	506	378	501	374
	500	579	428	574	424
环境温度（℃）		40	25	40	25
土壤热阻系数（K·m/W）		2.0		2.0	

注：1. 表中系铝芯电缆数值；铜芯电缆的允许持续载流量值可乘以1.29。

　　2. 缆芯工作温度大于70℃时，允许载流量的确定还应符合下列规定：数量较多的该类电缆敷设于未装机械通风的隧道、竖井时，应计入对环境温升的影响；电缆直埋敷设在干燥或潮湿土壤中，除实施换土处理等能避免水分迁移的情况外，土壤热阻系数取值不宜小于2.0K·m/W。

1．请根据资料9，计算10kV袁庄线故障时间（计算时间精确到s，单位为h，最终答案保留到小数点后2位，写出解答步骤）

（1）计算故障停电转供时间。故障停电转供时间是从故障停电发生到负荷转供完成的时间，包括故障定位隔离时间和故障停电联络开关切换时间。

起始时间：27D开关动作跳闸时间，即07:07:15

终止时间：遥控拉开60D开关的时间，即07:15:26

故障停电转供时间：07:15:26－07:07:15＝0.14（h）

（2）计算故障修复时间。故障修复时间是从设施故障导致停电到故障设施通过修复或更换而恢复供电的时间。故障修复时间包括故障查找、隔离、修复（或更换）以及恢复供电操作的时间。

起始时间：27D开关动作跳闸时间，即07:07:15

终止时间：遥控合上45D开关时间，即14:35:38

故障修复时间：14:35:38－07:07:15＝7.47（h）

（3）计算故障点上游恢复供电操作时间。故障点上游恢复供电操作时间是从故障点被隔离到故障点上游的开关设备重新合闸而恢复上游负荷供电的时间。

起始时间：遥控分开60D开关的时间，即07:15:26

终止时间：遥控合上27D开关的时间，即07:16:36

故障停电联络开关切换时间：07:16:36－07:15:26＝0.02（h）

（4）计算故障点上游恢复供电时间。故障点上游恢复供电时间是从故障停电发生到故障点上游负荷恢复供电的时间，包括故障定位隔离时间和故障点上游恢复供电操作时间。

起始时间：27D开关动作跳闸时间，即 07:07:15

终止时间：遥控合上27D开关时间，即07:16:36

故障停电转供时间：07:16:36－07:07:15＝0.16（h）

（5）计算故障点下游恢复供电时间。故障点下游恢复供电时间是从故障停电发生到故障点下游负荷恢复供电的时间，包括故障定位隔离时间和故障点下游恢复供电操作时间。

起始时间：27D开关动作跳闸时间，即07:07:15

终止时间：遥控拉开60D开关的时间，即07:15:26

故障停电转供时间：07:15:26－07:07:15＝0.14（h）

2．请根据资料4和资料9中配电自动化等故障信息，按时间节点描述整个故障实际发展演变过程，并分析出配电自动化方面存在的问题

（1）实际故障发展演变过程。

1）07:01:46，35kV邓集站10kV Ⅰ段母线接地告警，显示A相接地，同时收到27D、45D开关接地告警信号，初步判断接地点位于45D开关后段。

2）07:07:15，35kV邓集站10kV袁庄线27D开关过流Ⅱ段和35kV邓集站10kV张庄线米家支线开关过流Ⅱ段同时跳闸，初步判断为异线不同相短路故障，即同一段母线因一相接地，另外两相电压升高导致的设备其他绝缘薄弱点击穿，造成两相通过大地形成回路，导致A、B相间故障。两个故障点同时跳闸后，35kV邓集站Ⅰ段母线、10kV袁庄线、27D开关、45D开关接地信号复归。

3）07:07:15，因袁庄线27D开关过流Ⅱ段动作，45D未上报过流信息，配电自动化主站判定故障点位于袁庄线27D与45D开关之间。

4）07:08:16，FA分开45D开关，隔离故障区间。

5）07:09:25，FA合上袁庄-陈河77LL开关后，收到110kV马集站10kVⅠ段母线、10kV陈河线、10kV袁庄线60D、75D、77LL联络开关接地告警，实际故障区间应为45D开关至60D开关之间。

6）07:15:25，调度值班员在进行综合研判确定故障区间后，遥控分开60D开关。随后110kV马集站10kVⅠ段母线间隔、10kV陈河线、10kV袁庄线75D、77LL联络开关接地告警消失，验证了故障点位于10kV袁庄线45D开关至60D开关之间。

7）07:16:36，遥控合上袁庄线27D开关后，恢复全部非故障区域供电。

（2）配电自动化方面存在的问题。

1）10kV袁庄线45D开关保护定值设置为过流Ⅱ段550A，高于上一级27D开关Ⅱ段定值，设置错误，导致上一级27D开关跳闸，故障区间扩大。

2）未设置过流级差，根据实际保护情况设置时间级差，实现故障就地跳闸。

3）配电自动化FA逻辑设置不合理，应将接地告警纳入主站综合判断。

3．从抢修总负责人角度，从信息发布至故障恢复送电、多专业、多部门等角度描述故障抢修处置流程

（1）停电信息发布。

1）根据故障停电信息，明确最终停电抢修区间。10kV袁庄线故障区间为45D开关至60D开关之间，涉及用户3户。10kV张庄线故障区间为米家支线D001开关以下，涉及用户3户。

2）参照检修定额及现场情况，预估抢修完成时间，并填写95598停电时间信息表。

95598停电时间信息表

供电单位	开始时间	结束时间	停电区域	停电原因	变电站名称	线路名称	台区名称	停电类型
阳光供电公司	2021/04/26 07:07	2021/04/26 14:52	停35kV邓集变电站10kV袁庄线27D开关至60D开关之间	10kV袁庄线27D开关至60D开关之间万城花开分接箱进线间隔A相支柱绝缘子击穿烧毁	35kV邓集变电站	10kV袁庄线	园林、万城花开一期#1变、万城花开一期#2变、万城花开一期#3变、路灯、万城花开二期#1变、万城花开二期#2变	故障停电
	2021/04/26 07:07	2021/04/26 12:52	停35kV邓集变电站10kV张庄线米家支线	10kV张庄线米家支线D001开关B相故障导致停电	35kV邓集变电站	10kV张庄线	米家方舱医院#1变、方舱医院#2变、前苫山井扩通3#变	故障停电

3）为将停电影响降至最低，此次抢修需协调的部门（单位）及分别做好的准备。

a）运检部协调绝缘斗臂车对米家支线D001故障开关进行带电作业更换，办调施工队伍对45D开关至60D间分接箱进行更换，派出低压发电车和10kV发电车开展重要客户及大型小区应急供电。

b）抢修站人员及时开展线路巡视和现场抢修等工作。

c）调控中心加强联络线路及联络变电站电网运行情况监控，发现异常及时调度。

d）营销部安排客户经理采用电话、微信群等多种措施发布故障停电信息，与故障区域内重要客户及小区物业联系对接发电车接入方案，告知本次故障原因及故障修复预估时长，安抚停电区域内客户情绪。

e）物资部调拨分接箱、电缆终端头及柱上开关等抢修物资，及时配送至抢修现场。

f）安监部负责抢修现场及发电车作业现场安全监督管控，规范作业行为，杜绝违章作业。

g）党建部关注停电区域舆情，及时采取应对措施。

（2）负荷转接及抢修方案。

1）编制10kV袁庄线负荷转接及抢修流程（要求抢修安排合理、保证重要用户供电）。

a）负荷转接方案。根据题目可知，本次故障影响3户，分别为路灯、万城花开Ⅱ期2台变压器，路灯变可不考虑。安排0.4kV低压发电车（800kW）对万城花开2期2台公变进行临时紧急供电。

b）抢修流程。一是办理10kV袁庄线事故应急抢修单、明确安全措施；根据设备台账及现场情况准备相应型号开关、资料及相关机械、工器具。二是办理开工手续，向调度申请停电、做好相应安全措施后进行抢修，进行电缆终端头制作、分接箱更换。三是分接箱更换完成后进行绝缘电阻、耐压试验，验收通过后汇报调度抢修结束申请恢复送电，送电时要进行相序核对。

2）编制10kV张庄线负荷转接及抢修流程（要求抢修安排合理、保证重要用户供电）。

a）负荷转接方案。根据题目可知，本次故障影响3户，分别为米家方舱医院#1变、方舱医院#2变、前苦山井井通#3变，其中井井通#3变可忽略，方舱医院用电紧急、两台变压器共800kVA。

方案1：安排中压发电车（1800kW）进行发电作业。

方案2：通过旁路作业装备采用带电作业方式将米家支线D001开关短接供电、恢复后端故障线路。

b）抢修流程。通过带电作业方式对米家支线D001开关进行更换。

一是办理10kV张庄线米店支线带电作业票、明确安全措施；根据设备台账及现场情况准备相应型号开关、资料及相关工器具。

二是办理开工手续，向调度申请开工，退出10kV张庄线线路重合闸等安全措施。

三是开关带电更换完，验收通过后汇报调度抢修结束申请恢复送电。

（3）分接箱和开关更换完成后、送电前和送电后，还需要进行的工作。

1）送电前：对分接箱、电缆进行试验，对更换的开关进行试验调试；组织人员验收，确保更换后的分接箱、开关可靠运行；拆除安装的接地线、标识牌、安全围栏等安全措施；清理现场，召开收工会，总结本次抢修典型做法和改进措施；向值班调度员汇报抢修已终结，申请恢复送电。

2）送电后：记录本次抢修情况，完善设备异动申请单，更新开关PMS台账，对本次抢修情况进行资料归档。

（4）恢复原正常运行方式的倒闸操作流程。

1）10kV袁庄线恢复原正常运行方式倒闸操作流程。

a）首先合上45D开关，在60D开关两侧进行核相，确保相序一致。

b）因110kV马集站（额定电压：110kV/35kV/10kV，联结组标号：YNynd11）配出的10kV线路与35kV邓集站（额定电压：35kV/10kV，联结组标号：YNd11）配出的10kV线路存在30°相位角差，不具备带电合环倒电条件。拉开77L联络开关，合上60D开关。

c）低压发电车退出运行，恢复万城花开二期正常运行方式。

2）10kV张庄线恢复原正常运行方式倒闸操作流程。

流程A：采用中压发电车方式：将中压发电车接至米家支线，完成中压发电车与米家支线D001开关电源侧同期检测。合上米家支线D001开关，将中压发电车退出运行。

流程B：采用旁路作业方式：将米家支线D001开关合闸，分开旁路开关后，采用带电作业方式拆除旁路引线。

4．针对阳光县近期发生的多起异线不同相故障，开展原理及成因分析，制定针对性措施，避免因单相接地导致的故障扩大，提升供电可靠性

（1）异线不同相故障原理及要因分析。目前公司系统内变电站10kV中性点接地方式多为不接地或经消弧线圈接地方式，其故障原理已经明确，即发生金属性单相接地时，非故障相电压会升为线电压；当发生间歇性电弧接地（电缆）时，非故障相电压还会升高，最高可达$4U_o$（$4×5.77kV＝23.08kV$），出现过电压。为此当发生单相接地时，过电压通过10kV母线传递至母线所有出线线路，使另一线路（或母线）其他两正常相中的一点（或多点）绝缘薄弱环节击穿，形成两条线路不同相对地短路，造成两条线路同时跳闸或1条线路与变电站母线形成回路导致站内低后备动作跳闸，此类故障被称为异线不同相故障。

造成此类故障的要因总结如下：

1）站内接地选线装置选线准确率较低，不能及时选出接地线路并快速隔离。

2）配电线路设备运行中存在绝缘薄弱点，在过电压下易发生击穿故障。例如绝缘子有裂纹、电缆接头长期泡水、长期运行避雷器等，在过电压下极易击穿。

3）变压器低压侧中性点不接地或消弧线圈接地方式因网架结构原因，存在单相接地后非故障相电压升为线电压的问题。　·

（2）改进提升措施。

1）近期措施。

a）提高小电流接地选线装置选线准确率，接地投跳闸。

b）配电线路开关改造为一二次融合开关，主站及线路开关配合投入零序保护动作跳闸。

c）加强红外测温、局放等带电检测，开展配电设备周期性停电试验，确保能够及时发现并处理设备潜在隐患。

d）加强配电线路运行及隐患排查治理，改善设备运行环境。开展设备状态评价，及时更换老旧或缺陷设备。

e）加强设备质量管理，做好规划设计、物资抽检、竣工验收等各环节管控，确保无缺陷投运。

2）远期措施。对变电站接地装置进行改造，改造为经小电阻接地或消弧线圈并小电阻接地的方式。在单相接地故障发生时，即与大地形成回路，实现单相接地即时跳闸。

试题七   故障停电事件处置场景二

一、主要考点

模拟某一区域电网基础装备及一定周期内运行数据情况，编制基于供电可靠性管理的故障停电事件处置方案。

二、考察重点

运检专业基础知识储备、快速定位要点信息能力、数据分析能力、图表制作能力、文字表达能力等，能够体现可靠性管理员对管辖区域内电网可靠性各项指标的分析能力和电网运检知识的掌握综合能力。

三、试题及参考答案

第一部分   题目内容

根据给定资料，梳理中压基础台账变更情况，对平安新区运行事件基本情况开展分析，并以抢修总负责人角度，对8月16日红星线和方太线的故障处理过程进行还原分析，包括抢修方案、负荷转移、抢修恢复方案的制定、停电信息发布等，对红星线故障停电时停电转供时间、故障修复时间、故障点上游恢复供电操作时间进行计算。

【参考资料】

资料1：平安新区区域概况

资料2：配网网络拓扑图

资料3：10kV赤壁线及负荷情况说明

资料4：10kV红星线、方太线故障情况

资料5：平安新区供电公司中压线段、中压用户台账（部分）

资料6：配网检修停电时间定额标准

【试题】

1. 根据资料梳理中压基础台账变更情况：

（1）中压线段基础台账变更情况。

（2）中压用户基础台账变更情况。

2. 根据资料对平安新区运行事件基本情况开展分析：

（1）停电性质分析。

（2）停电责任原因分析。

（3）中压相关指标计算。

（4）低压供电可靠性指标计算。

（5）中压、低压停电事件统计。

（6）提升措施建议。

3．重点停电事件分析。

4．预算式指标动态调整情况。

资料1：平安新区区域概况

平安新区总面积$53.6km^2$，常住人口20万人，区内有高精尖电子产品制造企业、食品加工企业和多个光伏发电集中汇流并网，供电可靠性要求较高。平安新区供电公司下辖2座变电站，110kV东方变电站2台主变（额定电压：110kV/35kV/10kV，联结组标号：YNynd11）容量均为50MVA，35kV红旗变电站2台主变（额定电压：35kV/10kV，联结组标号：YNd11）容量均为20MVA。两座变电站均由220kV梦天站（额定电压：220kV/110kV/35kV，联结组标号：YNynd11）供电。区域内共有13条10kV线路，10kV架空线路总长度92km，电缆线路总长度18km。2021年10kV配电变压器载容比为0.45，2021年中压用户载容比系数0.54，中压用户总数1020户。2022年上半年配电变压器平均负载率为56%。

平安新区供电公司拥有绝缘斗臂车2台，旁路作业装备1套（含旁路负荷开关1台及50m旁路电缆6根，额定电流200A），不停电作业人员12人，具备独立开展10kV各类复杂作业能力。10kV发电车1台（1800kW，运行负载不超过最大负载80%，最长运行时间5h），低压发电车1台（800kW，运行负载不超过最大负载100%，最长运行时间10h），以上发电忽略负荷变化引起油耗变化等因素。

2021年起，平安新区供电公司选择10kV红日线和10kV太常线试点开展低压用户供电可靠性评价工作。

平安新区供电公司2022年1—7月累计等效用户为1370户，供电可靠率ASAI-1为99.9247%，7月31日在投用户数1400户。8月，10号新上注册用户5户、15号新上注册用户10户（包含石油小区#1变移交用户）、21号新上注册用户5户，均采取带电作业方式，13号2户停运拆除。预计年度等效用户较1—8月增长2.5%。

根据平安新区供电公司1—8月停电情况，预计年底会超出年初确定的年度目标值，但为满足发改能源规〔2020〕1479号文要求，需要将用户平均停电时间控制在合理范围之内。9—12月预安排停电、故障停电原预测停电时户分别为500、900h·户，计划平衡、调整后，测算预安排停电可压降15%。

说明：计算设施指标时，联络开关应纳入其他开关数量统计，可归属两侧线路的任一侧统计。

资料2：配网网络拓扑图

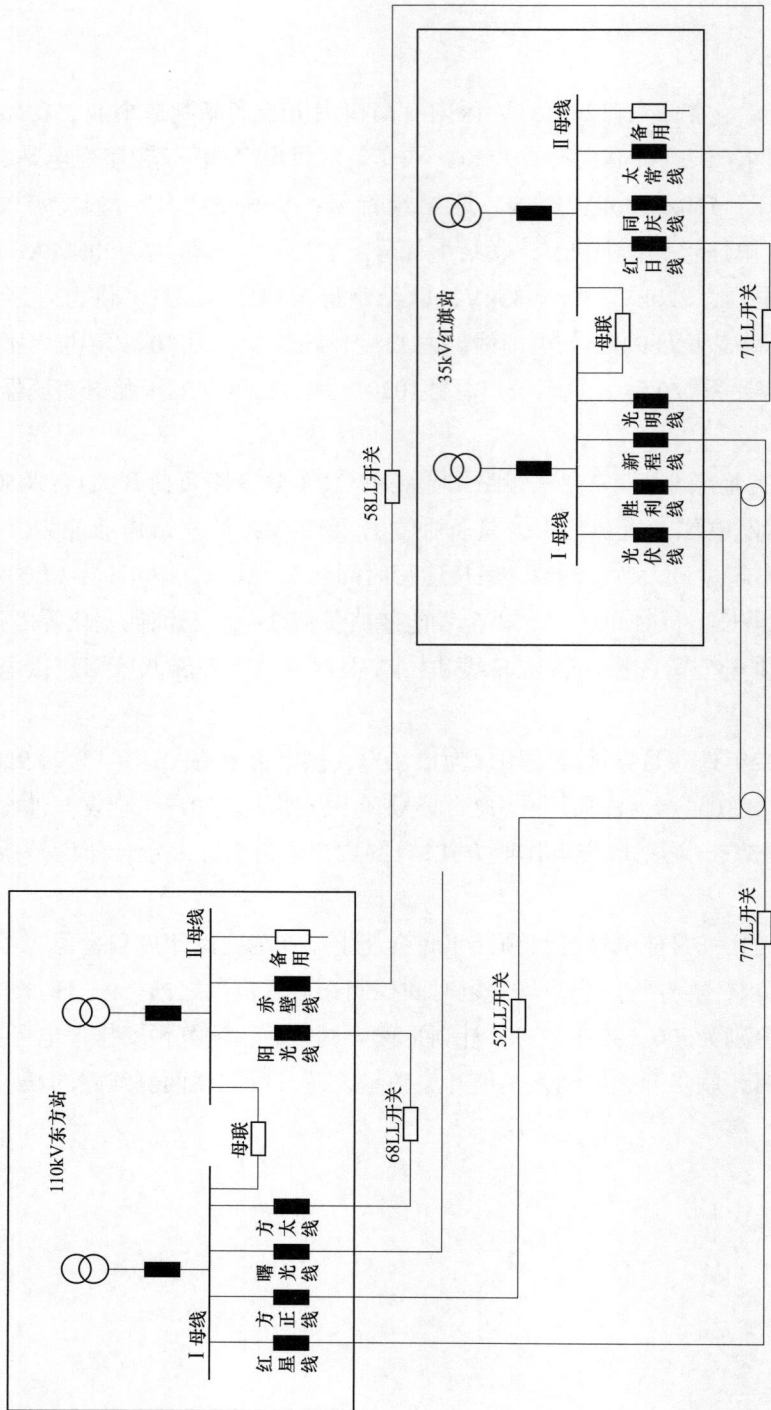

图1 局部配网网网络结构

注：正常开关黑色为合位，白色为分位。

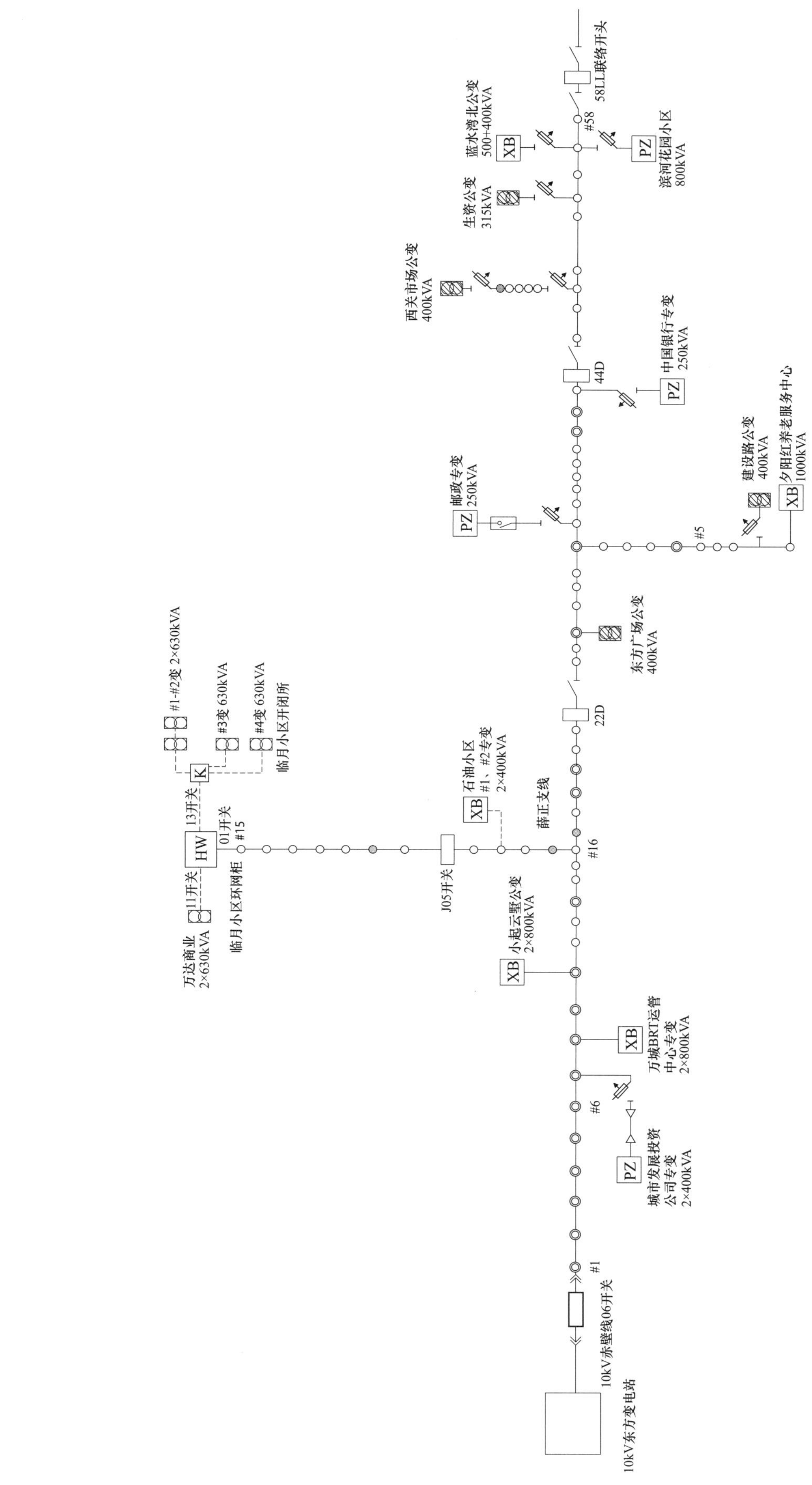

图2　10kV赤壁线单线图

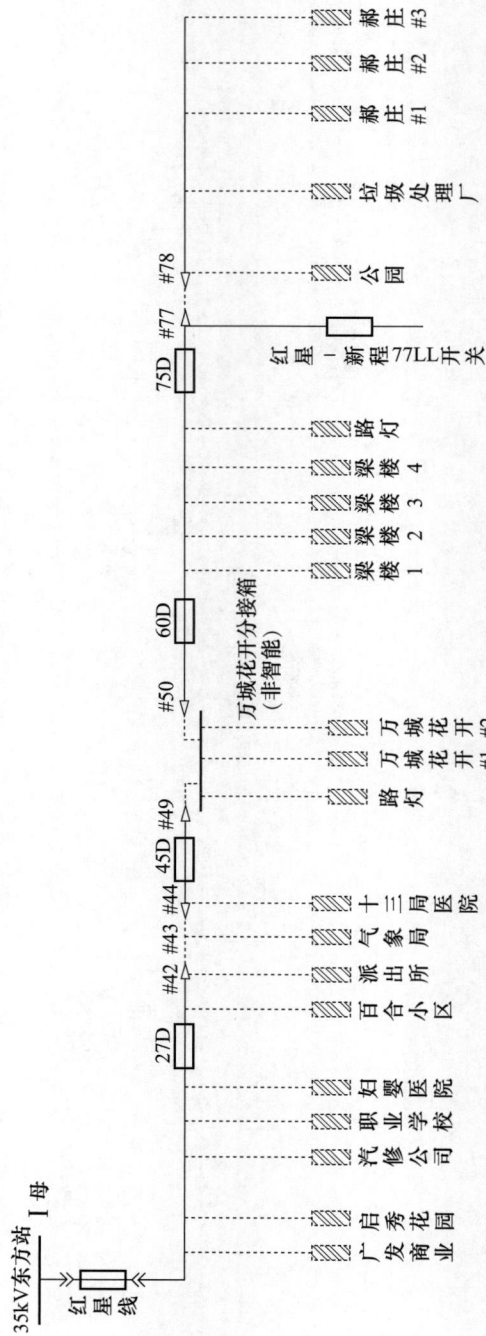

图3 10kV红星线单线图

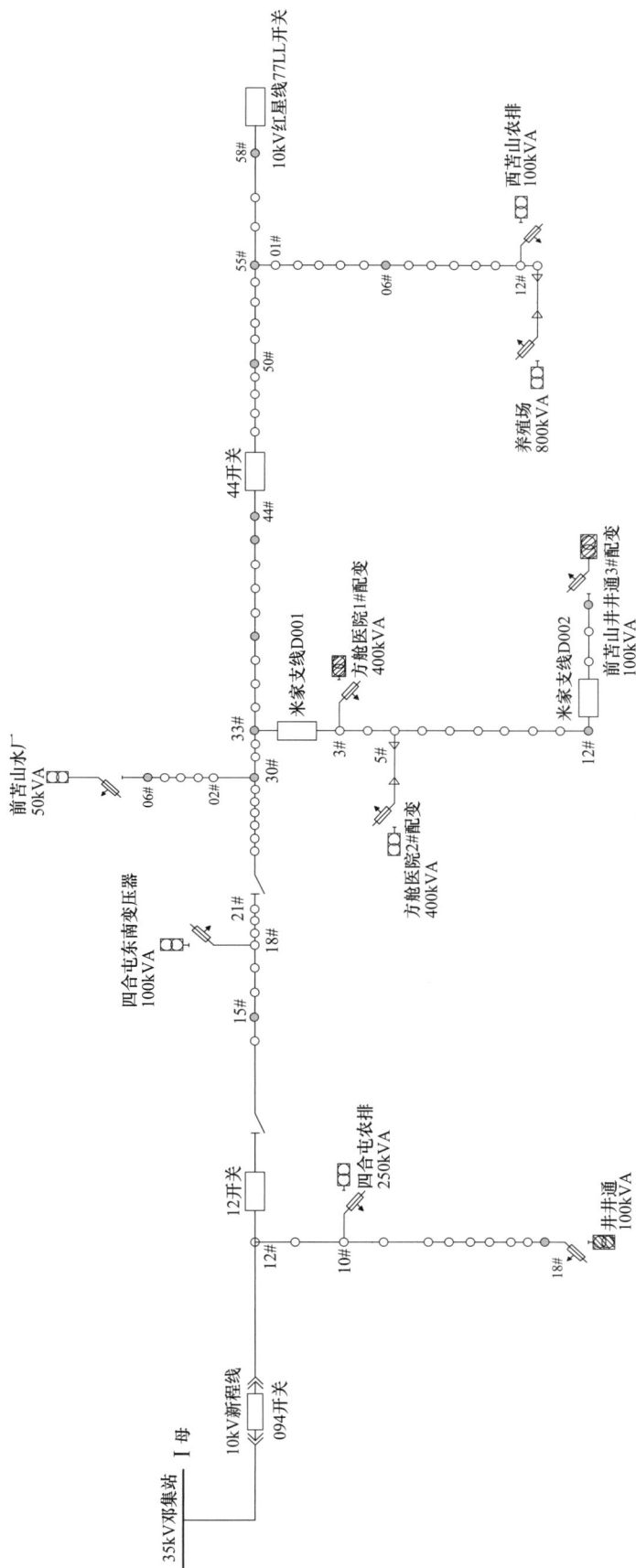

图4 10kV新程线单线图

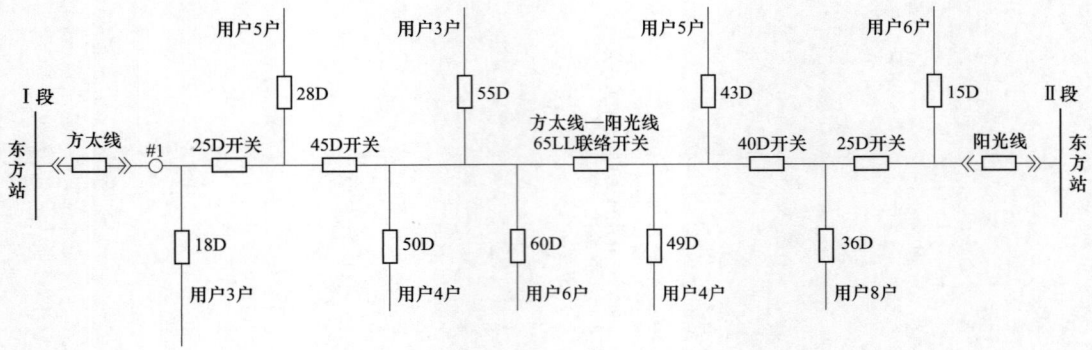

图5　10kV方太线、阳光线拓扑图

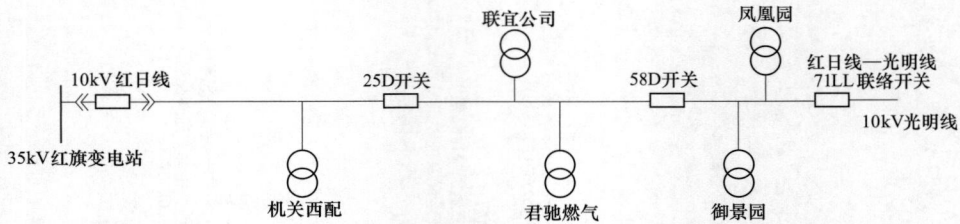

图6　10kV红日线拓扑图

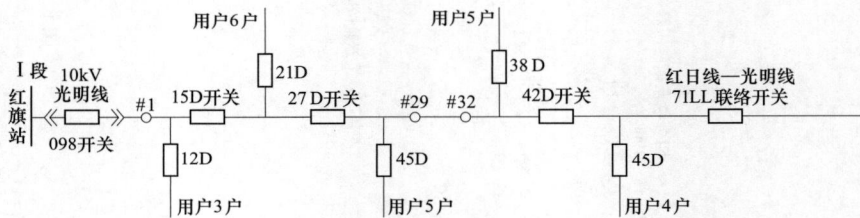

图7　10kV光明线拓扑图

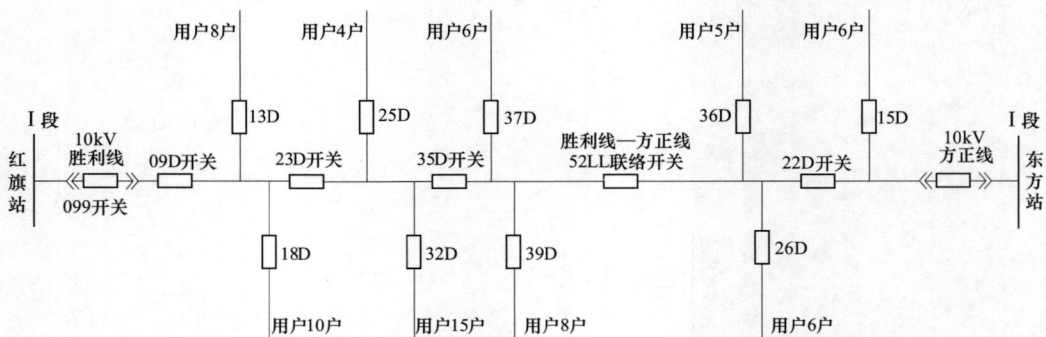

图8　10kV胜利线、方正线拓扑图

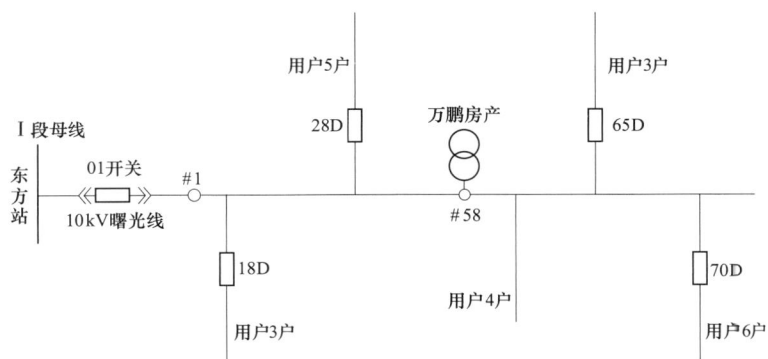

图9 10kV曙光线单线图

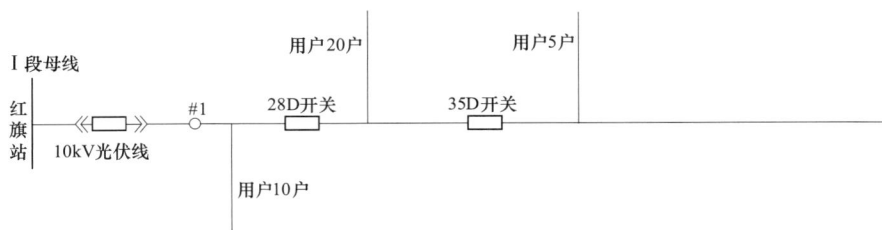

图10 10kV光伏线单线图

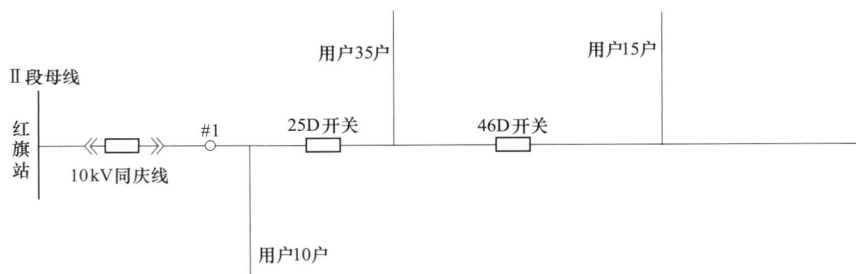

图11 10kV同庆线单线图

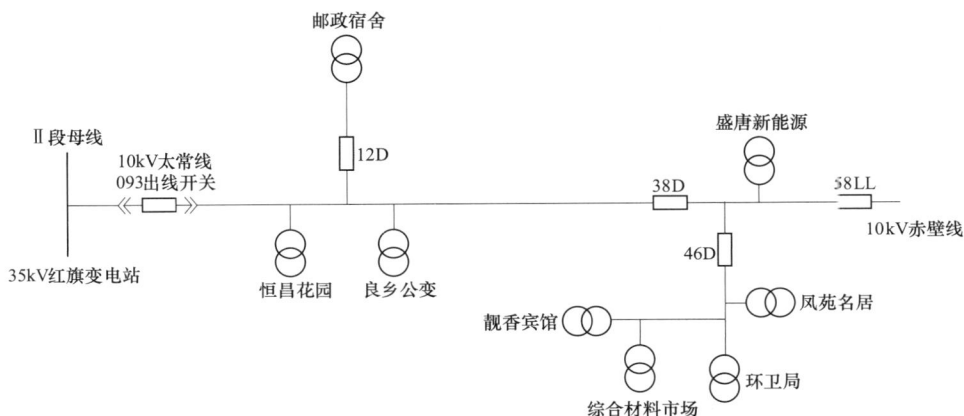

图12 10kV太常线单线图

资料3：10kV赤壁线及负荷情况说明

10kV赤壁线主干线于2005年5月20日建成，2005年5月30日投产送电，薛正支线于2010年4月10日建成，2010年4月30日投产送电。

临月环网柜临月小区：2018年8月15日交房并供电，共6栋居民楼4台10kV变压器（#1、#2、#3、#4），均由小区物业管理，至今未移交供电公司，小区内居民用户均为一户一表，#1、#2在高压侧共用1个计量收费点，#3在高压侧有1个计量点，#4在低压侧分别各有2个计量收费点，其中#1～#2为居民楼供电，#3为小区配套商户供电，#4为小区公共设施供电。

临月环网柜万达商业：2010年6月6日为万达商业客户2台变压器送电，用户自备发电设备作为应急电源。

石油小区（三供一业，1个计量点）共有变压器2台（#1变为居民供电、#2变为沿街商业供电），居民60户，变压器性质原均为专变。2022年8月15日对小区进行一户一表改造验收通过后，将#1配变资产移交供电公司管理。

为平衡10kV赤壁线负荷及完善联络，2022年8月30日将临月环网柜及其负荷永久切改至10kV曙光线末端#72杆，新联络开关位置为临月环网柜01开关。

资料4：10kV红星线、方太线故障情况

线路网架情况：10kV红星线与10kV方太线为同母线出线线路，10kV红星线与10kV新程线为异站单联络线路，满足$N-1$要求，10kV红星线与10kV方太线现有开关设备已全部实现自动化，并具备三遥功能，线路均投入全自动FA模式，具备接地告警功能但FA不启动。

故障点情况：经现场巡视10kV红星线故障情况，发现万城花开分接箱（普通型、无开关、运行超过25年）进线间隔A相支柱绝缘子击穿烧毁，需要更换新的分接箱（有备件），其他未发现异常。经现场巡视10kV方太线故障情况，发现28D（真空断路器，2022年1月出厂并投入使用）支线开关负荷侧B相支柱绝缘子绝缘击穿，需更换开关（有备件）。

重要用户情况：方太线28D支线重要用户方舱医院（自备应急电源故障，28D支线总容量1000kW）；红星线万城花开小区（2台变压器，总容量800kW）内有多个需吸氧用户，吸氧设备市电停电后自身仅能维持1h工作时间。

其他停电详细详见表1调度日志。

表1　8月调度运行日志

序号	厂站	班次	日志类型	日志内容
1	红旗站	2022/08/01	设备跳闸	12:05，10kV光伏线跳闸，巡视发现飑线风导致绝缘线路混线，全线停电。12:20，送上前端30户，翌日15:05全线恢复送电
2	红旗站	2022/08/08	运行记录	11:23，35kV红旗站：10kV红日线负载率超85%，低压满载。11:25，启动迎峰度夏有序用电方案，按照前期通知用户的压限额度，全线负荷不得高于2150kVA。其中联宜公司、君驰燃气、机关西配不得高于300kVA，御景园、凤凰园不得高于625kVA。17:25，35kV红旗站：10kV红日线有序用电结束，恢复正常运行方式

续表

序号	厂站	班次	日志类型	日志内容
3	红旗站	2022/08/10	设备跳闸	08:09，红旗站：10kV Ⅰ段母线A相接地，小电流接地选线系统显示10kV光伏线接地故障；08:10，试拉10kV光伏线，接地未消失后恢复供电；通知平安新区王某对10kV Ⅰ母线接带所有10kV线路10kV胜利线、10kV新程线、10kV光伏线、10kV光明线进行带电查线。 08:49，平安新区王某汇报：10kV胜利线#3～#4杆线路A相绝缘线被护区内倒伏树木砸断，掉落地面，未发现其他故障点。 08:51，遥控拉开10kV胜利线09D开关，遥控合上10kV胜利线—10kV方正线52LL联络开关。08:52，遥控拉开10kV胜利线099开关，接地消失。 08:53，平安新区王某汇报，10kV胜利线与10kV新程线同杆架设，无法抢修，申请临时停运10kV新程线094开关—10kV新程线12D开关间线路。 08:55，合上10kV新程线—10kV红星线77LL联络开关；拉开10kV新程线12D开关；拉开10kV新程线094开关。 10:33，平安新区王某汇报：10kV胜利线故障处理完成，可以恢复供电。 10:55，合上10kV新程线094开关。合上10kV新程线12D开关。拉开10kV新程线—10kV红星线77LL开关，恢复原方式运行。 10:58，遥控合上10kV胜利线099开关；遥控合上10kV胜利线09D开关；遥控拉开10kV胜利线—10kV方正线52LL联络开关，恢复原运行方式
4	红旗站	2022/08/12	运行记录	17:15，接低压用户报修电话，凤苑名居小区部分低压居民停电。 17:55，高新区王某汇报：10kV太常线凤苑名居变压器低压侧分支线A相低压线路因小区物业维修，施工作业车辆剐蹭断线。18:00，低压抢修人员到达现场。 19:15，高新区王某汇报：抢修结束，送电成功
5	东方站	2022/08/14	运行记录	14:10，110kV东方站：10kV曙光线高温过负荷。 14:20，执行有序用电方案，将10kV曙光线04出线开关由运行转热备用。 18:20，有序用电结束，将10kV曙光线04出线开关口热备用转运行
6	东方站	2022/08/16	设备跳闸	07:01:46，110kV东方站10kV Ⅰ段母线接地告警，显示A相接地。 07:07:15，红星线27D开关、方太线28D支线开关过流跳闸，红星线判断故障区间为27D至45D开关之间，方太线判断故障区间为28D支线开关至末端。 07:08:16，远方遥控分红星线45D开关。 07:09:25，远方遥控合红星—新程77LL开关。同时收到35kV红旗站10kV Ⅰ母线接地告警，调度人员在核查线路跳闸信息过程中发现因45D开关定值错误导致区间误判，综合判断实际故障区间应为45D和60D之间。 07:15:25，由值班调度员远方拉开红星线60D开关，红旗站接地信号消失。 07:16:36，遥控合上红星线27D开关，恢复全部非故障段区域供电。 12:12:15，10kV方太线28D支线开关合闸送电。 14:35:38，10kV红星线45D开关合闸送电。 14:44:21，10kV红星线60D开关合闸送电，恢复电网正常运行方式。 （抢修期间，对两条线路的重要用户进行发电处理）
7	红旗站	2022/08/17	运行记录	接消防通知，10kV胜利线在穿越山林处存在明火，为保护人员和财产安全，11:25，对胜利线紧急避险进行停电，10kV新程线因同杆并架，对该线同时停电，14:55，恢复送电
8	红旗站	2022/08/17	设备跳闸	15:45，同庆线故障跳闸，巡视发现用户检修自用变压器时吊车误碰10kV主线（裸导线）。 16:15，送上前端10户。 17:00，全线恢复送电
9	红旗站	2022/08/18	倒闸操作	08:28，供指中心值班人员梁星遥控合上10kV光明线—红日线71LL联络开关。 08:30，供指中心值班人员梁星遥控拉开10kV红日线25D、58D开关。工作内容为25D开关至58D开关之间线路导线更换。 11:30，供指中心值班人员梁星遥控操作恢复正常运行方式

续表

序号	厂站	班次	日志类型	日志内容
10	红旗站	2022/08/21	设备跳闸	13:39，红旗站：10kV光明线098开关速断跳闸，重合不成。13:44，配电自动化系统判定故障区间为10kV光明线15D开关至27D开关之间线路，自愈成功。通知平安新区李某对10kV光明线带电巡线。通知营销部张某告知重要用户精密制造厂。通知监测指挥班王某做好客户解释工作。 14:25，平安新区李某汇报：10kV光明线21#杆支线21-05刘营村#1公用台架变低压总开关负荷侧接线端子过热起火，高压侧跌落式熔断器断开，A相引线从并沟线夹中脱开，正组织抢修。21D真空断路器拒动。 14:46，营销部张某汇报，#21杆支线21-08重要用户精密制造厂自备应急电源于14:39启动成功。 15:24，平安新区李某汇报，10kV光明线故障抢修完毕，21D开关定值整定错误，已处理，可以恢复供电。 15:39，红旗站：10kV光明线恢复原运行方式
11	东方站	2022/08/23	倒闸操作	08:00，供指中心值班人员张达遥控合上10kV胜利线—方正线52LL联络开关。 08:30，供指中心值班人员张达遥控拉开东方站10kV方正线003开关。 10:30，供指中心值班人员张达遥控合上东方站10kV方正线003开关。 10:35，供指中心值班人员张达遥控拉开10kV胜利线—方正线52LL联络开关
12	东方站	2022/08/24	运行记录	5:30，110kV东方站：10kV曙光线过流一段动作跳闸，未投重合闸。 6:20，新区曲某汇报：10kV曙光线#58杆万鹏房产高压交联聚氯乙烯绝缘电缆终端爆炸，正组织抢修。 16:05，新区曲某汇报，抢修结束，因电缆头制作工艺不良，重新制作电缆头，可以恢复送电。 16:30，110kV东方站：10kV曙光线送电结束
13	东方站	2022/08/28	设备跳闸	17:21，东方站：10kV曙光线18D开关速断跳闸，无重合闸。通知平安新区王某带电巡线。 19:20，平安新区王某汇报，10kV曙光线瓷器厂用户箱变高压负荷开关被失控小轿车撞击，引起三相短路跳闸，客户正组织抢修。申请拉开10kV曙光线18D支线18-06J瓷器厂分界负荷开关隔离故障点。 19:21，遥控拉开10kV曙光线18-06J瓷器厂分界负荷开关，遥控合上10kV曙光线18D开关。 8月29日12:46，平安新区王某汇报，瓷器厂用户箱变更换完毕，可以恢复送电。 8月29日12:50，遥控合上10kV曙光线18-06J瓷器厂分界负荷开关
14	红旗站	2022/08/30	设备跳闸	18:56，接上级调度信息，110kV南方站35kV南红Ⅰ线314开关过流保护动作跳闸，重合不成，通知输电运检中心巡线。35kV红旗站：备自投未配置。35kVⅠ段母线、35kV#1主变、10kVⅠ段母线失电。 18:58，遥控分开35kV红旗站35kV南红Ⅰ线进线311开关，遥控合上红旗站35kV母联300开关，35kV红旗站35kVⅠ母线、35kV#1主变、10kVⅠ母线恢复供电。 19:50，35kV南红Ⅰ线送电成功
15	东方站	2022/08/30	运行记录	19:00，根据运行方式安排，赤壁线临月环网柜及其负荷永久切改至曙光线#72杆接带，新联络开关位置为临月小区环网柜01开关（带电作业改切，合环调电）
16	红旗站	2022/08/31	运行记录	10:20，当地发电厂某机组紧急消缺并通知供电公司。 10:30，供电公司按有序用电序位表通知胜利线甲、乙、丙、丁、戊5个高耗能用户限电。 16:30，通知用户恢复正常供电，甲、乙、丙、丁、戊装见容量及允许容量分别为：2000kVA/400kVA、1800kVA/300kVA、1800kVA/300kVA、1800kVA/300kVA、1600kVA/400kVA

资料5：平安新区供电公司中压线段、中压用户台账（部分）

表2　中压线段明细表（2022年7月31日）

序号	线段编码	线段范围描述	公用用户		专用用户		出线断路器台数（台）	其他开关台数（台）	注册日期	注销日期	投运日期	退役日期	备注
			变压器台数（台）	总容量（KVA）	变压器台数（台）	总容量（KVA）							
1	红旗09320	太常线主线38D至末端	1	1250			0	1	2015/07/14		2015/07/14		
2	东方00110	曙光线主干线	2	1630	3	1200	1	0	2007/09/25		2007/09/25		

表3　供电系统中压用户信息基本情况统计表（2022年7月31日）

用户编码	用户名称	线段编码	用户描述	变压器		专用设备		投运日期	注册日期	注销日期	退役日期	是否双电源	低压用户总数（户）
				台数（台）	总容量（KVA）	台数（台）	容量（KVA）						
东方00430002	万鹏房产	东方00110	公用	1	1000			2013/02/13	2015/02/13			否	
红旗00520001	联宜公司	红旗00520	公用	1	1000			2018/08/05	2018/08/05			否	20
红旗00520002	君驰燃气	红旗00520	公用	1	1000			2018/03/04	2018/03/04			否	6
红旗00510001	机关西配	红旗00510	公用	1	1000			2017/05/03	2017/05/03			否	85
红旗00530001	御景园	红旗00530	公用	1	1000			2014/02/13	2014/02/13			否	301
红旗00530002	凤凰园	红旗00530	公用	1	800			2014/12/03	2014/12/03			否	27
红旗09310001	恒昌花园	红旗09310	公用	1	800			2012/02/13	2015/12/06			否	501
红旗09310002	良乡公变	红旗09310	公用	1	800			2015/12/03	2015/12/03			否	153
红旗09311001	福清苑	红旗09311	专用	1	800			2017/03/04	2017/03/04			否	
红旗09311002	邮政宿舍	红旗09311	公用	1	630			2016/08/05	2016/08/05			否	38
红旗09320001	盛唐新能源	红旗09320	公用	1	1250			2019/05/03	2019/05/03			否	18
红旗09321002	凤苑名居	红旗09321	公用	1	1250			2020/01/06	2020/01/06			否	453
红旗09321001	环卫局	红旗09321	公用	1	630			2019/07/05	2019/07/05			否	12
红旗09321003	综合资料市场	红旗09321	专用	1	800			2017/03/04	2017/03/04			否	
红旗09321004	靓香宾馆	红旗09321	专用	1	500			2017/03/04	2017/03/04			否	

表4　低压用户供电系统基本情况统计表（2022年7月31日）

10kV公用配电变压器		配电变压器 容量（kVA）	线路长度（km）						用户情况					
			电缆		架空		合计		0.4kV用户		0.23kV用户		总计	
中压线段编码	配电变压器名称		0.4kV	0.23kV	0.4kV	0.23kV	0.4kV	0.23kV	用户数（户）	容量（kVA）	用户数（户）	容量（kVA）	用户数（户）	容量（kVA）
红旗00520	联宜公司	1000	0	0.15	0	0	0	0.15	0	0	20	880	20	880
红旗00520	君驰燃气	1000	0	0.2	0	0	0	0.2	0	0	6	800	6	800
红旗00510	机夫西配	1000	0.1	0	0.45	0.55	0.55	0.55	5	120	80	650	85	770
红旗00530	御景园	1000	0.1	0.2	0	0	0.1	0.2	1	5	300	865	301	870
红旗00530	凤凰园	800	0.2	0.5	0.25	0.45	0.45	0.95	5	300	22	680	27	980
红旗09310	恒昌花园	800	0.1	0.2	0	0	0.1	0.2	1	20	500	720	501	740
红旗09310	良乡公变	800	0	0	0.2	0.4	0.2	0.4	3	60	150	700	153	760
红旗09311	邮成宿舍	630	0	0.15	0	0	0	0.15	0	0	38	450	38	450
红旗09320	盛唐新能源	1250	0.2	0	0.2	0.15	0.4	0.15	8	700	10	850	18	1550
红旗09321	凤苑名居	1250	0.3	0.35	0	0	0.3	0.35	3	500	450	1170	453	1670
红旗09321	环卫局	630	0.15	0.2	0	0	0.15	0.2	2	20	10	530	12	550

8月10日，凤苑名居低压线路首端新上三相低压用户2户，容量100kVA。

8月21日，良乡公变低压线路首端新上单相低压用户6户，容量30kVA。

资料6：

表5　配网检修停电时间定额标准

序号	检修类别	定额时间（h）	备注
1	户外负荷开关（断路器）新装、更换	4.5	
2	户外馈线自动化开关新装、更换	5	
3	不带自动化装置的环网箱更换	7	
4	带自动化装置的环网箱更换	8	
5	电缆中间头更换	7	
6	电缆分接箱新装、更换	7	
7	中压发电车落位、调试及安装	1	
8	低压发电车落位、调试及安装	0.5	拆除时间可不计

第二部分 参考答案

1．根据资料梳理中压基础台账变更情况

（1）中压线段基础台账变更情况。

平安新区供电公司2022年8月中压线段基础台账方面共发生变更2次，变更原因主要为：

1）2022年8月15日，赤壁线石油小区#1变压器三供一业移交供电公司管理，导致东方00610线段内公专用户数量及容量发生变更。

2）2022年8月30日，赤壁线临月环网柜及其负荷永久切改至曙光线接带运行，导致东方006111和东方00110两个线段内公专用户数量及容量发生变更。

根据资料5中模板，编制8月中压可靠性线段台账。

8月中压可靠性线段台账

序号	线段编码	线段范围描述	公用用户		专用用户		注册日期	注销日期	投运日期	退役日期	备注
			变压器台数（台）	总容量（kVA）	变压器台数（台）	总容量（kVA）					
1	东方00610	赤壁线出线至22D开关	2	1600	6	3200	2005/05/30	2022/08/15	2005/05/30		
2	东方00610	赤壁线出线至22D开关	3	2000	5	2800	2022/08/16	—	2005/05/30		
3	东方006111	薛正支线J05开关至末端	2	1260	4	2520	2010/04/30	2020/08/30	2010/04/30		
4	东方00110	曙光线主干线	2	1630	3	1200	2007/09/25	2020/08/30	2007/09/25		
5	东方00110	曙光线主干线	4	2890	7	3720	2020/08/31	—	2010/04/30		

（2）中压用户基础台账变更情况。

平安新区供电公司2022年8月中压用户基础台账方面共发生变更4次，变更主要原因为：

1）2022年8月15日，赤壁线石油小区#1因三供一业移交，台账资产性质发生变化而进行变更。

2）2022年8月30日，赤壁线临月环网柜接带的全部用户，随线段切改变更而进行变更。

3）2022年8月10日，凤苑名居因新上三相低压用户，台账低压用户数量发生变化而进行变更。

4）2022年8月21日，良乡公变因新上单相低压用户，台账低压用户数量发生变更而进行变更。

根据资料5中模板，编制8月中压可靠性用户台账。

8月中压可靠性用户台账

序号	用户名称	所属线段编码	用户性质（公/专）	用户容量（kVA）	是否双电源	注册日期	注销日期	投运日期	退役日期	备注
1	万达商业	东方006111	专	1260	否	2010/06/06	2022/08/30	2010/06/06	—	
2	万达商业	东方006111	专	1260	否	2022/08/31	—	2010/06/06		
3	临月小区#1	东方006111	公	630	否	2018/08/15	2022/08/30	2018/08/15	—	

续表

序号	用户名称	所属线段编码	用户性质（公/专）	用户容量（kVA）	是否双电源	注册日期	注销日期	投运日期	退役日期	备注
4	临月小区#1	东方006111	公	630	否	2022/08/31	—	2018/08/15	—	
5	临月小区#2	东方006111	公	630	否	2018/08/15	2022/08/30	2018/08/15	—	
6	临月小区#2	东方006111	公	630	否	2022/08/31	—	2018/08/15	—	
7	临月小区#3	东方006111	专	630	否	2018/08/15	2022/08/30	2018/08/15	—	
8	临月小区#3	东方006111	专	630	否	2022/08/31	—	2018/08/15	—	
9	临月小区#4	东方006111	专	630	否	2018/08/15	2022/08/30	2018/08/15	—	
10	临月小区#4	东方006111	专	630	否	2022/08/31	—	2018/08/15	—	
11	石油小区	东方00610	专	800	否	2010/04/30	2022/08/15	2010/04/30	—	
12	石油小区#1变	东方00610	公	400	否	2022/08/15	—	2010/04/30	—	
13	石油小区#2变	东方00610	专	400	否	2022/08/16	—	2010/04/30	—	
14	凤苑名居	红旗09321	公用	1250	否	2020/01/06	2022/08/09	2020/01/06	—	新上低压用户
15	凤苑名居	红旗09321	公用	1250	否	2022/08/10	—	2020/01/06	—	
16	良乡公变	红旗09310	公用	800	否	2015/12/03	2022/08/20	2015/12/03	—	新上低压用户
17	良乡公变	红旗09310	公用	800	否	2022/08/21	—	2015/12/03	—	

2．根据资料对平安新区运行事件基本情况开展分析

（1）停电性质分析。

8月平安新区总停电时户数为637.79h·户，其中预安排停电122.16h·户，故障停电515.63h·户。可以看出，故障停电影响最大，占比80.85%。

1）预安排停电。8月预安排停电共发生4条，其中供电网限电2条，检修停电2条。可以看出，供电网限电对预安排停电影响最大，占比85.27%。

2）故障停电。8月故障停电共发生12条，其中内部故障停电11条，外部故障停电1条。可以看出，内部故障停电对故障停电影响最大，占比95.26%。

（2）停电责任原因分析。

1）预安排停电。8月预安排停电共计122.16h·户，其中供电网限电104.16h·户，10（20、6）kV配电网设施计划检修停电18h·户。

2）故障停电。8月故障停电共计515.63h·户，其中10kV配电网设施故障467.04h·户，10kV及以上输变电故障3.94h·户，发电设施故障24.3h·户。可以看出，设计施工和自然灾害对10kV配电网设施故障影响最大，占比78.89%。

（3）中压相关指标计算。

1）等效用户数计算。

8月等效用户=1398+5×22/31+10×17/31+5×11/31+2×13/31=1409.645（户）

1—8月等效用户数=（212×1370+31×1409.645）/243=1375.06（户）

全年等效用户数=1375.06×（1+2.5%）=1409.44（户）

2）系统平均停电时间计算。

系统平均预安排停电时间（SAIDI-S）＝∑（每次预安排停电时间×每次预安排停电户数）/总用户数＝122.16/1409.645＝0.087（h/户）

系统平均故障停电时间（SAIDI-F）＝∑（每次故障停电时间×每次故障停电户数）/总用户数＝515.63/1409.645＝0.367（h/户）

3）平均供电可靠率计算。

1—7月共212天，1—8月共243天，

1—7月总停电时户数＝（1−99.9247%）×212×24×1370＝5248.83（h·户）

8月总停电时户数＝637.79（h·户）

1—8月总停电时户数＝5248.83＋637.79＝5886.62（h·户）

1—8月系统平均停电时间＝5886.62/1375.06＝4.28（h/户）

1—8月ASAI-1＝（1−系统平均停电时间/统计期间日历小时数）/总用户数＝（1−4.28/243/24）×100%＝99.927%

4）红日线缺供电量计算。

W＝KTSI＝0.54×（4.2×1000×3＋2.25×1000＋1.31×800）＝8584.92（kWh）

（4）低压供电可靠性指标计算。

8月低压停电总时户数＝78＋310＋979.88＝1367.88（h·户）

8月低压等效用户数＝1614＋2×22/31＋6×11/31＝1617.54（户）

8月ASAI-1＝（1−系统平均停电时间/统计期间日历小时数）/总用户数×100%＝（1−1367.88/1617.54/31/24）×100%＝99.886%

有序用电：

联宜公司等效停电时间＝6×（880−300）/880＝3.95（h）

君驰燃气等效停电时间＝6×（800−300）/800＝3.75（h）

机关西配等效停电时间＝6×（770−300）/770＝3.66（h）

御景园等效停电时间＝6×（870−625）/870＝1.69（h）

凤凰园等效停电时间＝6×（980−625）/980＝2.17（h）

总停电时户数＝979.88（h·户）

低压供电网限电缺供电量：

W＝KTSI＝0.45×3.95×880＋3.75×800＋3.66×770＋1.69×870＋2.17×980＝5800.995（kWh）

（5）中压、低压停电事件统计。

中压停电事件表

序号	线路名称	起始时间	终止时间	停电户数（户）	停电时户数（h·户）	停电性质	停电设备	技术原因	责任原因	备注
1	光伏线	2022/08/01 12:05	2022/08/02 15:05	35	142.5	内部故障停电	绝缘线	线间距不足	大风大雨	飑线风导致线路混线，分步送电
2	红日线	2022/08/08 11:25	2022/08/08 15:37	5	16.16	供电网限电			供电网限电	

续表

序号	线路名称	起始时间	终止时间	停电户数（户）	停电时户数（h·户）	停电性质	停电设备	技术原因	责任原因	备注
3	新程线	2022/08/10 08:55	2022/08/10 10:55	2	4	内部故障停电	绝缘线	断线	运行管理原因	
4	曙光线	2022/08/14 14:20	2022/08/14 18:20	22	88	供电网限电			供电网限电	
5	方太线	2022/08/16 07:07:15	2022/08/16 12:12:15	5	5	内部故障停电	真空断路器	击穿	设备老化	原为25.42，发电车部分剔除，只剩5h·户
6	红星线	2022/08/16 07:07:15	2022/08/16 14:35:38	13	8.73	内部故障停电	电缆分接箱	击穿	设备老化	分步送电
7	红星线	2022/08/16 07:07:15	2022/08/16 07:16:36	4	0.62	内部故障停电	真空断路器	拒、误动	运行管理原因	
8	同庆线	2022/08/17 15:45	2022/08/17 17:00	60	67.5	内部故障停电	裸导线	短路	外部施工影响	
9	红日线	2022/08/18 08:30	2022/08/18 11:30	2	6	施工停电				10（6，20）kV配电网设施计划施工
10	光明线	2022/08/21 13:39	2022/08/21 13:44	17	1.42	内部故障停电	真空断路器	拒、误动	运行管理原因	
11	光明线	2022/08/21 13:39	2022/08/21 15:39	6	12	内部故障停电	变压器低压配电设施	过热	低压设施故障	
12	曙光线	2022/08/24 05:30	2022/08/24 16:30	22	242	内部故障停电	交联聚氯乙烯绝缘电缆终端	爆炸	施工、安装原因	
13	曙光线	2022/08/28 17:21	2022/08/28 19:21	2	4	内部故障停电	用户设备	短路	用户影响	
14	胜利线	2022/08/30 18:56	2022/08/30 18:58	51	1.7	内部故障停电	35kV输变电设备	短路	35kV设施故障	
15	光明线	2022/08/30 18:56	2022/08/30 18:58	23	0.77	内部故障停电	35kV输变电设备	短路	35kV设施故障	
16	新程线	2022/08/30 18:56	2022/08/30 18:58	9	0.3	内部故障停电	35kV输变电设备	短路	35kV设施故障	
17	光伏线	2022/08/30 18:56	2022/08/30 18:58	35	1.17	内部故障停电	335kV输变电设	短路	35kV设施故障	
18	胜利线	2022/08/31 10:30	2022/08/31 16:30	5	24.3	外部故障停电	发电设备	发电设施故障	发电设施故障	发电机组紧急消缺，甲、乙、丙、丁、戊分别限电4/5、5/6、5/6、5/6、3/4

低压停电事件表

序号	停电性质	停电变压器	停电时间		停电情况		停电原因、设备状况详细说明
			起始时间	终止时间	用户数（户）	时户数（h·户）	
1	供电网限电	联宜公司、君驰燃气、机关西配、御景园、凤凰园	2022/08/08 11:25	2022/08/08 15:22	439	979.88	有序用电
2	内部故障停电	凤苑名居	2022/08/12 17:15	2022/08/12 19:15	155	310	低压单相断线
3	施工停电	联宜公司、君驰燃气	2022/08/18 08:30	2022/08/18 11:30	26	78	线路施工

（6）提升措施建议。

1）针对供电网停电。平安新区供电公司需分析限电的主要元件（变压器、导线、电缆、变电站CT等），提升配电线路装备水平，增大设备容量，确保不发生因供电系统本身容量不足导致的限电，提升供电能力。

2）针对设计施工。采用典型设计确保网架结构合理，提升施工队伍的施工工艺水平，加强送电前的验收管理，确保零缺陷投运。

3）针对自然灾害。加强网架结构建设，深化配电自动化应用，提升设备的本质安全能力，提升抵御自然灾害的能力。开展设备特巡，建立隐患台账，提前消缺。建立故障处理应急处理机制，发生故障后及时抢修复电。

3. 重点停电事件分析

（1）故障过程分析。

1）07:01:46，110kV东方站10kVⅠ段母线接地告警，显示A相接地。

2）07:07:15，红星线27D开关、方太线28D支线开关过流跳闸，红星线判断故障区间为27D至45D开关之间，方太线判断故障区间为28D支线开关至末端。

3）07:08:16，远方遥控分红星线45D开关。

4）07:09:25，远方遥控合红星至新程77LL开关。同时收到35kV红旗站10kVⅠ母线接地告警，调度人员在核查线路跳闸信息过程中发现因45D开关定值错误导致区间误判，综合判断实际故障区间应为45D至60D之间。

5）07:15:25，由值班调度员远方拉开红星线60D开关，红旗站接地信号消失。

6）07:16:36，遥控合上红星线27D开关，恢复全部非故障段区域供电。

7）12:12:15，10kV方太线28D支线开关合闸送电。

8）14:35:38，10kV红星线45D开关合闸送电。

9）14:44:21，10kV红星线60D开关合闸送电，恢复电网正常运行方式。

注：抢修期间，对两条线路的重要用户进行发电处理。

（2）抢修方案。

1）红星线抢修方案。

a）45D至60D转检修，在45D大号侧、60D小号侧挂接地线。

b）协调物资、人员对万城花开分接箱进行更换，更换为带电自动化功能的电缆分接箱。

c）组织带电作业队伍，对45D定值进行整改。

d）更换完成后，对电缆进行核相，确保相序正确。

e）拆除接地线等安全措施，恢复送电，恢复送电前对开关两侧核相。

2）方太线抢修方案。

a）甲组带电作业人员将28D负荷侧的开关引线断开，做好绝缘包覆。

b）乙组带电作业人员对该支线进行中压发电，接入时间1h。

c）甲组带电作业人员对28D开关进行带电更换。

d）更换完成后恢复28D负荷侧的开关引线。

e）28D开关送电。

f）退出中压发电车。

3）抢修后台支撑协调联动的部门。

a）运检部门：牵头建立应急抢修体系，组织人员，车辆分组赴现场巡视、抢修，为保证重要客户供电，采用先复电后抢修的方式。

b）调度部门：组织开展事故抢修中的倒闸操作方式安排。

c）物资部门：加强物资账卡物管理，建立物资应急保障体系，协助抢修物料运送。

d）安监部门：组织现场抢修安全监察，指导作业安全。

e）营销部门：做好高低压客户联系台账建立工作，停电发生情况下通过社区村居微信群、短信、新媒体等方式对停电客户进行主动告知，告知抢修进度及预计进度，争取理解。尤其是对方舱医院、万城花开等重要用户开展进行重点沟通。

f）党建部门（宣传部门）：开展舆情分析，避免出现舆情事件，尤其关注方舱医院、万城花开等重要用户舆情情况。

（3）负荷转供。

1）红星线负荷转移方案。

a）07:07:15，故障发生，27D后负荷失电。

b）07:08:16，FA分45D，07:09:25，FA合红星至新程77LL联络开关。

c）07:15:25，调度员拉开60D，27D至45D负荷失电。

d）07:16:36，合上27D，恢复27D至45D负荷供电。

e）07:37:15，接入低压发电车，对万城花开#1、#2进行供电。

f）14:35:38，合上45D，恢复45D至60D之间的负荷。

g）14:44:00，分开红星至新程77LL开关，避免合环导电。

h）14:44:21，红星线60D开关合闸送电，恢复电网正常运行方式。

i）14:44:21，退出万城花开#1、#2的低压发电车。

低压发电车容量校验：红星线万城花开小区（2台变压器，总容量800kW）内有多个需吸氧用户，吸氧设备仅能维持1h工作时间。该公司有低压发电车1台，低压发电车1台（800kW，运行负载不超过最大负载100%，最长运行时间10h），经过校验（实际发电时间6.98h）可以满足红星线万城花开小区的供电。

2）方太线负荷转供方案。

a）07:07:15，28D跳闸，28D后面的负荷失电。

b）08:07:15，带电作业将28D负荷侧的开关引线断开，做好绝缘包覆，对该支线进行中压发电，后面的负荷全部恢复供电。

c）12:10:00，完成对28D负荷侧的开关引线恢复。

d）12:12:15，28D开关送电。

e）12:13:00，退出中压发电车供电。

中压发电车容量校验：10kV发电车1台（1800kW，运行负载不超过最大负载80%，最大输出容量为1440kW，最长运行时间5h）。因方太线28D支线重要用户方舱医院（自备应急电源故障，28D支线总容量1000kW），1440kW＞1000kW，容量能够满足。发电时间为08:37:00～12:13:00，时长为3.6h，满足要求。

（4）抢修恢复方案的制定。

1）红星线抢修恢复方案。

a）14:35:38，对新接入的电缆分接箱进行试验，确保试验合格，然后进行核相，核相正确后，合上45D开关，恢复45D至60D之间的负荷。

b）在60D两侧进行核相，确保相序正确。

c）14:44:00，分开红星至新程77LL开关，避免合环导电。

d）14:44:21，红星线60D开关合闸送电，恢复电网正常运行方式。

e）14:44:21，退出万城花开#1、#2的低压发电车。

2）方太线抢修恢复方案。

a）12:10:00，完成对28D负荷侧的开关引线恢复，完成对新更换开关的核相。

b）12:12:15，28D送电。

c）12:13:00，退出中压发电车供电。

（5）停电信息发布。

停电信息

序号	责任单位	线路名	起始时间	终止时间	停电范围	备注
1	武安市供电公司	红星线	07:07:15	14:44:21	百合小区、派出所、气象局、十三局医院、路灯、万城花开#1、万城花开#2	
2	武安市供电公司	方太线	07:07:15	08:07:15	方太线28D后端负荷	

（6）红星线故障停电时停电转供时间。故障停电转供时间为故障发生时间开始到负荷转供完成的时间。停电开始时间：07:07:15，27D跳闸。负荷转供完成的时间：07:15:25，调度员拉开60D。

红星线故障停电时停电转供时间＝07:15:25－07:07:15＝0.136（h）

（7）红星线故障修复时间。故障修复时间为故障发生到通过修复或更换恢复供电的时间。停电开始时间：07:07:15，27D跳闸。恢复供电的时间：14:35:38，合上45D，恢复45D至60D之间的负荷。

红星线故障修复时间＝14:35:38－07:07:15＝7.473（h）

（8）红星线故障点上游恢复供电操作时间。红星线故障点上游恢复供电操作时间为故障定位隔离时间到上游开关操作恢复送电的时间。

故障隔离时间：07:15:25，调度员拉开60D。上游开关操作恢复送电：07:16:36，合上27D，恢复27D至45D负荷供电。

红星线故障点上游恢复供电操作时间＝07:16:36－07:15:25＝0.02（h）

4．预算式指标动态调整情况

根据发改能源规〔2020〕1479号文件分类标准，平安新区供电公司属于地级市市区范围，用户平均停电时间不超过5h。据此预计全年等效用户数为1409.44户，停电时户数目标值为7047.2h·户。截至8月底，已消耗5875h·户，剩余1172.2h·户。

　　根据预算式指标动态调整的要求，9—12月预安排停电时户数需压缩15%，目标值调整为425h·户，预计剩余故障停电时户数为747.2h·户，较原故障停电目标值压缩比例为16.98%。

试题八　指标预控场景

一、主要考点

按照给定资料计算全年停电时户数预测值、全年等效用户数、全年用户平均停电时间；按照历年各类型故障占比情况，分析故障停电压降成效、存在的问题及解决措施；编制下一年度停电时户数目标值及月度分解值。

二、考察重点

停电时户数计算能力，对于故障类型分析及对应措施的掌握能力；停电时户数预测与按月度分解能力。

三、试题及参考答案

―――――――――― 第一部分　题目内容 ――――――――――

下列资料给出了历史三年故障时户数消耗及综合计划投资情况，综合计划清单、所含两区四县的等效用户数情况等，要求3名选手合作在3h内，预算该市公司的年度时户数预控值，并合理分配至12个月。根据年初指标预测情况，停电事件明细等，结合重大事件发生日/大范围故障调整后续工作，其中2021年重大事件日界限值为0.07h/户。

【参考资料】

资料1：阳光市供电公司2022年停电计划

资料2：阳光市供电公司2019—2021年故障停电时户数情况

资料3：阳光市2019—2022年中压用户及配电线路汇总表

资料4：阳光市2019—2021年故障时户数明细表

资料5：2021年6月故障跳闸明细

资料6：2022年1—6月停电时户数消耗情况

资料7：阳光市供电公司4月注册用户信息情况

【试题】

1. 请根据资料1~4，测算阳光市可靠性指标。

2. 请根据资料3中2021年各类型故障占比情况，分析故障停电压降成效和存在的问题，并指出2022年重点提升方向。

3. 请根据资料7，精确计算截至4月底等效总用户数。

4. 请根据资料2、4、6，编制阳光市2022年停电时户数目标值及月度分解值。

5. 阳光市供电公司根据网省公司指标管控要求，年度时户数目标值偏差调整为−20%~5%。为确保目标值偏差满足要求，同时考虑营商环境要求将用户平均停电时间尽可能压减，将阳光市供电公司年度时户数目标值下降10%。根据新的目标值，结合资料6中上半年时户数完成情况，填写下半年时户数指标分解表。

资料1：

阳光市总面积5797km²，总人口200万人，所辖二县四区，分别为幸福区、安康区、曹县、单县、莒县、费县。2021年阳光市用户平均停电时间1.56h，根据配电网故障、线路整改情况及配网运维管理提升要求，阳光市供电公司按照故障停电指标预测值降低15%的目标做好故障时户数预控，并根据历史三年的数据，预安排停电预留3090时户数作为不可预测的变量。

为了做好年度时户数预测工作，阳光市供电公司收集了二区四县的2022年检修、技改、基建、用户及市政工程项目，扫描右侧二维码可下载阅读。

根据省公司要求，阳光市供电公司年度总时户数完成值偏差需控制在–5%～＋5%之间。为便于完成全年目标值，阳光市供电公司在分解区县目标值时，要求各区县单位均严格按照目标值进行指标管控。

2022年预安排停电计划汇总表

资料2:

表1 阳光市供电公司2019—2021年故障停电时户数情况

单位：h·户

序号	分类	阳光市合计			幸福区			安康区			曹县			单县			营县			费县		
		2019年	2020年	2021年	2019年	2020年	2021年	2019年	2020年	2021年	2019年	2020年	2021年	2019年	2020年	2021年	2019年	2020年	2021年	2019年	2020年	2021年
1	10kV配电网设施故障	47328	40356	34392	5028	4284	3660	4344	3792	3252	11712	9924	8448	9768	8268	7008	8928	7644	6492	7548	6444	5532
	其中：设计施工	4332	3516	2760	468	384	420	312	372	180	1416	852	996	792	612	252	948	612	456	396	684	456
	设备原因	9888	9000	7524	900	816	636	828	876	384	3312	2460	1812	2628	2148	2304	1116	1596	1308	1104	1104	1080
	运行维护	8952	7548	5844	1164	348	348	1020	1020	864	1380	1536	1164	1392	1584	1068	2256	2064	1380	1740	996	1020
	外力因素	7128	4332	4776	444	456	384	948	588	492	2160	828	1428	1104	684	1008	1692	996	972	780	780	492
	自然灾害	4920	2748	2304	708	720	660	384	276	336	936	504	216	1056	552	384	984	312	396	852	384	312
	用户影响	12108	13212	11184	1344	1560	1212	852	660	996	2508	3744	2832	2796	2688	1992	1932	2064	1980	2676	2496	2172
2	10kV及以上输电变电设施故障	0	0	0	0	0	0	0	0	0	0	0	0	0	0	0	0	0	0	0	0	0
3	低压设施故障	312	144	96	24	12	12	12	24	12	24	12	0	12	12	24	48	12	24	192	72	24
4	发电设施故障	0	0	0	0	0	0	0	0	0	0	0	0	0	0	0	0	0	0	0	0	0
5	故障汇总	47640	40500	34488	5052	4296	3672	4356	3816	3264	11736	9936	8448	9780	8280	7032	8976	7656	6516	7740	6516	5556

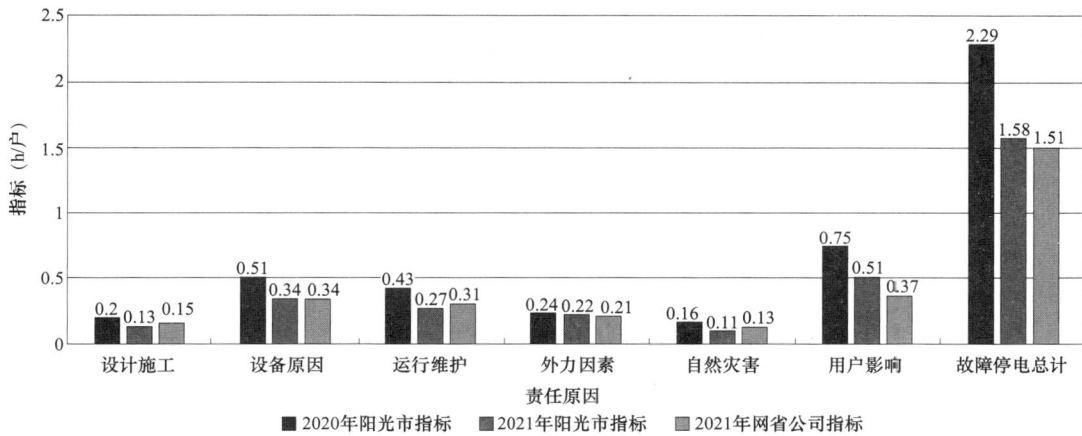

图1 阳光市供电公司2021年故障停电责任原因分析图

资料3：

表2 阳光市2019—2022年中压用户及配电线路汇总表

序号	单位	中压用户数（户）								配电线路条数（条）					
		2019年	2020年	2021年			2022年（预测）			2019年	2020年	2021年	2022年（预测）		
				城网	农网	合计	城网	农网	合计				城网	农网	合计
1	幸福区	4271	4532	832	4021	4853	917	4068	4985	122	129	139	49	105	154
2	安康区	3518	3792	1535	2455	3990	1628	2492	4120	110	119	125	68	73	141
3	曹县	8561	8861	0	9233	9233	0	9373	9373	165	170	178	0	190	190
4	单县	7512	7858	0	8085	8085	0	8205	8205	137	143	147	0	161	161
5	莒县	6791	7110	0	7316	7316	0	7454	7454	141	148	152	0	156	156
6	费县	5761	6061	0	6448	6448	0	6602	6602	125	132	140	0	150	150
7	合计	36414	38214	2367	37558	39925	2545	38194	40739	800	841	881	117	835	952

注：表中数据均为年底数据值。

资料4：

表3　阳光市2019—2021年故障时户数明细表

单位：h·户

单位	年份	总时户数	1月	2月	3月	4月	5月	6月	7月	8月	9月	10月	11月	12月
阳光市合计	2019	47640	2812.47	2954.31	3747.87	3822.00	4539.77	5154.25	5516.52	5404.43	4468.96	3830.69	3060.86	2327.86
	2020	40500	2392.62	2512.51	3185.69	3248.54	3859.77	4381.44	4689.00	4593.45	3800.67	3258.79	2599.97	1977.76
	2021	38421	2037.36	2139.17	2712.43	2766.05	3286.76	7664.23	3993.60	3911.82	3236.46	2775.40	2213.41	1683.89
幸福区	2019	5052	267.05	249.24	342.37	409.47	553.27	629.96	708.02	647.76	469.73	350.59	217.75	206.79
	2020	4296	227.09	211.95	291.14	348.20	470.48	535.69	602.07	550.83	399.44	298.12	185.16	175.85
	2021	4039	194.10	181.16	248.85	297.62	402.14	824.88	514.62	470.82	341.42	254.82	158.27	150.30
安康区	2019	4356	285.02	279.64	298.47	295.78	412.74	482.66	527.02	501.48	453.08	424.84	209.73	185.53
	2020	3816	249.69	244.98	261.47	259.11	361.58	422.82	461.69	439.31	396.91	372.18	183.73	162.53
	2021	4193	213.57	209.54	223.64	221.63	309.27	1290.26	394.90	375.76	339.50	318.34	157.16	139.02
曹县	2019	11736	633.97	753.61	1094.66	1052.03	1196.43	1135.92	1324.32	1291.32	975.02	855.38	776.99	646.35
	2020	9936	536.73	638.03	926.77	890.68	1012.93	961.70	1121.21	1093.26	825.48	724.18	657.82	547.21
	2021	9174	456.35	542.48	787.98	757.29	861.23	1543.38	953.30	929.54	701.86	615.73	559.31	465.26
单县	2019	9780	606.69	647.96	647.96	714.00	888.72	1040.05	1118.46	1192.75	1049.68	715.37	665.85	492.51
	2020	8280	513.64	548.58	548.58	604.49	752.41	880.53	946.92	1009.81	888.68	605.65	563.72	416.97
	2021	7707	436.22	465.90	465.90	513.38	639.00	1422.91	804.19	857.61	754.74	514.37	478.76	354.12
莒县	2019	8976	630.88	634.98	821.10	807.42	807.42	908.68	829.31	830.68	840.26	803.31	655.51	406.44
	2020	7656	538.10	541.60	700.35	688.68	688.68	775.05	707.35	708.52	716.69	685.18	559.11	346.67
	2021	7282	457.98	460.96	596.07	586.13	586.13	1425.55	602.03	603.02	609.97	583.15	475.86	295.05
费县	2019	7740	388.86	388.86	543.30	543.30	681.20	956.99	1009.39	940.44	681.20	681.20	535.03	390.24
	2020	6516	327.37	327.37	457.39	457.39	573.47	805.65	849.76	791.72	573.47	573.47	450.42	328.53
	2021	6026	279.14	279.14	390.00	390.00	488.98	1157.25	724.57	675.07	488.98	488.98	384.06	280.13

资料5：2021年6月故障跳闸明细

可扫描右侧二维码下载阅读。

2021年6月故障跳闸明细

资料6：

表4～表6给出了阳光市供电公司2022年1—6月停电时户数消耗情况。预安排停电方面，上半年阳光市供电公司严格停电计划刚性执行，预安排停电完成半年目标值，阳光市供电公司将继续严格计划停电刚性执行，全年预安排时户数偏差预计控制在1%以内。故障停电方面，阳光市供电公司上半年因用户及公司设备管控方面存在薄弱环节，导致故障停电超出目标值4.3%。

表4　2022年1—6月全口径时户数完成统计表　　　单位：h·户

序号	单位	1月	2月	3月	4月	5月	6月
1	幸福区	835	326	660	443	1113	674
2	安康区	342	728	477	540	1005	574
3	曹县	1291	625	1704	1521	1378	1017
4	单县	571	1178	829	866	1241	973
5	莒县	591	584	690	1172	974	749
6	费县	412	452	484	519	1392	1472

表5　2022年1—6月预安排时户数完成统计表　　　单位：h·户

序号	单位	1月	2月	3月	4月	5月	6月
1	幸福区	540	144	410	144	709	214
2	安康区	30	520	255	320	698	215
3	曹县	730	77	908	756	508	191
4	单县	30	707	358	347	595	217
5	莒县	30	120	90	582	384	85
6	费县	30	170	90	125	898	778

表6　2022年1—6月故障时户数完成统计表　　　单位：h·户

序号	单位	1月	2月	3月	4月	5月	6月
1	幸福区	295	182	250	299	404	460
2	安康区	312	208	222	220	307	359
3	曹县	561	548	796	765	870	826
4	单县	541	471	471	519	646	756
5	莒县	561	464	600	590	590	664
6	费县	382	282	394	394	494	694

资料7：

截至2022年4月1日，阳光市供电公司总用户数为40129户。阳光市供电公司4月注册用户信息如表7所示。

表7   阳光市供电公司4月注册用户信息

序号	注册日期	报装用户数量（户）
1	2022/04/06	15
2	2022/04/08	8
3	2022/04/10	13
4	2022/04/14	8
5	2022/04/15	7
6	2022/04/19	6
7	2022/04/25	8

第二部分　参考答案

1．请根据资料1～4，测算阳光市可靠性指标

（1）计算全年停电时户数预测值。

方法1：

全年停电时户数预测值＝计划停电预测值＋故障停电预测值＝检修停电＋工程停电＋不可预测的变量＋（表1中三年故障平均值）×0.85＝21802＋40876×0.85＝56546.60（h·户）

方法2：

全年停电时户数预测值＝计划停电预测值＋故障停电时户数预测值＝检修停电＋工程停电＋不可预测的变量＋（表3中三年故障之和－最大的事件日）/3×0.85＝21802＋34733.27＝56535.27（h·户）

方法3：

全年停电时户数预测值＝计划停电预测值＋故障停电时户数预测值＝检修停电＋工程停电＋不可预测的变量＋（表1中2021年故障时户数）×0.85＝21802＋34488×0.85＝51116.8（h·户）

方法4：

全年停电时户数预测值＝计划停电预测值＋故障停电时户数预测值＝检修停电＋工程停电＋不可预测的变量＋（表3中2021年故障时户数－最大的事件日）×0.85＝21802＋（38421－3972.66）×0.85＝51083.09（h·户）

（2）计算全年等效用户数。

全年等效用户数≈（期初用户数＋期末预计用户数）/2＝（39925＋40739）/2＝40332（户）

（3）计算全年用户平均停电时间。

方法1：

全年用户平均停电时间＝全年停电时户数预测值/全年等效用户数＝56546.60/40332＝1.40（h）

方法2：

全年用户平均停电时间＝全年停电时户数预测值/全年等效用户数＝56535.27/40332＝1.40（h）

方法3：

全年用户平均停电时间＝全年停电时户数预测值/全年等效用户数＝51116.8/40332＝1.27（h）

方法4：

全年用户平均停电时间＝全年停电时户数预测值/全年等效用户数＝51083.09/40332＝1.27（h）

（4）计算农网预安排平均停电时间。

农网预安排平均停电时间＝全年农网预安排停电时户数预测值/全年农网等效用户数＝（全年预安排城镇停电时户数＋全年预安排农村停电时户数）/［（2021年末农网用户数＋2022年末预计农网用户数）/2］＝（2618＋15673）/［（37558＋38194）/2］＝0.48（h）。

（5）计算预安排停电频率。

预安排停电频率＝∑（每次预安排停电用户数）/等效总用户数＝3773/40332＝0.09（次/户）

2．请根据资料3中2021年各类型故障占比情况，分析故障停电压降成效和存在的问题，并指出2022年重点提升方向

（1）故障停电分析。

1）通过纵向对比分析。阳光市供电公司2021年故障停电类指标同比下降31%，各类故障指标同比均出现不同程度下降，其中运行维护、设计施工类指标下降比例最高，外力因素指标同比下降最低，反映出公司故障停电管理工作比上年有明显进步。

2）通过横向对比分析。设计施工、运行维护、自然灾害类故障指标占比低于全省平均水平，处于领先水平。故障停电类指标略高于全省平均水平4.64%，需加强故障停电管控。特别是用户影响、外力因素两类指标明显高于全省平均水平，需加强用户设备管理，严控交通车辆破坏、动物因素、盗窃、异物短路、外部施工影响等外力因素导致的故障停电。

3）通过不同责任原因占比分析。导致阳光市供电公司系统平均故障停电时间较高的主要因素为用户影响、设备原因，占比分别达32.28%、21.52%；次要因素为运行维护、外力因素，占比分别是17.09%、13.92%。

（2）提升措施。

1）强化用户设备管理。

a）用户分界点处加装分界开关（或跌落式熔断器），确保用户故障时能够及时隔离故障，避免故障范围扩大。

b）对用户设备开展地毯式排查，对开关柜、地埋电缆、老旧设备进行检查及试验，要求所有高压电缆必须按照规定埋设电缆标示桩，对发现的所有隐患下达整改通知单，限期整改。加强客户沟通，即当某条线路发生事故停电后，立即告知详情，一方面安抚客户，另一方面请客户协助查找其自身设备是否存在事故点，如发现异常，及时反馈运维单位。既加快故障查巡速度，又拉近了与客户的关系，得到了客户的支持。

c）加强用户设备并网验收管理，严格执行业扩验收流程，确保并网设备及运行环境安全可靠。

2）压降设备原因故障跳闸。

a）加强配电网设备入网前质量管控，加大配电网设备入网检测力度，强化典型设计和精简物料应用，广泛应用典型设计和精简物料应用，推广应用标准化定制设备，督促厂商改进设备质量，强化设备并网验收管理。

b）强化设备状态评价管理，建立在运设备质量全方位评价机制，开展设备全寿命周期效益管理。

3）强化运维检修管理。

a）强化配电网巡视与运行维护管理，开展配电网格化运维，提升配电网精益化分析，优化配电网抢修机制，提高应急处置能力。

b）开展配电网设备状态检修及带电检测。

4）加强交通车辆破坏、动物因素、盗窃、异物短路、外部施工影响等外力因素导致的故障停电管理。

3．请根据资料7，精确计算截至4月底等效总用户数

等效总用户数＝∑（每户×统计期间实际在册时间）/统计期间总时间＝（40129×30＋15×25＋8×23＋13×21＋8×17＋7×16＋6×12＋8×6）/30＝40169（户）

4．请根据资料2、4、6，编制阳光市2022年停电时户数目标值及月度分解值

停电时户数目标值

序号	单位	等效总用户数（户）	平均供电可靠率（%）	停电总时户数（h·户）	系统平均停电时间（h）	预安排停电时户数（h·户）				故障停电时户数（h·户）
						合计	其中：检修停电	其中：工程停电	其中：其他预安排	
1	幸福区	4919	99.9828	7423	1.51	3734	2124	1130	480	3689
2	安康区	4055	99.9797	7201	1.78	3961	2440	1071	450	3240
3	曹县	9303	99.9842	12907	1.39	4373	2198	1055	1120	8534
4	单县	8145	99.9845	11048	1.36	3939	1321	2198	420	7109
5	莒县	7385	99.9861	8984	1.22	2425	945	1120	360	6559
6	费县	6525	99.9843	8983	1.38	3370	1690	1420	260	5613
	合计	40332	99.9840	56546	1.40	21802	10718	7994	3090	34744

2022年全口径时户数月度分解表　　　　单位：h·户

序号	单位	1月	2月	3月	4月	5月	6月	7月	8月	9月	10月	11月	12月
1	幸福区	735	326	660	443	1113	674	673	583	861	664	277	414
2	安康区	212	728	477	540	1005	574	427	481	729	1068	766	194
3	曹县	1191	625	1704	1521	1378	1017	1106	1176	980	859	725	625
4	单县	441	1178	829	866	1241	973	897	916	1230	890	998	589
5	莒县	461	584	690	1172	974	749	711	677	834	657	725	750
6	费县	282	452	484	519	1392	1472	1471	757	739	554	473	388

2022年预安排时户数月度分解表　　　　单位：h·户

序号	单位	1月	2月	3月	4月	5月	6月	7月	8月	9月	10月	11月	12月
1	幸福区	540	144	410	144	709	214	156	110	518	408	118	263
2	安康区	0	520	255	320	698	215	35	108	392	752	610	56
3	曹县	730	77	908	756	508	191	143	237	271	237	160	155
4	单县	0	707	358	347	595	217	84	49	467	370	514	231
5	莒县	0	120	90	582	384	85	105	70	220	70	246	453
6	费县	0	170	90	125	898	778	739	75	245	60	85	105

2022年故障时户数月度分解表　　　　单位：h·户

序号	单位	1月	2月	3月	4月	5月	6月	7月	8月	9月	10月	11月	12月
1	幸福区	195	182	250	299	404	460	517	473	343	256	159	151
2	安康区	212	208	222	220	307	359	392	373	337	316	156	138
3	曹县	461	548	796	765	870	826	963	939	709	622	565	470
4	单县	441	471	471	519	646	756	813	867	763	520	484	358
5	莒县	461	464	600	590	590	664	606	607	614	587	479	297
6	费县	282	282	394	394	494	694	732	682	494	494	388	283

5．阳光市供电公司根据网省公司指标管控要求，年度时户数目标值偏差调整为-20%～5%。为确保目标值偏差满足要求，同时考虑营商环境要求将用户平均停电时间尽可能压减，将阳光市供电公司年度时户数目标值下降10%。根据新的目标值，结合资料6中上半年时户数完成情况，填写下半年时户数指标分解表

2022年全口径时户数月度分解表

单位：h·户

序号	单位	1月	2月	3月	4月	5月	6月	7月	8月	9月	10月	11月	12月
1	幸福区	835	326	660	443	1113	674	444	373	709	550	207	347
2	安康区	342	728	477	540	1005	574	232	296	562	911	689	125
3	曹县	1291	625	1704	1521	1378	1017	792	870	749	656	541	472
4	单县	571	1178	829	866	1241	973	633	635	982	721	841	473
5	莒县	591	584	690	1172	974	749	516	481	636	468	571	654
6	费县	412	452	484	519	1392	1472	1226	529	574	389	343	293

2022年预安排时户数月度分解表

单位：h·户

序号	单位	1月	2月	3月	4月	5月	6月	7月	8月	9月	10月	11月	12月
1	幸福区	540	144	410	144	709	214	156	110	518	408	118	263
2	安康区	30	520	255	320	698	215	35	108	392	752	610	56
3	曹县	730	77	908	756	508	191	143	237	271	237	160	155
4	单县	30	707	358	347	595	217	84	49	467	370	514	231
5	莒县	30	120	90	582	384	85	105	70	220	70	246	453
6	费县	30	170	90	125	898	778	739	75	245	60	85	105

2022年故障时户数月度分解表

单位：h·户

序号	单位	1月	2月	3月	4月	5月	6月	7月	8月	9月	10月	11月	12月
1	幸福区	295	182	250	299	404	460	288	263	191	142	89	84
2	安康区	312	208	222	220	307	359	197	188	170	159	79	69
3	曹县	561	548	796	765	870	826	649	633	478	419	381	317
4	单县	541	471	471	519	646	756	549	586	515	351	327	242
5	莒县	561	464	600	590	590	664	411	411	416	398	325	201
6	费县	382	282	394	394	494	694	487	454	329	329	258	188

试题九　综合场景（数据分析场景/停电计划平衡场景）

一、主要考点

指出停电事件维护存在的问题；停电需求分析（停电必要性、范围、时户数）；停电方案优化（负荷电流计算、停电顺序和施工方案、$N-1$校验等）；停电计划统筹。

二、考察重点

考察事件维护的规范性；配网检修和停电计划平衡。

三、试题及参考答案

第一部分　题目内容

武昌县供电公司供电总面积520km²，辖230个行政村，总人口45万人。请根据下列资料，分析武昌县电网现状、负荷及故障等情况，分析线路、网架等存在的问题不足，并提出电网规划、改造等建议，依照模板在3h内完成供电可靠性分析报告编制。

【参考资料】

资料1：武昌县供电公司主配网概况

资料2：9月停电计划需求收集表

资料3：武昌县供电公司区域电网拓扑图

资料4：110kV石墙变电站一次接线图

资料5：武昌县供电公司区域电网地理接线图

资料6：10kV满营线、白庄线单线图

资料7：武昌县供电公司变电站10kV配电线路明细表

资料8：8月23日武昌县调度运行日志及武昌县供电公司8月故障停电事件汇总表（部分）

资料9：35kV高河站10kV手车式开关维修工程施工方案

资料10：10kV满营线、白庄线配网检修施工方案

资料11：配电设备允许载流量表

【试题】

1. 请根据资料8，找出停电事件维护存在的问题（只描述问题，无需改正），并根据8月23日故障情况，补全8月故障停电事件（停电事件维护无需拆分到线段）。

2. 请根据资料8，计算2022年8月AENS、ASIDI、MIC、AENT-F、MID-F、SAIDI-F、FOLFI、FCBFI。

3. 请根据资料1～2、资料11，计算该用户的等效停电时间。

4. 请根据资料1～7，进行停电需求分析。

5. 请根据资料1～7、资料9～10，进行停电方案优化。

6. 请根据资料1~7、资料9~10，开展停电计划统筹。

7. 请根据资料1~7、资料9~10，制定远期改造方案。

资料1：武昌县供电公司主配网概况

武昌县供电公司目前10kV架空线路总长度1251.7km，电缆线路总长度131km，所辖变电站10kV出线间隔共计48个，待用间隔8个，无代维用户资产。2021年10kV配电变压器载容比为0.52，中压用户总数8785户，总容量5638.55MVA。

武昌县供电公司配网不停电作业开展较早，目前拥有绝缘斗臂车2台，10kV发电车1台（1000kW，自适应并网发电），0.4kV低压发电车1台（800kW，不能并网），带电作业人员15人，旁路作业装备1套（含旁路负荷开关1台及20m旁路电缆6根，额定电流200A），具备独立开展各类复杂作业能力。

武昌县供电公司注重客户用电体验，严格按照"能带不停，一停多用"的原则审核停电计划，全年同一用户不允许出现两次预安排停电，发生过停电（短时停电除外）的线路三个月内不得安排影响用户停电的工作计划。2021年8月，武昌县供电公司迎峰度夏封网运行，无计划停电安排。9月起，基建、运检等部门共提出6项停电检修需求。

资料2：

表1 9月停电计划需求收集表

序号	日期	停电时间	工作时间	停电范围	工作内容	影响用户（户）	是否异动	是否全线	提报单位
1	09/07~09/08	09/07 08:00~09/08 18:00	08:30~17:30	高河站：10kV高东线0101开关及线路	10kV Ⅰ 母线清扫及开关柜内部机构的维修更换；更换出线电缆	32	是	是	变电检修班
2	09/07~09/08	09/07 08:00~09/08 18:00	08:30~17:30	高河站：10kV高常线0102开关及线路	10kV Ⅰ 母线清扫及开关柜内部机构的维修更换；更换出线电缆	28	是	是	变电检修班
3	09/09~09/10	09/09 08:00~09/10 18:00	08:30~17:30	高河站：10kV高青线0107开关	10kV Ⅱ 母线清扫及开关柜内部机构的维修更换	0	否	否	变电检修班
4	09/09~09/10	09/09 08:00~09/10 18:00	08:30~17:30	高河站：10kV高官线0108开关	10kV Ⅱ 母线清扫及开关柜内部机构的维修更换	0	否	否	变电检修班
5	09/21	08:00~18:00	08:30~17:30	石墙站：10kV满营线全线	1. 10kV满营线#19~#22杆间线路迁改（架空下地改为电缆）2. 10kV满营线#17杆改耐张，并加装分段开关1台	12	是	是	开发区供电所
6	09/21	08:00~18:00	08:30~17:30	石墙站：10kV白庄线#15~#38杆	10kV白庄线#19~#22杆间线路迁改（架空下地改为电缆）	5	是	否	开发区供电所

注：均为需求单位报送，未经审核平衡。

资料3：

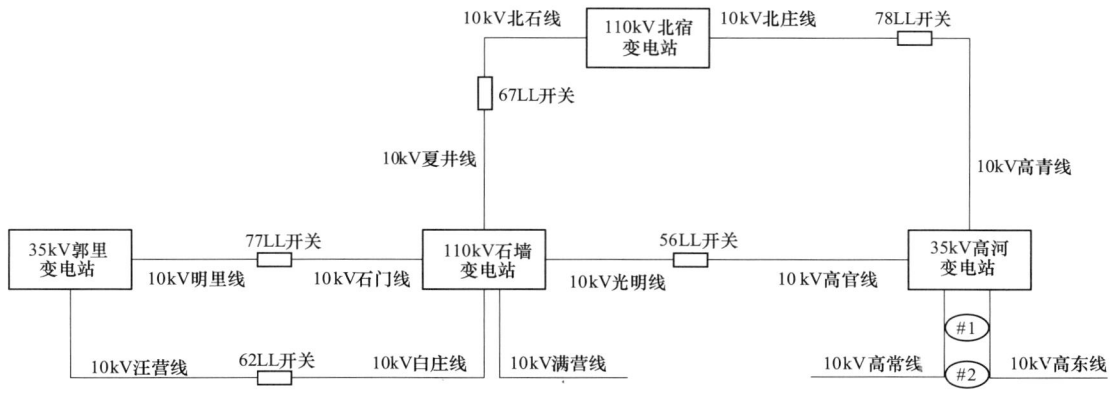

图1 武昌县供电公司区域电网拓扑图

注：图中所有10kV线路均无相角差。

资料4:

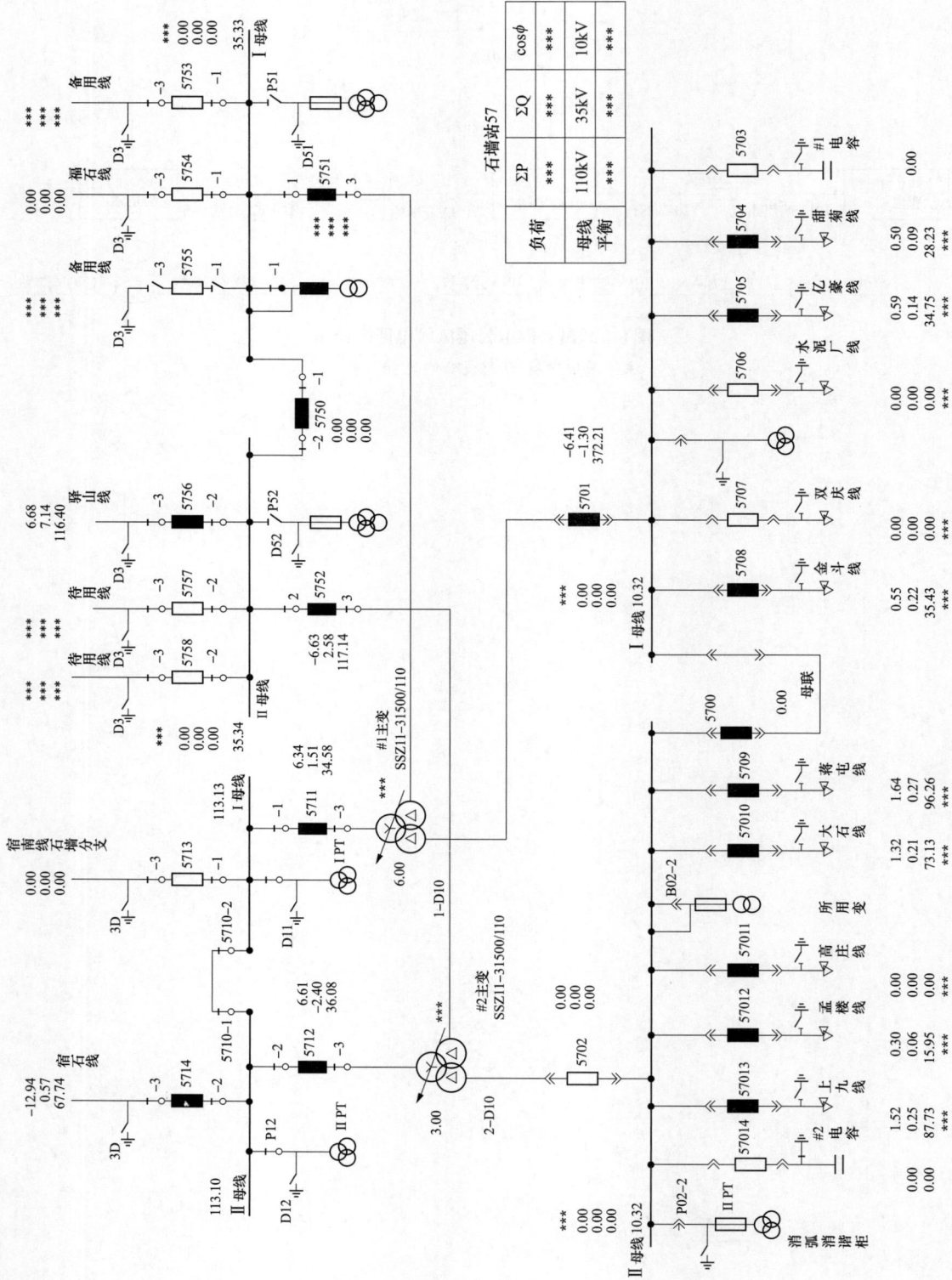

图2 110kV石墙变电站一次接线图

资料5：

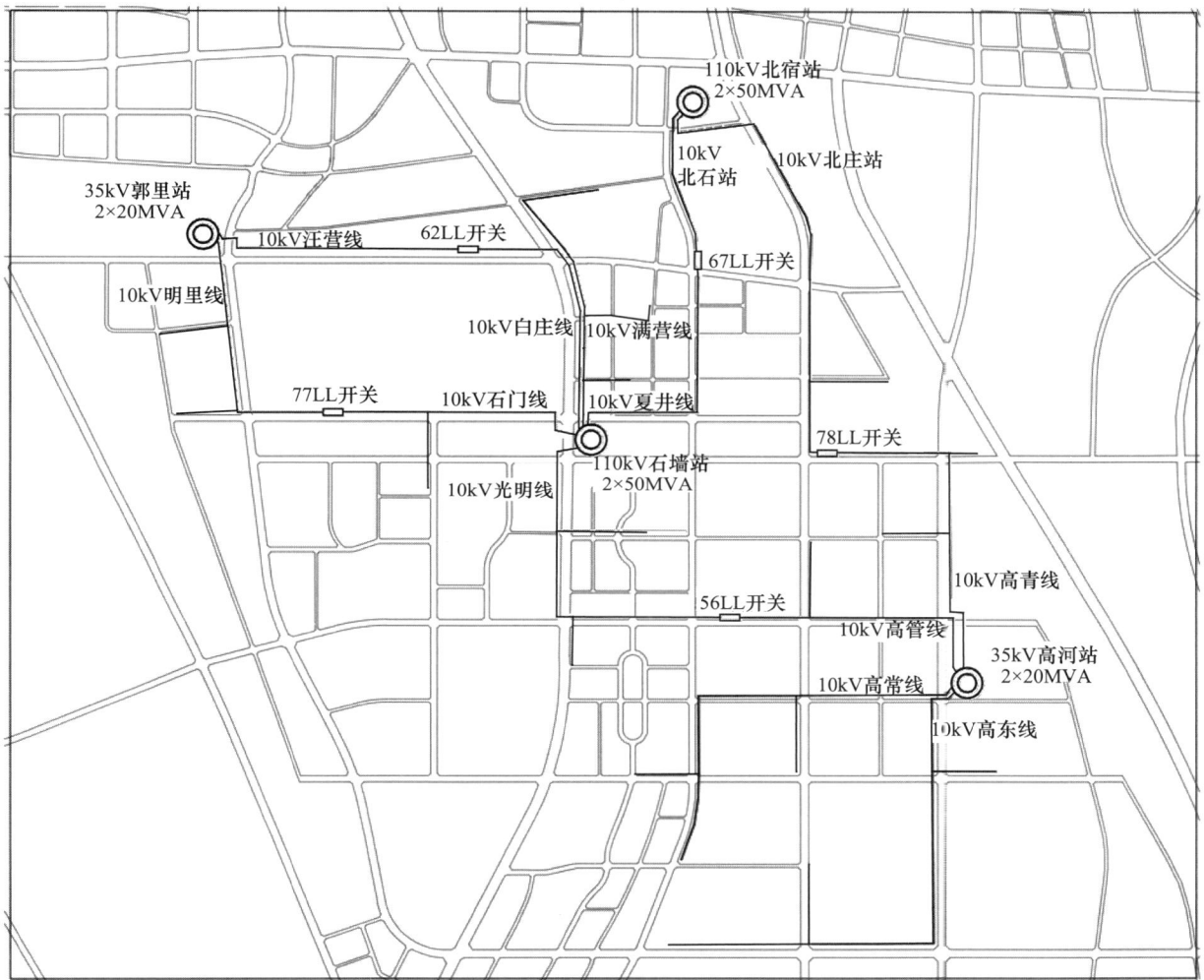

图3 武昌县供电公司区域电网地理接线图

资料6:

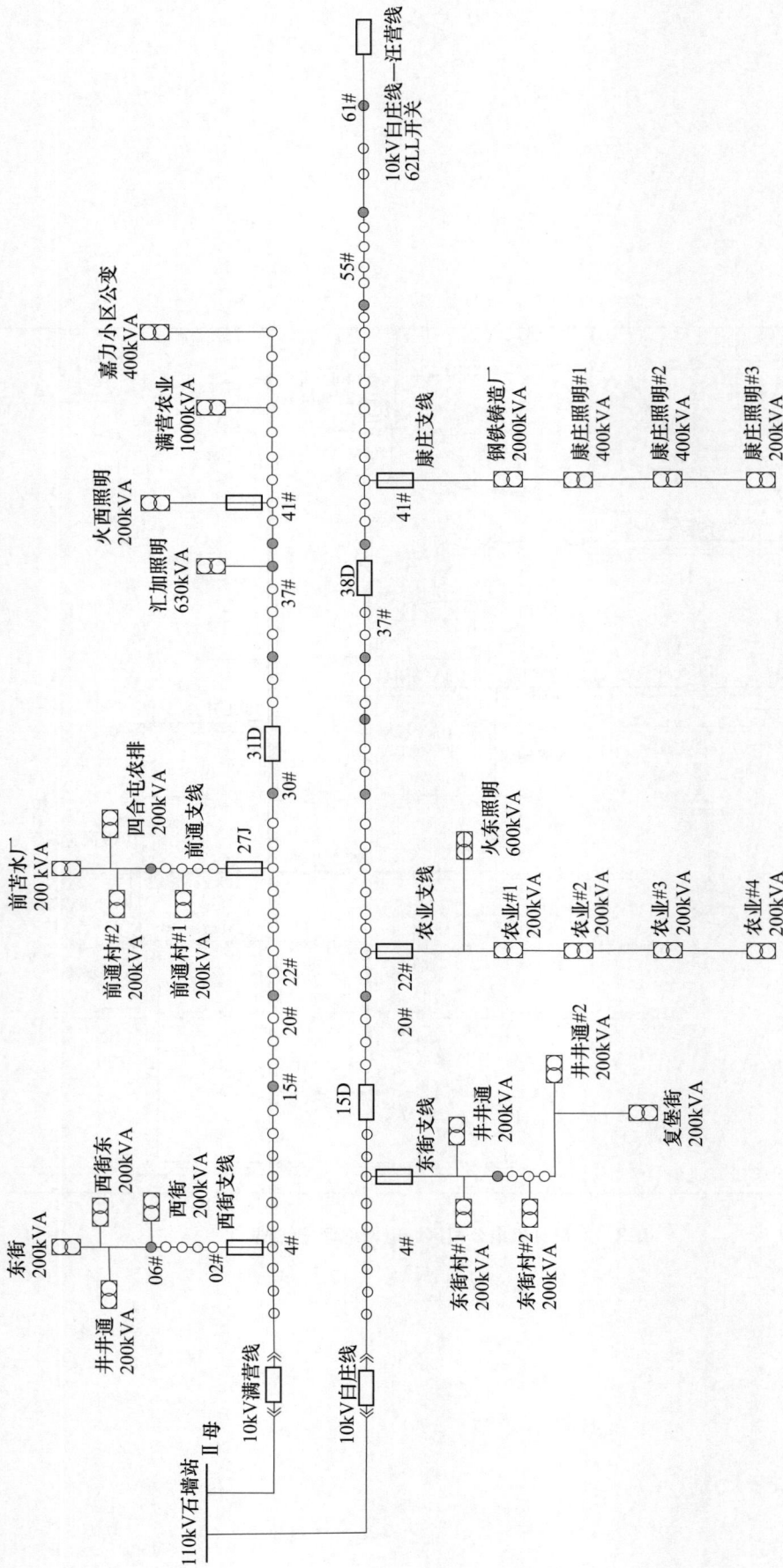

图4 10kV满营线、白庄线单线图

资料7：

表2　武昌县供电公司变电站10kV配电线路明细表

序号	线路名称	所属变电站	所在母线	等效用户数（户）	供电半径（km）	主干线导线型号	最大允许电流（A）	年度最大电流（A）	是否联络	联络线路所属变电站	联络线路名称
1	10kV石门线	110kV石墙站	I段	25	2.8	JKLGYJ-240	553	295	是	35kV郭里站	10kV明里线
2	10kV白庄线	110kV石墙站	I段	14	2.4	JKLGYJ-240	553	196	是	35kV郭里站	10kV汪营线
3	10kV满营线	110kV石墙站	I段	16	2.9	LGJ-185	465	220	否		
4	10kV光明线	110kV石墙站	II段	26	3.6	JKLGYJ-240 YJV22-3×400	553	185	是	35kV高河站	10kV高官线
5	10kV夏井线	110kV石墙站	II段	36	3.8	JKLGYJ-240 YJV22-3×400	553	262	是	110kV北宿站	10kV北石线
6	10kV汪营线	35kV郭里站	I段	20	2.8	JKLGYJ-240	553	280	是	110kV白庄站	10kV白庄线
7	10kV明里线	35kV郭里站	II段	16	2.4	JKLGYJ-240	553	226	是	110kV石墙站	10kV石门线
8	10kV高东线	35kV高河站	I段	32	4.0	JKLGYJ-240 YJV22-3×300	423	185	否		
9	10kV高常线	35kV高河站	I段	28	3.9	JKLGYJ-240 YJV22-3×300	423	161	否		
10	10kV高青线	35kV高河站	II段	40	6.2	JKLGYJ-240	553	271	是	110kV北宿站	10kV北庄线
11	10kV高官线	35kV高河站	II段	39	2.2	JKLGYJ-240	553	290	是	110kV石墙站	10kV光明线
12	10kV北庄线	110kV北宿站	I段	27	6.1	JKLGYJ-240	553	220	是	35kV高河站	10kV高青线
13	10kV北石线	110kV北宿站	II段	43	3.2	JKLGYJ-240	553	260	是	110kV石墙站	10kV夏井线

资料8：

表3　8月23日武昌县调度运行日志

08:01:25，110kV石墙站：10kV满营线0101开关速断跳闸动作，开关执行重合闸后，收到控制回路断线告警信号，08:01:27，#1主变001开关低后备跳闸动作，Ⅰ母失电，通知变电运维、变电检修人员现场检查设备运行情况，通知开发区供电所现场停电情况、重点对10kV满营线巡线
110kV石墙站10kVⅠ段母线失电后，导致所接带的白庄线0103间隔、石门线0102间隔失电，08:03:58，通过配电自动化主站启动一键转供程序，分开石墙站白庄线0103开关，08:04:19，合上白庄线—汪营线66LL联络开关，恢复白庄线供电
通过配电自动化主站启动一键转供程序，08:07:12，分开墙站石门线0102开关，08:08:10，合上石门线—明里线77LL联络开关，恢复石门线供电
08:53，变电运维、变电检修人员汇报，满营线间隔继电保护装置正常，故障类型为AB相间故障，故障电流3852A，开关重合闸后，因开关机构卡涩导致故障#1主变低后备越级跳闸动作，开关机构维修大约需要7h
08:57，开发区供电所汇报，满营线因施工机械撞断#18电杆，导致导线脱落，#17～#18相间导线有明显放电痕迹，需重新立杆紧线，大约需6h
14:35，开发区供电所汇报，满营线导线紧固完成，申请恢复送电
16:02:18，变电检修人员汇报，开关机构维修完成，满营0101开关处于分位，可以恢复送电
16:16:21，遥控合上#1主变低压侧001开关，恢复Ⅰ段母线供电
16:17:21，遥控合上满营线0101开关，恢复满营线供电
16:18:37，遥控合上白庄线0103开关，16:19:42，遥控分开白庄线—汪营线66LL联络开关，恢复白庄线正常运行方式供电
16:22:15，遥控合上石门线0102开关，16:23:26，遥控分开石门线—明里线联络77LL开关遥控分开，恢复石门线正常运行方式供电

武昌县供电公司8月汇总的部分故障停电事件汇总表可扫描右侧二维码下载并阅读，供选手测算及补录停电事件时使用。

武昌县供电公司8月故障停电事件汇总表（部分）

资料9：35kV高河站10kV手车式开关维修工程施工方案

一、改造背景

35kV高河变电站10kV出线开关在实际运行中曾发生以下事件：高东线开关发生机构卡涩，引起故障范围扩大。经拆解发现，原因为辅助开关拉杆处机械性能发生变化，动作过程中连杆有一定概率与螺母机械摩擦，导致分闸动作时间延长。为杜绝此类问题重复发生，武昌县供电公司计划按照母线轮停方式开展开关柜内部机构的维修更换及10kV母线清扫。

二、运行现状

35kV高河变电站主变2台（2×20MVA，主变接线组别均为YNd11），由北高线（主供）、芦高线（备供）双电源供电，10kV母线为单母线分段，其中Ⅰ段出线间隔4个，配出线路2条，Ⅱ段出线间隔4个，配出线路2条。公共线路分别为10kVⅠ段：高常线、高东线；10kVⅡ段：高官线、高青线。其中Ⅰ段高常线、高东线#1～#2杆共用杆塔，架空主干线型号均为JKLGYJ-240，站内开关至站外1号杆电缆型号为YJV22-3×300，与导线载流量不匹配，计划结合停电窗口一并更换。Ⅱ段高官线、高青线为YJV22-3×400，架空主干线型号均为JKLGYJ-240，10kV高官线主干线与石墙站10kV光明线主干线联络，10kV高青线主干线与北宿站10kV北庄线主干线联络。

根据历史负荷，预计10kV线路高常线、高东线、高官线、高青线、光明线、北庄线9月最高负荷分别将达到2.79、3.2、5.02、4.69、3.2、3.81MW。

三、施工计划

本次改造计划按照母线轮停方式将10kV开关柜进行内部机构的维修，其中10kV线路高常线、高东线同步更换出线电缆。变电检修班在勘查现场后制定了以下方案：9月7—8日（08:00～18:00），停用Ⅰ母线及出线开关；9月9—10日（08:00～18:00），停用Ⅱ母线及出线开关。

资料10：10kV满营线、白庄线配网检修施工方案

一、改造内容

武昌县政府计划在大运河西南侧沿河道新修运河路，110kV石墙站配出的10kV满营线、白庄线#20、#21两基电杆（白庄线与满营线#1～#41杆同杆架设）处于规划道路中央。根据政府道路施工计划，需在9月21—23日之间的窗口期内完成线路迁改。10kV满营线不满足三分段要求，结合本次改造，在线路#17加装分段开关一台。

二、线路运行状况

10kV满营线导线为LGJ-185、10kV白庄线导线JKLGYJ-240，#1～#41同杆架设。10kV满营线主干线分为两段，主干分段开关为满营线31D分段开关。10kV白庄线主干线分为3段，分段开关分别为白庄线15D开关、38D开关，10kV白庄线与35kV郭里站10kV汪营线联络，10kV汪营线主干为JKLGYJ-240。

三、施工方案

总体施工方案：拆除原#20、#21杆两基杆塔及#19～#22杆共3档导线，将原#19、原#22杆改为耐张杆，采用YJV22-3×400电缆顶管穿越并与原线路接续。具体分为以下4个步骤：

（1）9月20日，10kV满营线、白庄线新电缆顶管穿越，电缆头制作，电缆耐压试验。

（2）9月20日，23:30，10kV白庄线38D后负荷合环转至10kV汪营线运行。

（3）9月21日，08:00～18:00，10kV满营线全线、10kV白庄线#15～#38杆停电；将原#19、原#22杆改为耐张杆，并采用新电缆连接；10kV满营线#17杆改为耐张杆并加装分段开关一台。

（4）9月21日，23:30，10kV白庄线38D后负荷恢复原运行方式。

四、情况说明

10kV满营线、白庄线#19～#22杆处为河堤，无法开展带电作业。

因9月21日线路迁改，10kV白庄线部分负荷需转移至汪营线接带，计划对钢铁铸造厂限制部分负荷，其情况如下：钢铁铸造厂报装于2019年8月，报装容量2000kVA，报装以来最大运行负荷1620kVA。

2021年9月12日，通知铸造厂9月21日因线路迁改，需限制部分负荷运行，仅保留安保等200kVA重要负荷，限电时间自08:00开始，预计结束时间为18:00，具体以限电结束通知为准。

资料11：配电设备允许载流量表

表4   10kV架空绝缘导线允许载流量

单位：A

导体标称截面（mm²）	铜导体	铝导体
35	211	164
50	255	198
70	320	249
95	393	304
120	454	352
150	520	403
185	600	465
240	712	553
300	824	639

表5   10kV三芯电力电缆允许载流量

单位：A

绝缘类型		交联聚乙烯			
钢铠护套		无		有	
敷设方式		空气中	直埋	空气中	直埋
缆芯截面（mm²）	35	123	110	123	105
	50	146	125	141	120
	70	178	152	173	152
	95	219	182	214	182
	120	251	205	246	205
	150	283	223	278	219
	185	324	252	320	247
	240	378	292	373	292
	300	433	332	428	328
	400	506	378	501	374
	500	579	428	574	424
环境温度（℃）		40	25	40	25
土壤热阻系数（K·m/W）			2.0		2.0

注：1. 表中系铝芯电缆数值：铜芯电缆的允许持续载流量值可乘以1.29。

2. 缆芯工作温度大于70℃时，允许载流量的确定还应符合下列规定：数量较多的该类电缆敷设于未装机械通风的隧道、竖井时，应计入对环境温升的影响；电缆直埋敷设在干燥或潮湿土壤中，除实施换土处理等能避免水分迁移的情况外，土壤热阻系数取值不宜小于2.0K·m/W。

第二部分 参考答案

1．请根据资料8，找出停电事件维护存在的问题（只描述问题，无需改正），并根据8月23日故障情况，补全8月故障停电事件（停电事件维护无需拆分到线段）

8月故障停电明细

序号	线路名称	停电性质	起始时间	终止时间	持续时间（h）	停电户数（户）	停电时户数（h·户）	停电设备	责任原因	备注
1	满营线	内部故障停电	2021/08/23 08:01:27	2021/08/23 16:17:21	8.27	12	99.20	杆塔	外部施工影响	施工机械撞断电杆
2	石门线	内部故障停电	2021/08/23 08:01:27	2021/08/23 08:08:10	0.12	17	1.98	10kV馈线设备	10kV馈线系统设施故障	站内开关拒动
3	白庄线	内部故障停电	2021/08/23 08:01:27	2021/08/23 08:04:19	0.05	14	0.70	10kV馈线设备	10kV馈线系统设施故障	站内开关拒动

存在问题如下：

（1）8月3日石门线线故障，责任原因错误，应为其他外力因素。

（2）8月12日董村线故障，停电性质错误，应为内部故障停电。

（3）8月15日城市6#线故障，停电设备错误，应选故障设备的最末一级。

（4）8月8日工业3线故障，停电设备错误，应选用户设备。

（5）8月18日郭里线故障，停电设备错误，应选用户设备。

时长<1min停电事件可不予统计，但不算错误。

8月2日郭里村线停电责任原因按具体情况分析，可能为运行管理原因，不算错误。

2．请根据资料8，计算2022年8月AENS、ASIDI、MIC、AENT-F、MID-F、SAIDI-F、FOLFI、FCBFI

用户平均停电缺供电量（AENS）=∑每次停电缺供电量/总用户数=∑（单次停电时间×停电容量×0.52）/总用户数=82830.40/8785=9.42（kWh/户）

其中缺供电量由Excel公式筛选求和得出。

系统平均等效停电时间（ASIDI）=∑（每次停电容量×每次停电时间）/系统供电总容量=159320.83/5638550=0.03（h）

平均停电用户数（MIC）=∑每次停电用户数/停电次数=419（Excel筛选求和）/20=20.95（户/次）

故障停电平均缺供电量（AENT-F）=∑每次故障停电缺供电量/故障停电总次数=82830.40/20=4141.52（kWh/次）

故障停电平均持续时间（MID-F）=∑故障停电时间/故障停电次数=70.64/20=3.53（h/次）

（Excel选中单次停电线段中的最大时间求和）

系统平均故障停电时间（SAIDI-F）=∑（每次故障停电时间×每次故障停电用户数）/总用户数=（Excel筛选求和）1134.84/8785=0.13（h/户）

（FOLFI）架空线路故障停电次数为9次（Excel筛选裸导线和绝缘线求和）

架空线路百公里年＝1251.7×31/100/365＝1.063（100km·年）

架空线路故障停电率（FOLFI）＝架空线路故障停电次数/架空线路百公里年＝9/1.063＝8.47［次/（100km·年）］

出线开关故障次数为1次。

出线断路器百台年＝48×31/100/365＝0.041（100台·年）

出线断路器故障停电率（FCBFI）＝1/0.041＝24.39［次/（100台·年）］

3．请根据资料1~2、资料11，计算该用户的等效停电时间

假如因10kV满营线改造施工进度加快，于16:45分完成恢复正常运行方式供电，16:58供电所通知铸造厂解除限电，可以恢复正常运行负荷，17:10铸造厂恢复正常生产，运行负荷为1500kVA。

等效停电时间＝限电时间×（1－限电后允许的容量/限电前实际的供电容量）＝（16:58－08:00）×（1－200/2000）＝8.967×0.9＝7.77（h）

4．请根据资料1~7，进行停电需求分析

（1）主网维修改造工程。

1）工程内容：35kV高河站10kV开关柜内部机构的维修更换，同步开展10kV母线清扫；10kV高常高东线载流量不匹配需更换电缆。

2）停电必要性是/否：10kV开关柜内部机构的维修更换，能够解决拒动隐患，结合停电开展母线清扫预试，同时更换10kV高常线、高东线电缆，停电必要性充足。

3）停电范围和影响：Ⅰ段母线、出线开关及10kV高常线、高东线全线停电；Ⅱ段母线及各出线开关停电。

4）预计停电时户数＝（24+10）×（28+32）=2040（h·户）。

（2）配网停电检修。

1）工程内容：10kV满营线和白庄线#19、#22杆改为耐张杆，#19~#22杆线路由架空改为电缆入地；10kV满营线#17改为耐张杆并加装开关一台。

2）停电必要性是/否：该工程为配合政府道路修建，工作必要性较强。线路位于河堤处，现有条件下难以通过带电作业的方式直接开展，停电必要性充足。

3）停电范围和影响：10kV满营线全线用户停电；10kV白庄线15D~38D断路器间线路停电，钢铁铸造厂限电。

4）预计停电时户数=10×（12＋5）＋10×（1－200/1500）=178.67（h·户）。

5．请根据资料1~7，资料9~10，进行停电方案优化

要求方案优化过程中，Ⅰ、Ⅱ段母线负荷分配最优，并需进行N－1通过率核查，保留2位有效数字。

（1）主网维修改造工程方案优化。

1）计算9月最大负荷对应电流。10kV高常线161.09A、10kV高东线184.76A、10kV高官289.84A、10kV高青线270.79A、10kV光明线184.76A、10kV北庄线219.98A。

2）根据预测计算，9月10kV高常线、高东线最大电流均小于旁路开关额定电流，可以采用旁路开关在10kV高常线与10kV高东线#2杆处建立临时联络。

3）优化停电顺序及施工方案。为确保Ⅰ、Ⅱ段母线负荷分配最优，通过此次检修，计划将10kV高青线由Ⅱ母出线间隔调整为Ⅰ母出线间隔、10kV高常线由Ⅰ母出线间隔调整为Ⅱ母出线间隔，最终Ⅰ段母线最大负荷为7.89MVA，Ⅱ段母线最大负荷7.81MVA（或者高官线调至Ⅰ母、高东线调至Ⅱ母的方式。最终组合方式：高官＋高常、高青＋高东，共母线均可）。

　　为实现Ⅰ段母线及接带的高常线、高东线开关检修期间线路不对外停电，停电顺序及方案优化如下：

　　第一步：首选安排Ⅱ母线及出线开关停电检修，将10kV高官线转至联手10kV光明线接带，将10kV高青线转至联手10kV北庄线接带，分开站内开关后，通过带电作业分别解开10kV高官线、高青线#1杆电缆接头。

　　第二步：在10kV高东线、高常线#2杆加装旁路开关，通过旁路将10kV高常线负荷转至10kV高东线接带。分开10kV高常线站内开关后，通过带电作业解开高常线#1电缆接头。10kV高常线从开关机构检修后的Ⅱ母待用间隔新敷设YJV22-3×400规格电缆至高常线#1杆，试验合格。

　　第三步：待Ⅱ母线及出线开关停电检修完成后，将10kV高常、高官线#1杆电缆带电T接并核相，10kV高官线恢复原运行方式供电，10kV新高常线恢复站内送电后，分开旁路开关（不拆除）。

　　第四步：安排Ⅰ母线及出线开关停电检修，首先合上10kV高常线、高东线旁路开关，分开站内高东线开关，带电作业解开10kV高东线#1杆电缆接头。在Ⅰ母线及出线开关停电检修期间，将10kV高青线由Ⅱ母间隔调至Ⅰ母出线间隔，从10kV高东线间隔新敷设YJV22-3×400至高东线#1杆，试验合格。

　　第五步：待Ⅰ母线及出线开关停电检修完成后，通过带电作业将10kV高东线、高青线T接至#1杆，站内核相正确后，恢复10kV高青线供电，合上10kV高东线站内开关、分开并拆除旁路开关。

　　通过上述优化方案，实现母线、出线开关检修期间均不对外停电，同步解决高常线、高东线出线电缆与导线载流量不匹配问题。

　　4）$N-1$校验。

　　a）9月10kV高常线、高东线最大电流之和为345.85A，Ⅱ段母线备用间隔新出线电缆YJV-3×400载流量482.46（直埋）/646.29A（空气），满足同时接带Ⅰ段母线两条线路能力。

　　b）10kV高官线：9月最大电流289.84A与其联络的10kV光明线最大电流184.76A，测算总负荷最大电流为474.6A，光明线最大允许电流值553A，满足$N-1$转带运行条件。

　　c）10kV高青线：9月最大电流270.79A，与其联络的10kV北庄线219.98A，测算总负荷最大电流为490.77A，北庄线最大允许电流553A，满足$N-1$转带运行条件。

　　优化后，原需要停电的2条线路均实现了带电配合改接，停电时户数为0，减少停电34×60＝2040（h·户）。

　　（2）配网停电检修方案，如有限电按照限电前满负荷，等效停电时户数计算。

　　10kV满营线因8月发生故障停电一次，根据公司对线路检修的工作要求"发生过停电的线路三个月内不得安排影响用户停电的工作计划"，该线路9月不能再出现用户停电。优化方案如下：

　　1）10kV满营线#17杆开关加装。

　　方案1：在满营线故障抢修期间，将#17杆改为耐张杆并加装分段开关的工作提前完成，检修期间利用此开关隔离工作区段。

　　方案2：9月20日前，通过带电作业完成#17杆改为耐张杆并加装分段开关的工作，供检修使用。

　　2）10kV满营线与白庄线#38～#41杆同杆架设，可以通过带电作业安装旁路开关作为10kV满营线与10kV白庄线临时联络开关，加装至#39、#40杆或#41杆均可。

　　3）计算线路各区段可接带容量，判断转供范围。

　　a）10kV汪营线允许接带最大容量＝（553－280）×10×1.732＝4728.36（kVA）

10kV白庄线38D开关至末端容量＝2000＋400＋400＋200＝3000（kVA）

10kV满营线31D至末端容量＝400＋1000＋200＋630＝2230（kVA）

合计为5230kVA，10kV汪营线无法接带白庄和满营后段全部负荷。根据汪营线可接带容量，对钢铁铸造厂进行限电（保留200kVA重要负荷），调整后可满足接带需求。

b）10kV白庄线与满营线联络开关接待最大容量＝200×10×1.732＝3464（kVA）

10kV满营线31D至末端容量为2230kVA，满足旁路开关额定电流。

根据负荷校验，负荷转供方案为：后段通过旁路开关搭建联络，转供10kV满营线31D至末端、10kV白庄线38D至联络开关间负荷，对钢铁铸造厂进行限电。

4）10kV满营线无法转供的前通支线4用户总容量为800kVA，可通过中压发电车（1000kVA）供电，10kV白庄线农业支线无法通过其他方式转接负荷，检修期间停电。

5）综上所述，10kV白庄线31D值末段、10kV满营线38D至末段负荷通过合环调电的方式调整负荷至10kV汪营线接带，对钢铁铸造厂进行限电；10kV满营线前通支线通过中压发电车供电；10kV满营线#17杆之前、10kV白庄线#15杆之前不停电。

优化后减少满营线10×12＋10×200/2000＝121（h·户）

6．请根据资料1～7，资料9～10，开展停电计划统筹

（1）统筹考虑一停多用，确定经分析平衡后的最终停电计划。

变电检修Ⅰ、Ⅱ母线停电检修工作进行调整，首先停Ⅱ段、再停Ⅰ段。

9月3～4日主网检修工作中，高常线（或高东线）增加调整间隔工作内容。

9月21日10kV满营线配网检修工作中，因在抢修期间已完成10kV满营线#17杆分段开关的加装，10kV满营线减少该条工作内容。

平衡后的停电计划表

序号	日期	停电时间	工作时间	停电范围	工作内容	影响用户	是否异动	是否全线	提报单位
1	09/07～09/08	09/07 08:00～09/08 18:00	09/07 08:30～09/8 17:30	高河站：10kVⅡ母线及待用出线间隔开关、10kV高青线0107开关、10kV高官线0108开关	10kVⅡ母线清扫及开关柜内部机构的维修更换；10kV高官线出线电缆拆除；待用间隔新电缆接入	0	是	是	变电检修班、开发区供电所
2	09/09～09/10	09/09 08:00～09/10 18:00	09/09 08:30～09/10 17:30	10kVⅠ母线及待用出线间隔开关、10kV高东线0101开关、10kV高常线0102开关	10kVⅠ母线清扫及开关柜内部机构的维修更换；10kV高东线0101开关出线电缆拆除；10kV高常线更换出线电缆；10kV高官线出线电缆接入原高东线0101间隔	0	是	是	变电检修班、开发区供电所
3	09/21	08:00～18:00	08:30～17:30	石墙站：10kV白庄线15D开关至38D开关之间	10kV白庄线#19～#22间电杆迁改（架空下地改为电缆）	5	是	否	开发区供电所

续表

序号	日期	停电时间	工作时间	停电范围	工作内容	影响用户	是否异动	是否全线	提报单位
4	09/21	08:00～18:00	08:30～17:30	石墙站：10kV满营线17D开关至31D开关之间	10kV满营线#19～#22杆间电杆迁改（架空下地改为电缆）	0	是	否	开发区供电所

注：因此计划为停电计划平衡，故站内间隔及新电缆出线启动送电计划不填写。

（2）计算9月系统预安排停电率。

系统预安排停电率＝（系统总预安排停电次数/统计期间线路百公里数）×（全年小时数/统计期间小时数）＝［1/（12.517＋1.31）］×（365/30）＝0.88［次/（100km·年）］

7．请根据资料1～7、资料9～10，制定远期改造方案

（1）10kV高常线、高东线。通过配农网工程将10kV高常线、高东线末端线路进行联手，同时在35kV高河站站内开关柜维修过程中已将10kV高常线（或10kV高东线）调至Ⅱ母出线间隔，因此线路末端联络后可实现同站异母线联络。

（2）10kV满营线。自110kV北宿站新配出1条10kV线路，与10kV满营线末端进行联络，同时联络开关调整至10kV满营线31D开关，达到均匀两条线路负荷的目的。

（3）10kV北庄线、高青线。目前虽然10kV北庄、高青线实现了异站联绕，但因为其供电区域跨越110kV石墙站供电范围，供电半径较大。因此改造方案为自110kV石强站配出2条配电线路，在10kV高青县78LL开关位置分别联手，分别形成与10kV北庄线、高青线线路联络，同时调整联手开关的位置，均匀负荷。

试题十 组合场景（数据分析场景/辅助规划决策场景）

一、主要考点

可靠性中压线段台账变更维护、中压用户台账变更维护，根据调度日志开展中压运行事件分析维护、停电时户数计算，负荷密度计算，供电区域类型确定及指标预控，网架结构优化。

二、考察重点

对基础数据维护原则、结合调度日志等对运行事件完整性准确性的分析能力、可靠性基础指标计算能力、配电网网架合理规划能力，对可靠性基础知识及配网规划的掌握和实际应用水平。

三、试题及参考答案

第一部分 题目内容

根据下列资料，结合分析优化结果，依照模板在3h内完成万城区配电网供电可靠性分析报告。要求章节清晰明了、分段分类合理、语言表达清晰无语病且计算过程清晰、各项数据正确。

【参考资料】

资料1：万城区主配网概况、可靠性时户管控情况

资料2：万城区配电网地理接线图及线路概况

资料3：国家级高新产业园区10kV配电线路明细表

资料4：万城区2021年时户数月度分解表

资料5：9月28日调度运行日志

资料6：万城区部分10kV配电线路单线图

资料7：10kV郏薛线、农西线部分情况说明

【试题】

1. 请根据资料2~3、资料5~7，完善变更的线段和用户台账：

（1）可靠性线段台账。

（2）可靠性用户台账（仅填写临湖月环网柜挂接的用户）。

2. 请根据资料1~7，进行可靠性指标计算分析（保留到小数点后2位）：

（1）供电区域负荷密度（σ）。

（2）每条10kV配电线路停电时户数。

（3）此次强对流天气产生的用户平均停电时间。

3. 请根据资料5，核查该地区9月28日运行数据明细。

4. 截至9月27日，万城区总时户数消耗为7200h·户，预计年底会超出年度目标值，需要将用户平均停电时间控制在合理范围之内。经测算，四季度计划停电可以压降10%。请根据资料1、资料4，计算故障停电需要压降的时户数。

5．请根据资料2～3、资料6～7，分析万城高新技术产业园区内配网网架存在的问题及改进提升方案。

资料1：万城区主配网概况、可靠性时户管控情况

万城区位于省会城市市区，共有等效用户4525户，其中公变用户2500户、专变用户2025户。万城区北侧为坛山国家级新能源产业区，其中坛山为荒山，山区总面积26km²，山区南部建有约12km²光伏示范区，光伏用户容量约8MW。2021年万城区最大饱和负荷达到612MW。

万城区积极出台高科技产业政策，建成国家级万城高新技术产业园区，范围为承水路以南、解放路以东、郏薛路以北、仙坛路以西（图中标黄虚线区域），区域内配网网架结构还不完善，需要进行提升。其中跃进路和红旗路交会西南侧计划新设CBD国际中心，负荷容量约4500kVA。

万城区执行预算式管控要求，2021年全年停电账户预算8145h·户，平均停电时间1.8h/户，供电可靠率99.9795%。其中预安排停电账户3138h·户，故障停电账户5007h·户。

资料2：

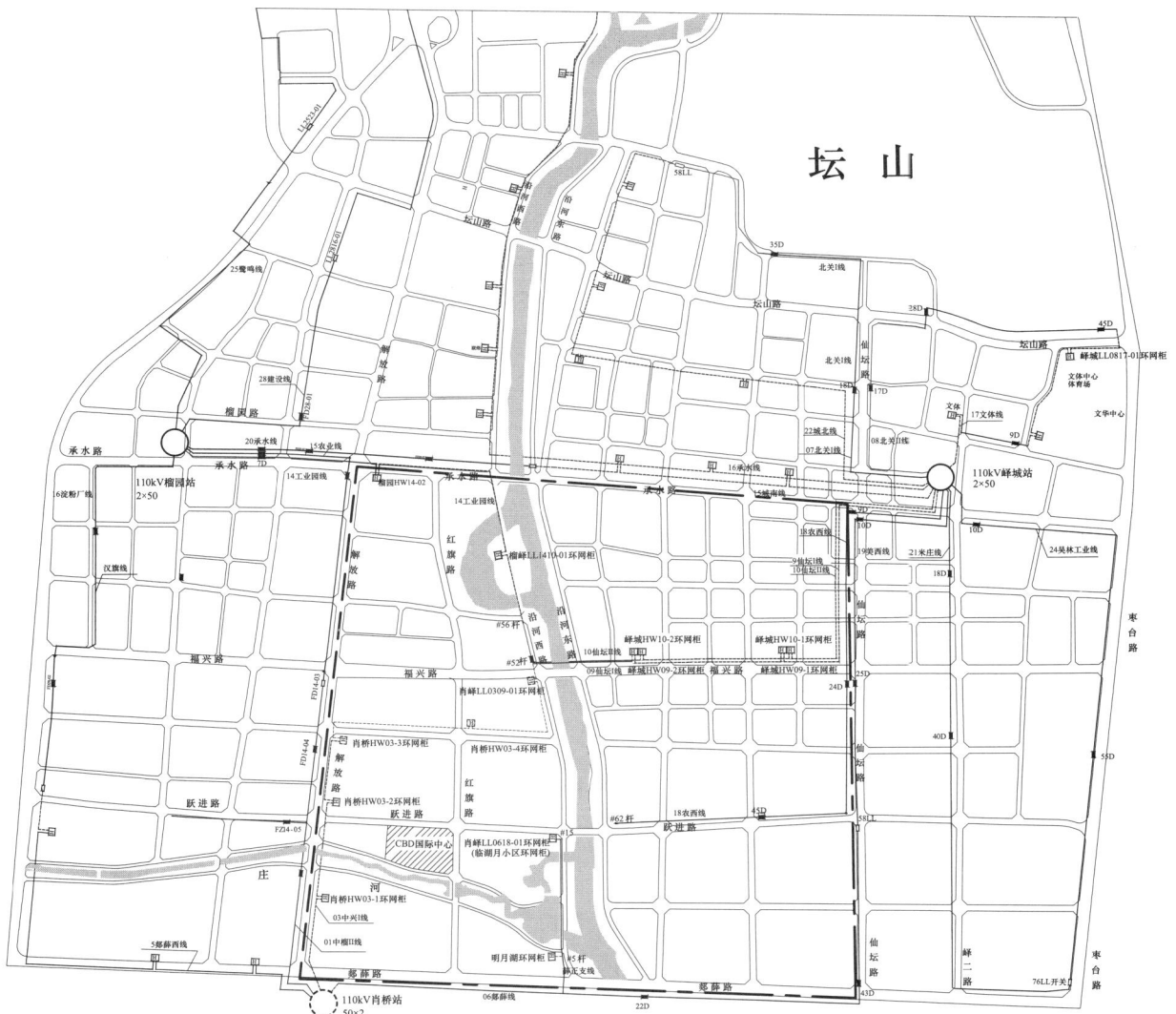

图1 万城区配电网地理接线图及线路概况

资料3：

表1 国家级高新产业园区10kV配电线路明细表

序号	线路名称	所属变电站	所在母线	变压器数量（台）	供电半径（km）	主干线导线型	最大允许电流（A）	年度最大电流（A）	是否联络	联络线路所属变电站	联络线路名称
1	10kV14工业园线	110kV榴园站	Ⅱ段	20	2.4	JKLGYJ-240 YJV22-3×400	553	295	是	10kV10仙坛Ⅱ线	110kV峄城站
2	10kV10仙坛Ⅱ线	110kV峄城站	Ⅱ段	23	3.2	JKLGYJ-240 YJV22-3×400	553	196	是	10kV14工业园线	110kV榴园站
3	10kV10仙坛Ⅰ线	110kV峄城站	Ⅱ段	12	2.7	JKLGYJ-240 YJV22-3×400	553	220	是	10kV03中兴Ⅰ线	110kV肖桥站
4	10kV18农西线	110kV峄城站	Ⅱ段	32	3.3	JKLGYJ-240 YJV22-3×400	553	215	否		
5	10kV03中兴Ⅰ线	110kV肖桥站	Ⅱ段	22	2.5	YJV22-3×400	482	185	是	10kV09仙坛Ⅰ线	110kV峄城站
6	10kV19美西线	110kV峄城站	Ⅰ段	35	2.9	JKLGYJ-240 YJV22-3×400	553	220	是	10kV06郯薛线	110kV肖桥站
7	10kV06郯薛线	110kV肖桥站	Ⅰ段	26	3.6	JKLGYJ-240 YJV22-3×400	553	362	是	10kV19美西线	110kV峄城站

资料4：

表2 万城区2021年时户数月度分解表 单位：h·户

序号	单位	2021年全口径时户数月度分解表											
		1月	2月	3月	4月	5月	6月	7月	8月	9月	10月	11月	12月
1	幸福所	106	47	95	64	158	97	97	84	124	95	40	60
2	安康所	30	105	69	78	145	82	62	69	105	154	110	28
3	南城所	171	90	245	219	199	147	159	169	142	124	104	90
4	中心所	64	169	119	125	178	140	129	132	177	128	144	85
5	工业园区	66	89	99	169	140	108	102	98	120	95	104	108
6	北城所	41	65	70	75	200	212	212	110	106	79	68	56

序号	单位	2021年预安排时户数月度分解表											
		1月	2月	3月	4月	5月	6月	7月	8月	9月	10月	11月	12月
1	幸福所	78	21	59	21	100	31	23	16	75	59	17	38
2	安康所	0	75	37	46	100	31	5	15	57	108	88	8
3	南城所	105	11	131	109	73	28	21	34	39	34	23	23
4	中心所	0	102	52	50	86	32	12	7	67	53	74	33
5	工业园区	0	17	13	84	55	12	15	10	32	10	35	65
6	北城所	0	24	13	18	129	112	106	11	35	8	12	15

序号	单位	2021年故障时户数月度分解表											
		1月	2月	3月	4月	5月	6月	7月	8月	9月	10月	11月	12月
1	幸福所	28	26	36	43	58	66	74	68	49	36	23	22
2	安康所	30	30	32	32	45	51	57	54	48	46	22	20
3	南城所	66	79	114	110	126	119	138	135	103	90	81	67
4	中心所	64	67	67	75	92	108	117	125	110	75	70	52
5	工业园区	66	72	86	85	85	96	87	88	88	85	69	43
6	北城所	41	41	57	57	71	100	106	99	71	71	56	41

资料5：9月28日调度运行日志

9月28日，万城区发生了极端强对流天气，个别地区风速8级、部分地区累计降水量达到60～150mm，城区出现树木倒伏及河流水位上涨险情，导致多条配电线路出现故障跳闸，具体线路跳闸日志如表3所示。

表3　线路跳闸日志

序号	单位	厂站	班次	日志类型	日志内容	当班人员
1	南城所	肖桥站	2021/09/28	设备跳闸	06:23，110kV肖桥站：10kV郯薛线06开关速断跳闸，主站收到明月湖环网柜#1间隔速断故障信息，遥控分开明月湖环网柜1间隔后，站内重合成功。通知南城王清津带电查线，通知监测指挥班张蕊蕊做好客户解释工作。 06:50，王清津汇报：故障原因是薛正支线#7～#13位于河堤内，因雨水冲泡，大量倒杆，造成相间短路跳闸。现场河水满溢，无法进行倒杆恢复抢修。 08:10，王清津汇报：故障区段无法抢修，计划将临湖月环网柜负荷通过新建线路，永久改接至临近的10kV农西线供电：新建水泥杆3基，架空线路130m，与10kV农西线#62杆连接，通过电缆接入临湖月环网柜2间隔。现已将薛正支线#6～#14导线断开，明月湖环网柜经检查试验无问题，可以恢复送电。 08:20，合上明月湖环网柜#1间隔开关。 09:00，通知南城王清津、监测指挥班张蕊蕊计划于9月29日16:00～18:00，拉开10kV农西线45D开关，将新架设线路接入#62杆，需通知用户并做好解释工作。 9月29日16:50，拉开10kV农西线45D开关；17:20，工作完成；17:25合上10kV农西线45D开关，恢复送电	崔朝丽
2	中心所	榴园站	2021/09/28	紧急抢修	06:45，中心所祖冠军汇报因水位持续上涨、河水倒灌，10kV工业园线榴峄LL1410-01环网柜开始进水，有人身触电隐患，依规申请紧急停电。 06:50，拉开10kV工业园线榴园HW14-02环网柜2间隔开关。 06:55，拉开10kV仙坛Ⅱ线52D开关（10kV工业园线通过榴峄LL1410-01环网柜与10kV仙坛Ⅱ线联络）。 07:20，北城刘志新汇报：10kV工业园线榴峄LL1410-01环网柜进水，水位超过基础50cm，环网柜无法继续运行，需要进行更换，申请做好相关的安全措施。 9月29日18:50，刘志新汇报：抢修工作完成（环网柜处于分位），可以恢复送电。 9月29日18:55，工业园线榴园HW14-02环网柜2间隔送电成功。 9月29日19:05，10kV工业园线榴峄LL1410-01环网柜1间隔开关送电成功。 9月29日19:08，10kV仙坛Ⅱ线62D开关送电成功	唐吉民
3	北城所	峄城站	2021/09/28	设备跳闸	07:43，峄城站：10kV北关Ⅰ线07开关速断跳闸，自愈成功。配电自动化系统显示：北关Ⅰ线18D开关跳闸，系统判定故障区间为北关Ⅰ线18D到北关Ⅰ线35D之间，北关Ⅰ线35D末端负荷通过联络开关58LL自动转接。通知北城李丙州带电查线，通知监测指挥班王芬做好客户解释工作。 08:09，李丙州汇报：10kV北关Ⅰ线#22～#23杆AB相绝缘导线被倒伏大树砸断，#23杆折断。 17:20，李丙州汇报：故障处理完成，可以恢复送电。 17:25，合上10kV北关Ⅰ线18D开关，遥控合上10kV北关Ⅰ线35D开关，遥控分开北关Ⅰ线—城北线联络开关58LL	崔朝丽

续表

序号	单位	厂站	班次	日志类型	日志内容	当班人员
4	输电运检中心、南城所	青檀站、峄城站	2021/09/28	设备跳闸	07:45:02，220kV青檀站：110kV青峄线故障跳闸重合失败，110kV峄城站：线路备投成功，负荷转移至110kV明峄线接带，通知输电运检中心巡线。 07:45:03，110kV峄城站：10kV米庄线故障跳闸重合失败，联络开关为半自动模式，米庄线全线失电，通知南城所巡线。 08:32，输电运检中心、南城所共同汇报，因大风天气将附近彩钢瓦刮到110kV青峄线#17～#18杆间A相导线后导致断线掉落在下方的10kV米庄线#13～#14杆间导线上引起110kV青峄线、10kV米庄线故障跳闸。 08:39:28，遥控分开米庄线18D开关。 08:40:37，遥控合上米庄线—吴林工业线76LL联络开关，恢复非故障区线路供电。 10:49，南城所汇报，已将故障点异物清理，110kV青峄线计划具备条件后，通过搭建跨越架的方式对110kV青峄线进行断线抢修，申请恢复米庄线#1～#18供电。 10:54:21，遥控合上110kV峄城站米庄线21开关。 10:56:03，遥控合上米庄线18D开关。 10:57:18，遥控分米庄线—吴林工业线76LL联络开关，恢复原方式供电	崔朝丽
5	北城所	峄城站	2021/09/28	设备跳闸	08:09，峄城站：10kVⅠ段母线A相接地，小电流接地选线显示为10kV北关Ⅱ线接地故障。通知北城苏文华对10kVⅠ母线配出10kV美西线、北关Ⅱ线、文体线进行带电查线，重点排查10kV北关Ⅱ线。 08:49，苏文华汇报：未发现明显故障点。 08:51，拉开10kV北关Ⅱ线08开关，接地未消失。 08:53，合上10kV北关Ⅱ线08开关。 08:56，10kV美西线19开关速断跳闸，主站遥控分开25D开关后，08:58站内重合成功，Ⅰ母线接地故障消失。 10:30，苏文华汇报：10kV美西线#28～#29电缆中间接头老化烧坏，正在组织抢修。 13:50，苏文华汇报：故障处理完成，可以恢复送电。 13:56，10kV美西线25D开关送电成功	崔朝丽

资料6：万城区部分10kV配电线路单线图

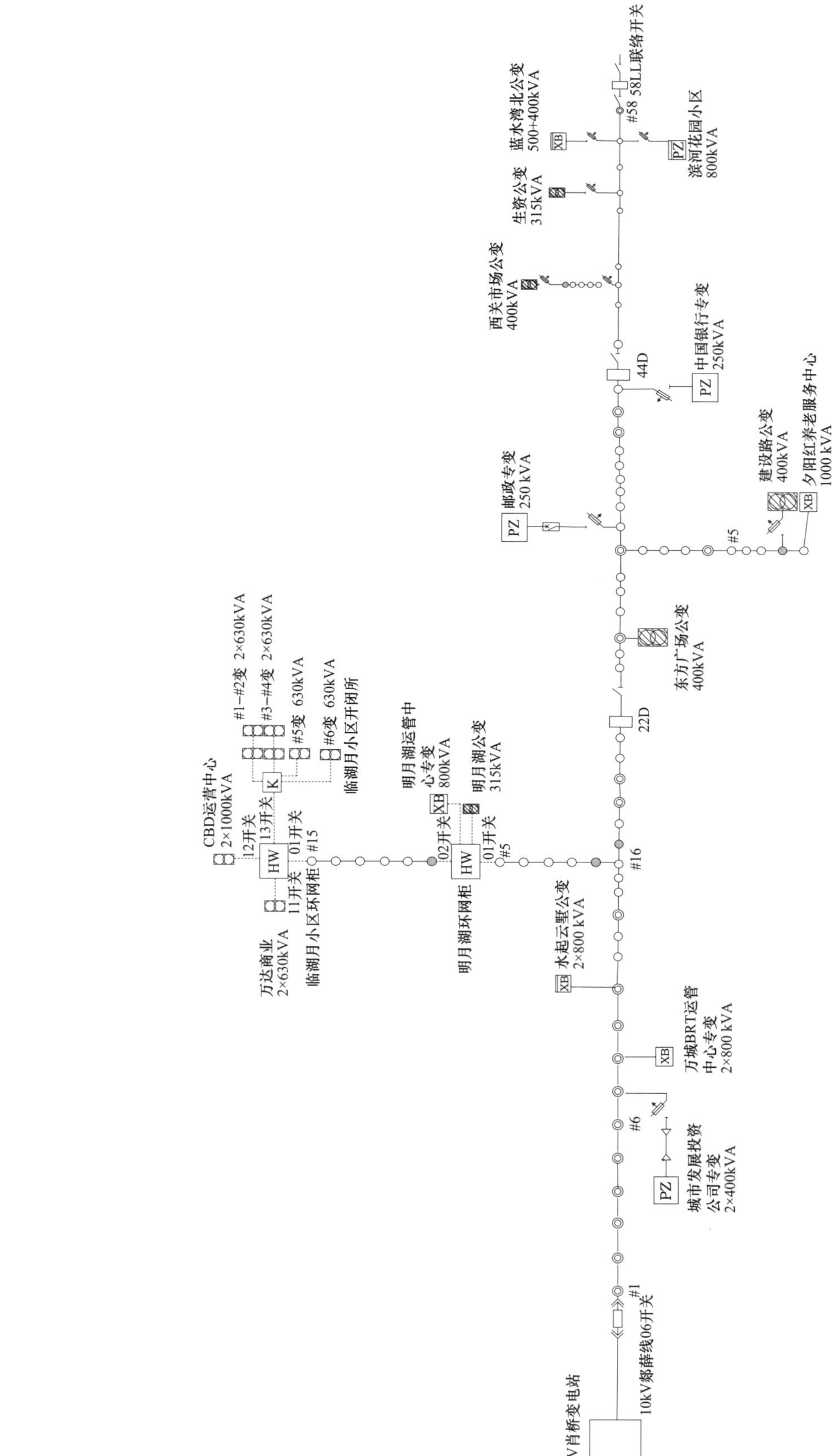

图2　10kV郑薛线线路图

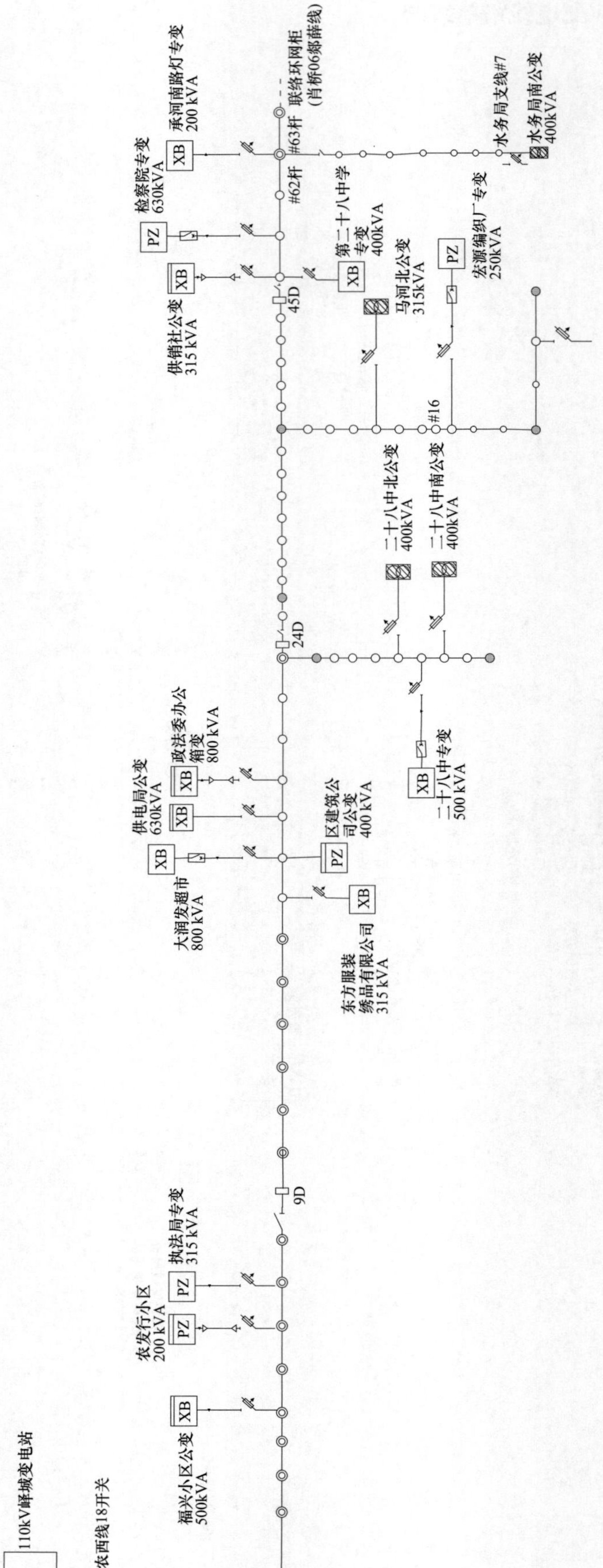

图3　10kV农西线线路图

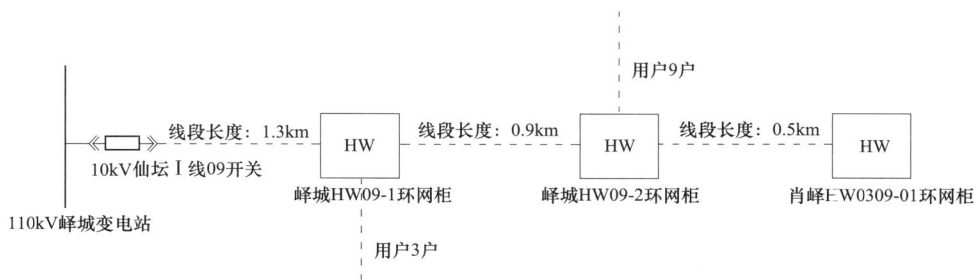

图4　10kV仙坛Ⅰ线线路图

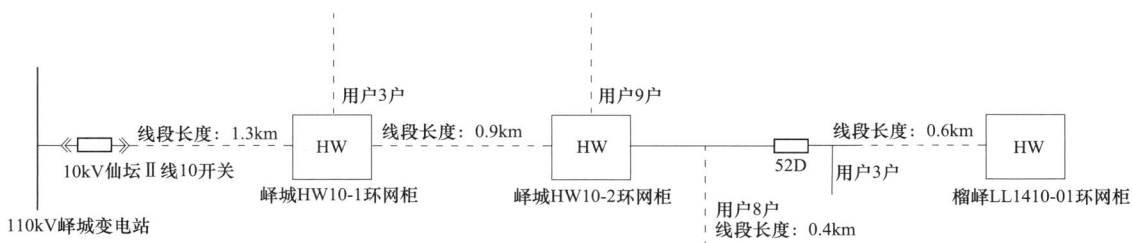

图5　10kV仙坛Ⅱ线线路图

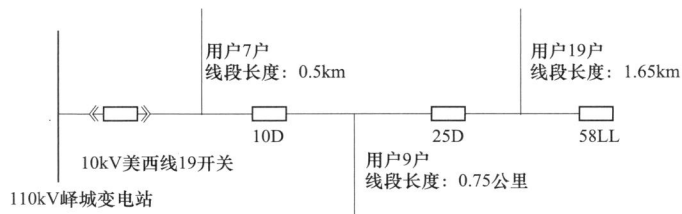

图6　10kV美西线线路图

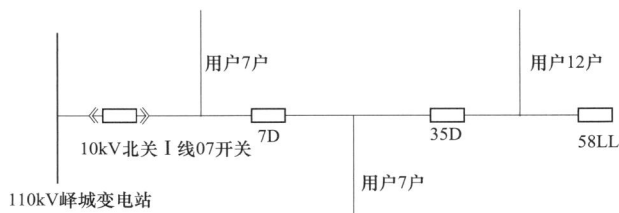

图7　10kV北关Ⅰ线线路图

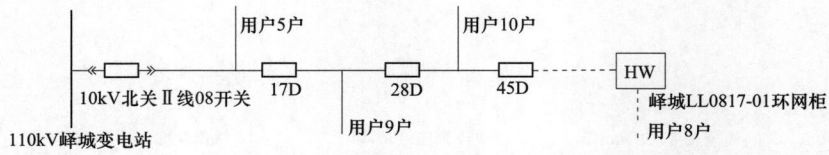

用户5户

用户10户

10kV北关Ⅱ线08开关　　17D　　28D　　45D　　峄城LL0817-01环网柜

110kV峄城变电站　　用户9户　　用户8户

图8　10kV北关Ⅱ线线路图

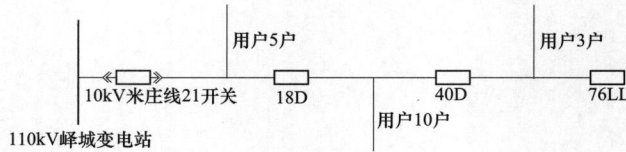

用户5户　　　　用户3户

10kV米庄线21开关　　18D　　40D　　76LL

110kV峄城变电站　　用户10户

图9　10kV米庄线线路图

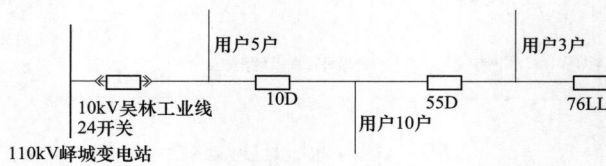

用户5户　　　　用户3户

10kV吴林工业线24开关　　10D　　55D　　76LL

110kV峄城变电站　　用户10户

图10　10kV吴林工业线线路图

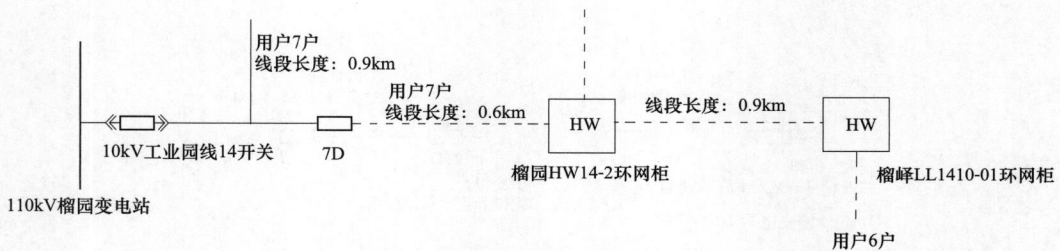

用户7户
线段长度：0.9km

用户7户
线段长度：0.6km　　线段长度：0.9km

10kV工业园线14开关　　7D

110kV榴园变电站　　榴园HW14-2环网柜　　榴峄LL1410-01环网柜

用户6户

图11　10kV工业园线

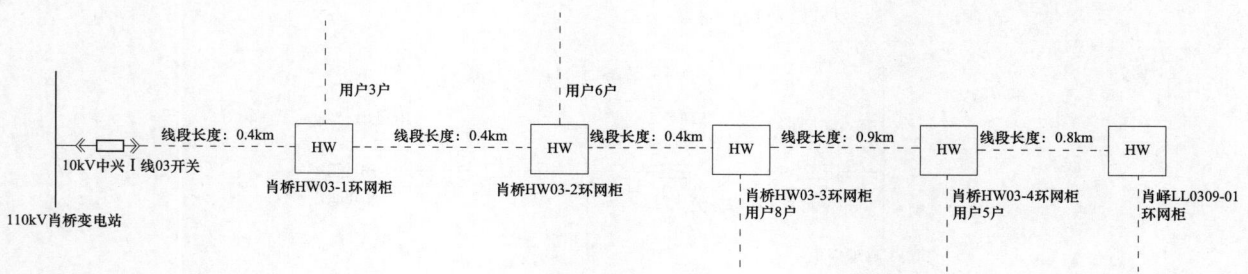

用户3户　　　　用户6户

线段长度：0.4km　　线段长度：0.4km　　线段长度：0.4km　　线段长度：0.9km　　线段长度：0.8km

10kV中兴Ⅰ线03开关

110kV肖桥变电站　　肖桥HW03-1环网柜　　肖桥HW03-2环网柜　　肖桥HW03-3环网柜　　肖桥HW03-4环网柜　　肖峄LL0309-01环网柜

用户8户　　用户5户

图12　10kV中兴Ⅰ线

资料7：10kV郯薛线、农西线部分情况说明

肖桥站郯薛线主干线于2005年5月20日建成，2005年5月30日投产送电，薛正支线于2010年4月10日建成，2010年4月30日投产送电。

峄城站农西线全线于2007年9月14日建成，2007年9月25日投产送电。

郯薛线临湖月环网柜临湖月小区：2018年8月15日交房并供电，共12栋居民楼6台10kV变压器（#1、#2、#3、#4、#5、#6），均由小区物业管理，至今未移交供电公司，小区内居民用户均为一户一表，#1、#2在高压侧共用1个计量收费点，#3、#4在高压侧共用1个计量收费点，#5在高压侧有1个计量点，#6在低压侧分别各有2个计量收费点，其中#1~#4为居民楼供电，#5为小区配套商户供电，#6为小区公共设施供电。

郯薛线临湖月环网柜万达商业：2010年6月6日为万达商业客户2台变压器送电，用户自备发电设备作为应急电源。

郯薛线临湖月环网柜CBD运营中心：2019年4月10日为CBD运营中心客户2台变压器送电，用户自备发电设备作为应急电源。

第二部分 参考答案

1. 请根据资料2~3、资料5~7，完善变更的线段和用户台账：

（1）可靠性线段台账。

可靠性线段台账

序号	线段编码	线段范围描述	公用用户		专用用户		注册日期	注销日期	投运日期	退役日期	备注
			变压器台数（台）	总容量（kVA）	变压器台数（台）	总容量（kVA）					
1	肖桥0060101	郊薛线明月湖环网柜02开关至临湖月环网柜	4	2520	6	4520	2010/04/30	2021/09/29	2010/04/30	2021/09/29	临湖月小区开闭所6台变压器也可单独成段
2	峰城01804	农西线45D开关至#62杆	2	715	3	1230	2007/09/25	2021/09/29	2007/09/25	—	
3	峰城01804（也可重新编码）	农西线45D开关至临湖月环网柜	6	3235	9	5750	2021/09/30	—	2007/09/25		临湖月小区开闭所6台变压器也可单独成段

注：为简化分段方式，单一用户不单独分段。

其他分段方式可靠性线段台账

序号	线段编码	线段范围描述	公用用户		专用用户		注册日期	注销日期	投运日期	退役日期	备注
			变压器台数（台）	总容量（kVA）	变压器台数（台）	总容量（kVA）					
1	肖桥0060101	郊薛线明月湖环网柜02开关至临湖月环网柜13开关	0	0	4	3260	2010/04/30	2021/09/29	2010/04/30	2021/09/29	
2	肖桥0060102	郊薛线临湖月环网柜13开关至临湖月小区开闭所	4	2520	2	1260	2018/08/15	2021/09/29	2018/08/15	—	
3	峰城01804	农西线45D开关至#62杆	2	715	3	1230	2007/09/25	2021/09/29	2007/09/25	—	
4	峰城01804（也可重新编码）	农西线45D开关至临湖月环网柜13开关	2	715	7	4490	2021/09/30	—	2007/09/25	—	
5	峰城01805	农西线临湖月环网柜13开关至临湖月小区开闭所	4	2520	2	1260	2021/09/30	—	2018/08/15		

（2）可靠性用户台账（仅填写临湖月环网柜挂接的用户）。

可靠性用户台账

序号	用户名称	所属线段编码	用户性质（公/专）	用户容量（kVA）	是否双电源	注册日期	注销日期	投运日期	退役日期	备注
1	临湖月小区#1	肖桥0060101	公变	630	否	2018/08/15	2021/09/29	2018/08/15	—	若临湖月小区开闭所单独成段，则线段编码肖桥0060102
2	临湖月小区#2	肖桥0060101	公变	630	否	2018/08/15	2021/09/29	2018/08/15	—	
3	临湖月小区#3	肖桥0060101	公变	630	否	2018/08/15	2021/09/29	2018/08/15	—	
4	临湖月小区#4	肖桥0060101	公变	630	否	2018/08/15	2021/09/29	2018/08/15	—	
5	临湖月小区#5	肖桥0060101	专变	630	否	2018/08/15	2021/09/29	2018/08/15	—	
6	临湖月小区#6	肖桥0060101	专变	630	否	2018/08/15	2021/09/29	2018/08/15	—	
7	万达商业	肖桥0060101	专变	1260	否	2010/06/06	2021/09/29	2010/06/06	—	
8	CBD运营中心	肖桥0060101	专变	2000	否	2019/04/10	2021/09/29	2019/04/10	—	
9	临湖月小区#1	峄城01804	公变	630	否	2021/09/30	—	2018/08/15	—	若临湖月小区开闭所单独成段，则线段编码为峄城01805
10	临湖月小区#2	峄城01804	公变	630	否	2021/09/30	—	2018/08/15	—	
11	临湖月小区#3	峄城01804	公变	630	否	2021/09/30	—	2018/08/15	—	
12	临湖月小区#4	峄城01804	公变	630	否	2021/09/30/	—	2018/08/15	—	
13	临湖月小区#5	峄城01804	专变	630	否	2021/09/30	—	2018/08/15	—	
14	临湖月小区#6	峄城01804	专变	630	否	2021/09/30	—	2018/08/15	—	
15	万达商业	峄城01804	专变	1260	否	2021/09/30	—	2010/06/06	—	
16	CBD运营中心	峄城01804	专变	2000	否	2021/09/30	—	2019/04/10	—	

2．请根据资料1～7，进行可靠性指标计算分析（保留到小数点后2位）

（1）供电区域负荷密度（σ）。

σ=最大饱和负荷/供电面积＝（612＋4.5）/（100.8－26）＝8.24（MW/km^2）

（2）每条10kV配电线路停电时户数。

10kV郯薛线停电总时户数＝2×（08:20－06:23）＋8×（9月29 17:25～9月28日 06:23）＝2×1.95＋8×35.0333＝284.17（h·户）

10kV农西线停电总时户数＝5×（17:25－16:50）＝5×0.583＝2.92（h·户）

10kV工业园线线停电总时户数（不计入指标测算）＝6×（9月29日 19:05～9月28日 06:50）＝6×

36.25＝217.50（h·户）

10kV仙坛Ⅱ线停电总时户数（不计入指标测算）＝3×（9月29日 19:08－9月28日 06:55）＝3×36.2167＝108.65（h·户）

10kV北关Ⅰ线停电总时户数＝7×（17:25－07:43）＝7×9.7＝67.90（h·户）

10kV米庄线停电总时户数＝13×（08:40:37－07:45:03）＋5×（10:54:21－07:45:03）＝13×0.9261＋5×3.155＝27.81（h·户）

10kV北关Ⅱ线停电总时户数＝32×（08:53－08:51）＝32×0.033＝1.07（h·户）

10kV美西线停电总时户数＝19×（13:56－08:56）＋16×（08:58－08:56）＝19×5＋16×0.0333＝95.53（h·户）

（3）此次强对流天气产生的用户平均停电时间。

剔除因紧急避险造成的10kV工业园线和10kV仙坛Ⅱ线停电事件，计算如下：

本次停电总时户数＝284.17＋2.92＋67.9＋27.81＋1.07＋95.53＝479.40（h·户）

户均停电时间（SAIDI-1）＝479.40/4525＝0.11（h）

3．请根据资料5，核查该地区9月28日运行数据明细

9月28日运行数据明细

序号	线路名称	起始时间	终止时间	停电户数（户）	停电时户数（h·户）	停电性质	设备名称	技术原因名称	责任原因	备注
1	10kV郑薛线	2021/09/28 06:23:00	2021/09/29 17:25:00	10	284.17	内部故障停电	杆塔	倒、断杆塔	大风大雨	倒杆抢修
2	10kV工业园线	2021/09/28 06:50:00	2021/09/29 19:05:00	6	217.5	内部故障停电	箱（墙）体、基础	进水	大风大雨	紧急避险，可以不写
3	10kV仙坛Ⅱ线	2021/09/28 06:55:00	2021/09/29 19:08:00	3	108.65	内部故障停电	箱（墙）体、基础	进水	大风大雨	紧急避险，可以不写
4	10kV北关Ⅰ线	2021/09/28 07:43:00	2021/09/28 17:25:00	7	67.9	内部故障停电	绝缘线	断线	树或广告牌压导线	树砸断线
5	10kV米庄线	2021/09/28 07:45:03	2021/09/28 10:54:21	18	27.81	内部故障停电	绝缘线	短路	110kV设施故障	交叉碰线
6	10kV北关Ⅱ线	2021/09/28 08:51:00	2021/09/28 08:53:00	32	1.07	内部故障停电	10kV馈线设备	击穿/烧损	设备老化	电缆故障
7	10kV美西线	2021/09/28 08:56:00	2021/09/28 13:56:00	35	95.53	内部故障停电	电缆中间接头	击穿/烧损	设备老化	电缆故障
备注	10kV农西线	2021/09/28 16:50:00	2021/09/29 17:25:00	5	2.92	临时施工停电	—	—	10（20、6）kV配电网设施计划施工	负荷接入

4. 截至9月27日，万城区总时户数消耗为7200 h·户，预计年底会超出年度目标值，需要将用户平均停电时间控制在合理范围之内。经测算，四季度计划停电可以压降10%。请根据资料1、资料4，计算故障停电需要压降的时户数

根据发改能源规〔2020〕1479号文要求，万城区为省会城市市区，用户年均停电时间需压减至2h以内。

总停电时户数目标值＝4525×2＝9050（h·户）

9月28—30日故障时户数消耗＝479.40（h·户）

截至9月底累计时户数消耗＝7200＋479.40＝7679.40（h·户）

四季度计划停电压降后目标值＝703×（1－10%）＝632.7（h·户）

四季度故障停电调整后的目标值＝9050－7679.40－632.7＝737.90（h·户）

故障停电需要压降值＝969－737.90＝231.10（h·户）

5．请根据资料2～3、资料6～7，分析万城高新技术产业园区内配网网架存在的问题及改进提升方案

（1）联络及供电半径分析。因万城高新技术产业园区为市区，10kV线路供电半径不宜超过3km。各线路供电半径分析如下：

1）10kV工业园线和10kV仙坛Ⅱ线。

10kV工业园线供电半径为2.4km＜3km。

10kV仙坛Ⅱ线供电半径为3.2km＞3km。

线路为异站联络，但供电半径分配相对不合理。

10kV 14工业园线最大允许电流553A，年度最大电流295A；10kV 10仙坛Ⅱ线最大允许电流553A，年度最大电流196A；553＞295＋196，满足N－1校验。

2）10kV中兴Ⅰ线和10kV仙坛Ⅰ线。

10kV中兴Ⅰ线供电半径为2.9km＜3km。

10kV仙坛Ⅰ线供电半径为2.7km＜3km。

线路为异站联络，供电半径均满足要求。

10kV 10仙坛Ⅰ线最大允许电流553A，年度最大电流220A；10kV 03中兴Ⅰ线最大允许电流482A，年度最大电流185A；482＞220＋185，满足N－1校验。

3）10kV美西线和10kV郯薛线。

10kV美西线供电半径为2.9km＜3km。

10kV郯薛线供电半径为3.6km＞3km。

线路为异站联络，供电半径分配相对不合理，总长度大于6km，无法合理分段。

10kV 19美西线最大允许电流553A，年度最大电流220A；10kV 06郯薛线最大允许电流553A，年度最大电流362A；553＜220＋362，不满足N－1校验。

4）10kV农西线。

无联络，供电半径为3.3km＞3km，供电半径不满足要求。

（2）网架改造提升方案。

1）10kV工业园线和10kV仙坛Ⅱ线。110kV榴园站10kV 14工业园线与110kV峄城站10kV 10仙坛Ⅱ线互为联络线路，为异站联络。110kV峄城站10kV 10仙坛Ⅱ线供电半径3.2km，不满足要求。

两条线路总长度为5.6km，其中110kV峄城站10kV 10仙坛Ⅱ线供电52D开关至末端线路长度0.6km，故将52D开关改成联络开关。

110kV榴园站10kV14工业园线供电半径＝2.4＋0.6＝3（km）

110kV峄城站10kV 10仙坛Ⅱ线供电半径＝3.2－0.6＝2.6（km）

因此，供电半径满足要求。

2）10kV中兴Ⅰ线和10kV仙坛Ⅰ线。供电半径相对合理，无需调整。

3）10kV农西线。

a）10kV农西线在抢修过程中已通过#39杆架空跨河延伸，在河西侧新立杆塔，通过电缆接入原薛正支线临湖月环网柜。

b）跃进路与红旗路西南角计划新上CBD国际中心，负荷容量约4500kVA。

c）计划自110kV肖桥站新配出一条10kV线路，自解放路向北至跃进路向东，在CBD位置新上环网柜1台，然后继续向东，连接至临湖月环网柜，实现与10kV农西线联络，新联络开关的位置可以改为农西线31D开关。

将农西线45D开关改成联络开关，45D至#62杆之间距离预计50×（62－45）＝0.85（km）。

修改后的110kV峄城站10kV 18农西线供电半径为3.3－0.85＝2.45（km）＜3km，供电半径满足要求。

4）10kV美西线和10kV郯薛线短期无更好优化方案，长期建议在郯薛路与仙坛路交汇处新上变电站1座，新配出线路分别与美西和郯薛线联络，切改负荷，实现供电半径及负荷最优。

试题十一	组合场景（数据分析场景/停电计划平衡场景/指标预控场景/辅助规划决策场景/故障停电事件处置场景/可靠性评估场景）

一、主要考点

可靠性中压线段台账变更维护、中压用户台账变更维护，根据停电计划、调度日志、单线图开展中压运行事件及低压停电事件分析维护，设施指标、中压用户指标及低压用户指标等指标计算，通过历史数据进行可靠性分析，停电计划优化，对规划年配网结构进行可靠性评估，配电线路网架结构优化。

二、考察重点

对基础数据维护原则，结合停电计划、调度日志等对运行事件完整性准确性的分析能力、可靠性基础指标计算能力、停电计划优化能力，配电网网架合理规划能力，可靠性分析及评估能力，能够考察可靠性管理员对可靠性基础知识、停电计划、配网规划的掌握和实际应用水平。

三、试题及参考答案

第一部分　题目内容

平安新区位于省会城市市区（地区特征为市区）。请根据平安新区电网现状和2021年7月电网运行情况开展相关分析。

【参考资料】

资料1：区域概况

资料2：主网网络拓扑图

资料3：配网网络拓扑图（部分）

资料4：110kV东方站一次接线简图

资料5：35kV红旗站一次接线简图

资料6：10kV线路单线图（部分）

资料7：配电线路明细表（部分）

资料8：月度停电计划表（全）

资料9：调度运行日志（全）

资料10：平安公司中压线段、中压用户台账（部分）

资料11：平安公司低压用户台账（全）

资料12：历史指标情况

资料13：配电设备允许载流量表

资料14：规划年配网结构及指标情况

【试题】

1. 请根据资料3、资料6～8、资料10，开展基础数据分析：

（1）中压线段变更情况。

（2）中压用户变更情况。

2. 请根据资料3、资料6～12，开展运行数据分析：

（1）中压停电事件汇总。

（2）低压停电事件汇总。

（3）指标完成情况。

3. 请根据资料8～9，分析中压用户停电情况：

（1）故障停电分析和措施。

（2）8月停电计划优化。

4. 请根据资料14，开展规划年供电可靠性相关指标计算。

5. 请根据资料14，制定面向供电可靠性的规划方案。

资料1：区域概况

平安新区是国家批准高新技术经济开发区，区内总面积53.6km²，常住人口20万人，区内有高精尖电子产品制造企业、食品加工企业和多个光伏发电集中汇流并网点，供电可靠性要求相对较高。

平安新区供电公司（以下简称：平安公司）下辖2座变电站，110kV东方变电站2台主变容量均为50MVA，35kV红旗变电站2台主变容量均为20MVA。25条10kV线路，10kV架空线路总长度152km，电缆线路总长度18km。2020年10kV配电变压器载容比为0.45，中压用户总数1020户。2020年中压用户载容比系数0.54，2021年上半年配电变压器平均负载率0.56。

不停电作业介绍：平安新区供电中心拥有绝缘斗臂车2台，旁路作业装备1套（含旁路负荷开关1台及50m旁路电缆6根，额定电流200A），不停电作业人员12人，具备独立开展各类复杂作业能力。

市政工程介绍：平安新区内京达高速穿境而过，10kV新程线#30～#31杆之间线路跨越京达高速。随着京达高速改扩建工程的实施，10kV新程线#30、#31杆在高速拓宽后的道路中央，急需将#30、#31杆进行迁移。10kV新程线除#1杆位于田地内，不具备不停电作业条件外，杆塔均位于道路两侧，各类施工条件良好。

光伏集中并网：平安新区北部建有约4km²光伏示范区，采用集中汇流方式通过10kV光伏线#52杆并入电网。10kV光伏线原为JKLGYJ-95导线，原计划通过不停电作业将全线线路改造为JKLGYJ-240导线，因#45～#47杆之间线路受城中村改造民事影响线路未完成，线路卡脖子现象严重。目前城中村改造已迁改完成，不存在民事问题，随着光伏示范点的规模扩大，新增光伏发电3MW，计划8月底并网发电。

2020年起，平安公司选择10kV赤壁线和10kV长沙线试点开展低压用户供电可靠性评价工作。2020年低压用户载容比系数0.52，2021年上半年低压用户平均负载率0.6。

10kV赤壁线投运日期为2013年4月16日，投运后未进行任何改造工作，因25D至58D之间负荷增长较快，7月根据计划安排将58D之后的负荷永久切改至10kV长沙线。

为提升10kV线路供电可靠率，平安公司重点改善网架结构，逐步治理线路卡脖子、同母线出线联络、单线单变等问题，计划8月底前完成。

计算设施指标时，联络开关应纳入其他开关数量统计，可归属两侧线路的任一侧统计。

资料2：

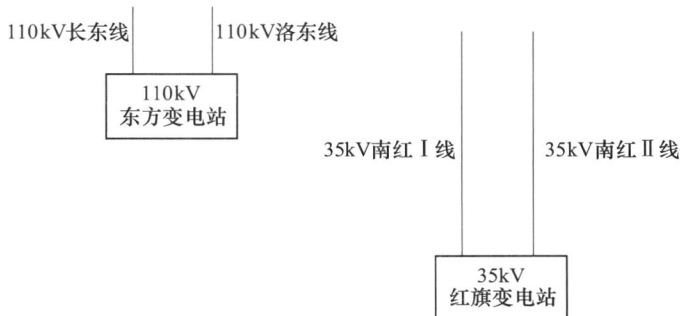

图1　主网网络拓扑图

注：110、35kV变电站10kV线路不存在相角差。

资料3：

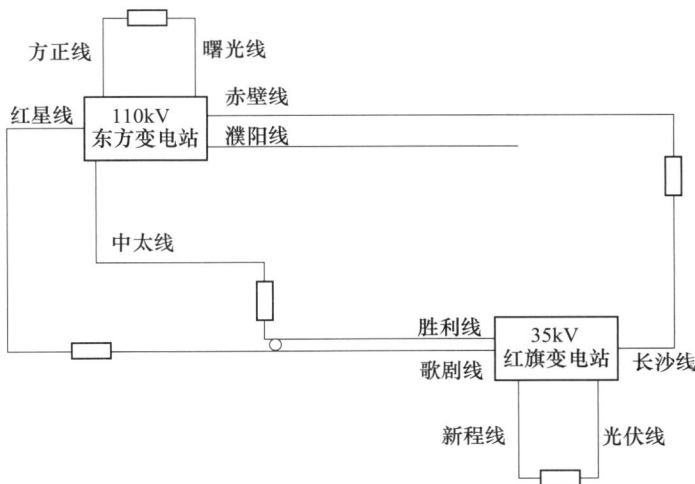

图2　配网网络拓扑图（部分）

资料4：

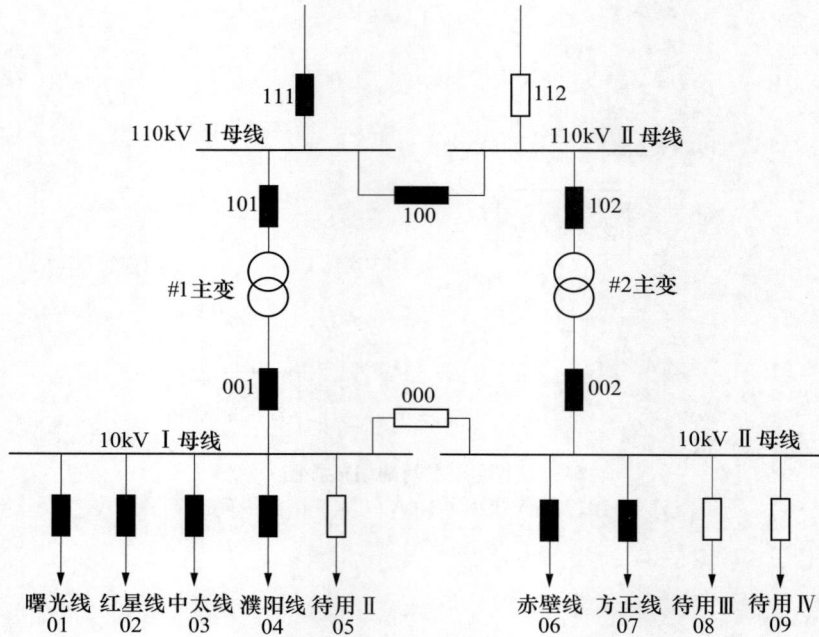

图3 110kV东方站一次接线简图

注：正常运行方式，开关黑色为合位，白色为分位。

资料5：

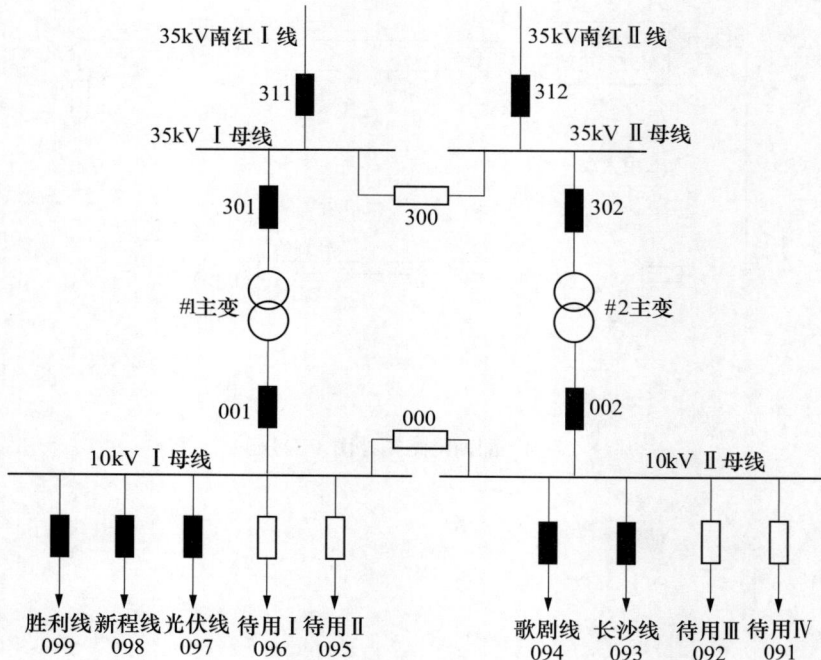

图4 35kV红旗站一次接线简图

注：正常运行方式，开关黑色为合位，白色为分位。

资料6：10kV线路单线图（部分）

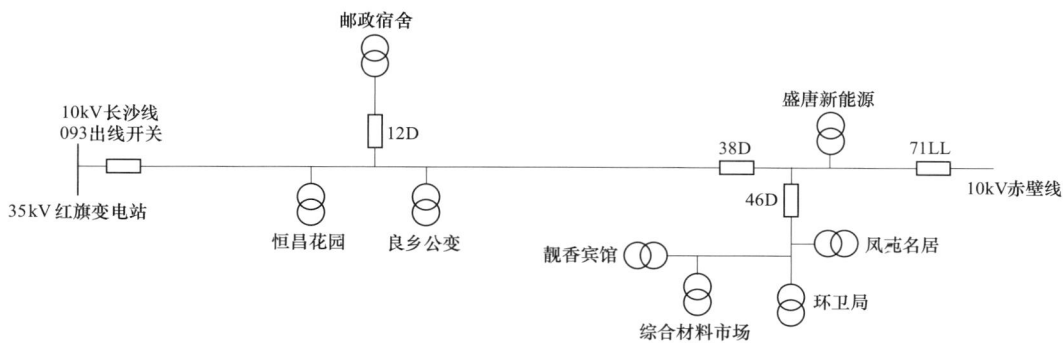

图5　10kV长沙线单线图

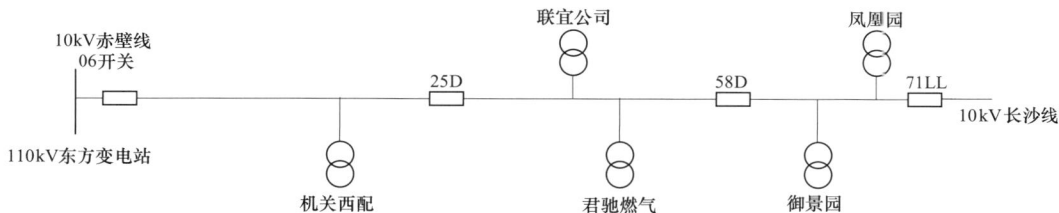

图6　10kV赤壁线单线图

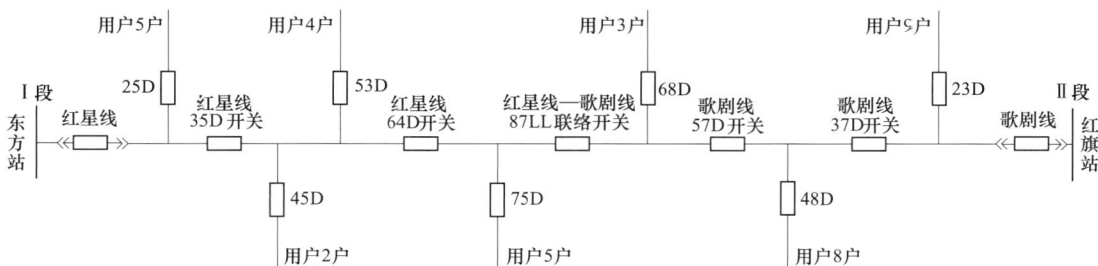

图7　10kV红星线联络线路单线图

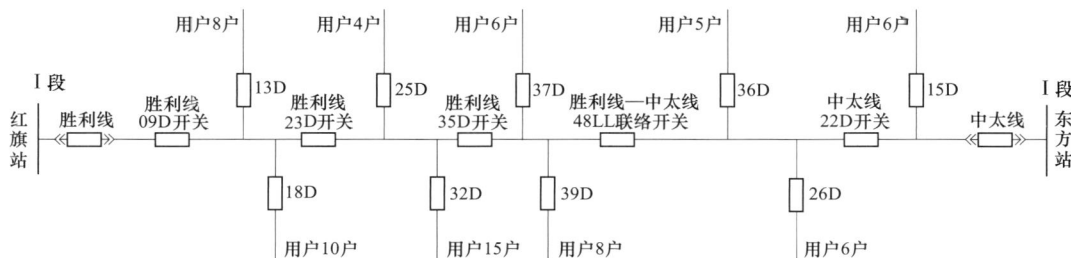

图8　10kV胜利线联络线路单线图

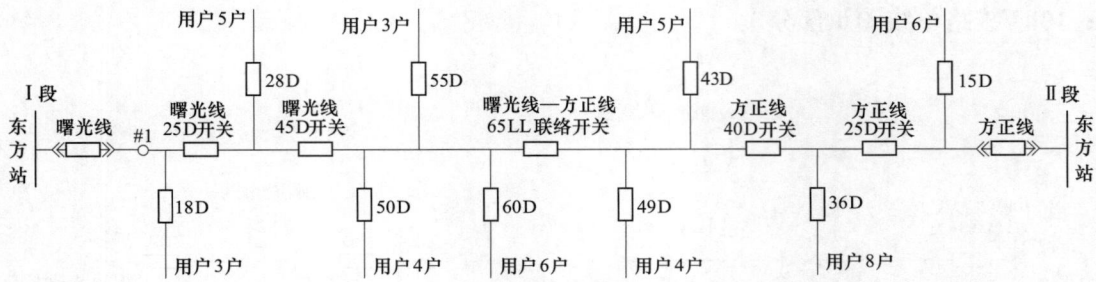

图9   10kV曙光线联络线路单线图

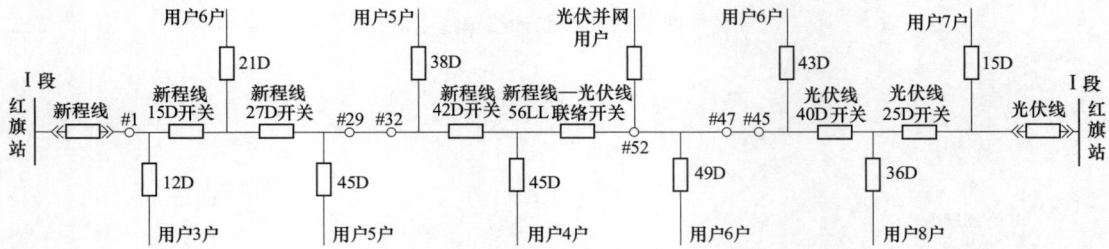

图10   10kV新程线联络线路单线图

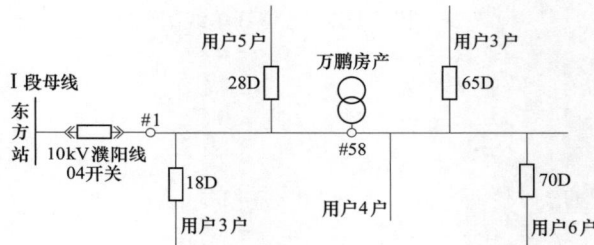

图11   10kV濮阳线单线图

资料7:

表1   配电线路明细表（部分）

序号	线路名称	所属变电站	所在母线	变压器数量（台）	供电半径（km）	主干线导线型号	最大允许电流（A）	年度最大电流（A）	是否联络	联络线路名称	联络线路所属变电站
1	红星线	110kV东方站	I 段	16	2.4	JKLGYJ-150（#45～#58）、JKLGYJ-240、YJV22-3×400	403	145	是	10kV歌剧线	35kV红旗站
2	方正线	110kV东方站	II 段	23	3.2	JKLGYJ-240、YJV22-3×300	300（CT限流）	196	是	10kV曙光线	110kV东方站
3	曙光线	110kV东方站	I 段	21	2.7	JKLGYJ-240、YJV22-3×300	552	230	是	10kV方正线	110kV东方站
4	中太线	110kV东方站	I 段	17	2.1	JKLGYJ-240、YJV22-3×300	552	85	是	10kV胜利线	35kV红旗站

续表

序号	线路名称	所属变电站	所在母线	变压器数量（台）	供电半径（km）	主干线导线型号	最大允许电流（A）	年度最大电流（A）	是否联络	联络线路名称	联络线路所属变电站
5	歌剧线	35kV红旗站	Ⅱ段	20	2.5	YJV22-3×300	552	165	是	10kV红星线	110kV东方站
6	胜利线	35kV红旗站	Ⅰ段	49	4.5	JKLGYJ-120（#36～#40）、JKLGYJ-185、YJV22-3×240	352	265	是	10kV中太线	110kV东方站
7	光伏线	35kV红旗站	Ⅰ段	27	3.2	JKLGYJ-95（#45～#47）、JKLGYJ-240、YJV22-3×300	304	195	是	10kV新程线	35kV红旗站
8	新程线	35kV红旗站	Ⅰ段	23	2.5	JKLGYJ-240、YJV22-3×120	317	165	是	10kV光伏线	35kV红旗站

注：表中线路采用#1杆电缆进站，其他区段均为架空线路。

资料8：月度停电计划表（全）

表2　2021年7月停电计划明细表

序号	停电范围		主要工作内容	停电时间	备注
	站名	设备名称			
1	东方站	10kV红星线35D开关至64D开关之间线路	JKLGYJ-150绝缘导线、避雷器更换，安装驱鸟器	07/12 08:00～15:00	
2	东方站	10kV赤壁线25D开关至58D开关之间线路	25D开关至58D开关之间线路导线更换，58D开关后负荷由东方供电永久调整至由长沙线供电	07/18 08:00～12:00	
3	东方站	10kV中太线003开关	计量CT变比调整	07/23 08:00～18:00	
4	红旗站	10kV歌剧线及094开关	站内电缆头更换	07/25 08:00～18:00	

表3　2021年8月停电计划需求明细表

序号	停电范围		主要工作内容	停电时间	备注
	站名	设备名称			
1	东方站	10kV曙光线及01开关	手车开关消缺，站内电缆头更换	08/03 08:00～15:00	
2	东方站	10kV方正线07开关	计量CT变比调整（调整为600/5），断路器例行试验	08/03 14:00～18:00	
3	红旗站	10kV新程线	市政道路拓宽，#29～#32杆之间线路迁改（架空线入地改为电缆）	08/06 08:00～12:00	
4	红旗站	10kV光伏线40D开关至末端线路	光伏并网接入受限，#45～#47杆之间JKLGYJ-95导线更换为JKLGYJ-240导线	08/13 08:00～18:00	
5	红旗站	10kV新程线及098开关	#1杆至站内进线电缆更换为YJV22-3×300	08/15 08:00～18:00	

资料9：

表4 调度运行日志（全）

序号	厂站	班次	日志类型	日志内容
1	东方站	2021/07/08	运行记录	11:23，110kV东方站：10kV赤壁线负载率超85%，低压满载。 11:25，启动迎峰度夏有序用电方案，按照前期通知用户的压限额度，全线负荷不得高于2150kVA。其中联宜公司、君驰燃气、机关西配不得高于300kVA，御景园、凤凰园不得高于625kVA。 17:25，110kV东方站：10kV赤壁线有序用电结束，恢复正常运行方式
2	红旗站	2021/07/10	设备跳闸	08:09，红旗站：10kV I 段母线A相接地，小电流接地选线系统显示10kV光伏线接地故障；08:10，试拉10kV光伏线，接地未消失后恢复供电；通知平安新区王某对10kV I 母线接带所有10kV线路10kV胜利线、10kV新程线、10kV光伏线进行带电查线。 08:49，平安新区王某汇报：10kV胜利线#3～#4杆线路A相绝缘线被护区内倒伏树木砸断，掉落地面，未发现其他故障点。 08:51，遥控拉开10kV胜利线09D开关，遥控合上10kV胜利线—10kV中太线48LL联络开关。08:52，遥控拉开10kV胜利线099开关，接地消失。 08:53，平安新区王某汇报，10kV胜利线与10kV歌剧线同杆架设，无法抢修，申请临时停运10kV歌剧线094开关—10kV歌剧线37D开关间线路。 08:55，合上10kV歌剧线—10kV红星线87LL联络开关；拉开10kV歌剧线37D开关；拉开10kV歌剧线094开关。 10:33，平安新区王某汇报：10kV胜利线故障处理完成，可以恢复供电。 10:55，合上10kV歌剧线094开关。合上10kV歌剧线37D开关。拉开10kV歌剧线—10kV红星线87LL开关，恢复原方式运行。 10:58，遥控合上10kV胜利线099开关；遥控合上10kV胜利线09D开关；遥控拉开10kV胜利线—10kV中太线48LL联络开关，恢复原运行方式
3	东方站	2021/07/12	倒闸操作	08:00，供指中心值班人员李萌遥控合上10kV红星线至歌剧线87LL联络开关。 08:15，供指中心值班人员李萌遥控拉开10kV红星线35D开关、64D开关。 14:45，供指中心值班人员李萌遥控合上10kV红星线35D开关、64D开关。 14:50，供指中心值班人员李萌遥控拉开10kV红星线至歌剧线87LL联络开关
4	红旗站	2021/07/12	运行记录	17:15，接低压用户报修电话，凤苑名居小区部分低压居民停电。 17:55，高新区王某汇报：10kV长沙线凤苑名居变压器低压侧A相因小区物业维修，施工作业车辆刷蹭断线。18:00，低压抢修人员到达现场。 19:15，高新区王某汇报：抢修结束，送电成功
5	东方站	2021/07/14	运行记录	14:10，110kV东方站：10kV濮阳线高温过负荷。 14:20，执行有序用电方案，将10kV濮阳线04出线开关由运行转热备用。 18:20，有序用电结束，将10kV濮阳线04出线开关由热备用转运行
6	红旗站	2021/07/18	倒闸操作	08:28，供指中心值班人员梁星遥控合上10kV赤壁线—长沙线71LL联络开关。 08:30，供指中心值班人员梁星遥控拉开10kV赤壁线25D、58D开关。 11:30，供指中心值班人员梁星遥控合上10kV赤壁线25D开关
7	红旗站	2021/07/21	设备跳闸	13:39，红旗站：10kV新程线098开关速断跳闸，重合不成。 13:44，配电自动化系统判定故障区间为10kV新程线15D开关—10kV新程线27D开关之间线路，自愈成功。通知平安新区李某对10kV新程线带电巡线。通知营销部张某告知重要用户精密制造厂。通知监测指挥班王某做好客户解释工作。 14:25，平安新区李某汇报：10kV新程线#21杆支线21-05刘营村1号公用台架变低压总开关负荷侧接线端子过热起火，高压侧跌落式熔断器断开，A相引线从并沟线夹中脱开，正组织抢修。21D真空断路器拒动。 14:46，营销部张某汇报，#21杆支线21-08重要用户精密制造厂自备应急电源于14:39，启动成功。 15:24，平安新区李某汇报：10kV新程线故障抢修完毕，21D开关定值整定错误，已处理，可以恢复供电。 15:39，红旗站：10kV新程线恢复原运行方式

续表

序号	厂站	班次	日志类型	日志内容
8	东方站	2021/07/23	倒闸操作	08:00，供指中心值班人员张达遥控合上10kV胜利线—中太线48LL联络开关。 08:30，供指中心值班人员张达遥控拉开东方站10kV中ㄥ线003开关。 10:30，供指中心值班人员张达遥控合上东方站10kV中ㄥ线003开关。 10:35，供指中心值班人员张达遥控拉开10kV胜利线—口太线48LL联络开关
9	东方站	2021/07/24	运行记录	05:30，110kV东方站：10kV濮阳线过流一段动作跳闸，未投重合闸。 06:20，新区曲某汇报：10kV濮阳线58号杆万鹏房产高压交联聚氯乙烯绝缘电缆终端爆炸，正组织抢修。 16:05，新区曲某汇报：抢修结束，因电缆头制作工艺不良，重新制作电缆头，可以恢复送电。 16:30，110kV东方站：10kV濮阳线送电结束
10	红旗站	2021/07/25	倒闸操作	08:15，供指中心值班人员孙叶遥控合上10kV红星线—歌剧线87LL联络开关。 08:20，供指中心值班人员孙叶遥控拉开10kV歌剧线37D开关。 08:25，供指中心值班人员孙叶遥控拉开红旗站10kV歌剧线094开关。 16:55，供指中心值班人员孙叶遥控合上红旗站10kV歌剧线094开关。 17:00，供指中心值班人员孙叶遥控合上10kV歌剧线37D开关。 17:05，供指中心值班人员孙叶遥控拉开10kV红星线—歌剧线87LL联络开关
11	东方站	2021/07/28	设备跳闸	17:21，东方站：10kV红星线45D开关速断跳闸，无重合闸。通知平安新区王某带电巡线。 19:20，平安新区王某汇报：10kV红星线瓷器厂用户箱至高压负荷开关被失控小轿车撞击，引起三相短路跳闸，客户正组织抢修。申请拉开10kV红星线45D支线45-06J瓷器厂分界负荷开关隔离故障点。 19:21，遥控拉开10kV红星线45-06J瓷器厂分界负荷开关，遥控合上10kV红星线45D开关。 7月29日12:46，平安新区王某汇报：瓷器厂用户箱变更换完毕，可以恢复送电。 12:50，遥控合上10kV红星线45-06J瓷器厂分界负荷开关
12	红旗站	2021/07/30	设备跳闸	18:56，接上级调度信息，110kV南方站35kV南红Ⅰ线314开关过流保护动作跳闸，重合不成，通知输电运检中心巡线。35kV红旗站：备自投未配置。35kVⅠ段母线、35kV#1主变、10kVⅠ段母线失电。 18:58，遥控分开35kV红旗站35kV南红Ⅰ线进线311开关，遥控合上红旗站35kV母联300开关，35kV红旗站35kVⅠ母线、35kV#1主变、10kVⅠ母线恢复供电。 19:50，35kV南红Ⅰ线送电成功

资料10：平安公司中压线段、中压用户台账（部分）

表5　2021年6月30日中压线段明细表

线段编码	线段范围描述	公用用户		专用用户		出线断路器台数（台）	其他开关台数（台）	注册日期	注销日期	投运日期	退役日期	备注
		变压器台数（台）	总容量（kVA）	变压器台数（台）	总容量（kVA）							
红旗09320	长沙线主线38D至末端	1	1250			0	1	2015/07/14		2015/07/14		

表6 2021年6月30日供电系统中压用户信息基本情况统计表

用户编码	用户名称	线段编码	用户描述	变压器		专用设备		投运日期	注册日期	注销日期	退役日期	是否双电源	低压用户总数（户）
				台数（台）	总容量（kVA）	台数（台）	容量（kVA）						
东方00430002	万鹏房产	东方00130	公用	1	1000			2015/02/13	2015/02/13			否	
东方00620001	联宜公司	东方00620	公用	1	1000			2018/08/05	2018/08/05			否	20
东方00620002	君驰燃气	东方00620	公用	1	1000			2018/03/04	2018/03/04			否	6
东方00610001	机关西配	东方00610	公用	1	1000			2017/05/03	2017/05/03			否	85
东方00630001	御景园	东方00630	公用	1	1000			2014/02/13	2014/02/13			否	301
东方00630002	凤凰园	东方00630	公用	1	800			2014/12/03	2014/12/03			否	27
红旗09310001	恒昌花园	红旗09310	公用	1	800			2015/12/06	2015/12/06			否	501
红旗09310002	良乡公变	红旗09310	公用	1	800			2015/12/03	2015/12/03			否	153
红旗09311001	福清苑	红旗09311	专用			1	800	2017/03/04	2017/03/04			否	
红旗09311002	邮政宿舍	红旗09311	公用	1	630			2016/08/05	2016/08/05			否	38
红旗09320001	盛唐新能源	红旗09320	公用	1	1250			2019/05/03	2019/05/03			否	18
红旗09321002	凤苑名居	红旗09321	公用	1	1250			2020/01/06	2020/01/06			否	453
红旗09321001	环卫局	红旗09321	公用	1	630			2019/07/05	2019/07/05			否	12
红旗09321003	综合资料市场	红旗09321	专用			1	800	2017/03/04	2017/03/04			否	
红旗09321004	靓香宾馆	红旗09321	专用			1	500	2017/03/04	2017/03/04			否	

7月无新投中压用户。

资料11:

表7 平安公司低压用户台账（全）

10kV公用配电变压器		配电变压器容量（kVA）	线路长度（km）						用户情况					
中压线段编码	配电变压器名称		电缆		架空		合计		0.4kV用户		0.23kV用户		总计	
			0.4kV	0.23kV	0.4kV	0.23kV	0.4kV	0.23kV	用户数（户）	容量(kVA)	用户数（户）	容量（kVA）	用户数（户）	容量（kVA）
东方00620	联宜公司	1000	0	0.15	0	0	0	0.15	0	0	20	880	20	880
东方00620	君驰燃气	1000	0	0.2	0	0	0	0.2	0	0	6	800	6	800
东方00610	机关西配	1000	0.1	0	0.45	0.55	0.55	0.55	5	120	80	650	85	770
东方00630	御景园	1000	0.1	0.2	0	0	0.1	0.2	1	5	300	865	301	870
东方00630	凤凰园	800	0.2	0.5	0.25	0.45	0.45	0.95	5	300	22	680	27	980
红旗09310	信昌花园	800	0.1	0.2	0	0	0.1	0.2	1	20	500	720	501	740
红旗09310	良乡公变	800	0	0	0.2	0.4	0.2	0.4	3	60	150	700	153	760
红旗09311	邮政宿舍	630	0	0.15	0	0	0	0.15	0	0	38	450	38	450
红旗09320	盛唐新能源	1250	0.2	0	0.2	0.15	0.4	0.15	8	700	10	850	18	1550
红旗09321	凤苑名居	1250	0.3	0.35	0	0	0.3	0.35	3	500	450	1170	453	1670
红旗09321	环卫局	630	0.15	0.2	0	0	0.15	0.2	2	20	10	530	12	550

注：1. 7月10日，凤苑名居低压线路首端新上三相低压用户2户，容量100kVA。
2. 7月21日，良乡公变低压线路首端新上单相低压用户6户，容量30kVA。
3. 7月28日，福清范围用户与公司办理变压器资产移交手续，带低压用户15户，低压架空线路共计400m，容量530kVA。

资料12：

表8 历史指标情况

序号	责任原因	2020年7月	2020年8月	2020年9月	2020年10月	2020年11月	2020年12月	2021年1月	2021年2月	2021年3月	2021年4月	2021年5月	2021年6月
1	10kV配电网设施故障	71	192	77	68	34	32	22	23	23	26	29	84
	其中：设计施工	0	0	0	0	0	0	0	0	0	0	0	0
	设备原因	35	21	0	14	0	0	0	0	12	0	0	0
	运行维护	0	0	0	0	0	0	0	0	0	0	0	0
	外力因素	0	0	0	0	0	0	0	0	0	13	15	0
	自然灾害	0	126	23	0	0	0	0	0	0	0	8	76
	用户影响	36	45	54	54	34	32	22	23	11	13	6	8
2	10kV及以上输电变电设施故障	0	0	0	0	0	0	0	0	0	0	0	0
3	低压设施故障	15	12	7.5	14	12	13	15	25	13	9	15	11
	总计	86	204	84.5	82	46	45	37	48	36	35	44	95

资料13：配电设备允许载流量表

表9 10kV架空绝缘导线允许载流量　　　　单位：A

导体标称截面积（mm²）	铜导体	铝导体
35	211	164
50	255	198
70	320	249
95	393	304
120	454	352
150	520	403
185	600	465
240	712	553
300	824	639

表10 10kV三芯电力电缆允许载流量　　　　单位：A

绝缘类型		交联聚乙烯			
钢铠护套		无		有	
敷设方式		空气中	直埋	空气中	直埋
缆芯截面积（mm²）	35	123	110	123	105
	50	146	125	141	120

续表

	70	178	152	173	152
	95	219	182	214	182
	120	251	205	246	205
缆芯截面积	**150**	283	223	278	219
（mm²）	**185**	324	252	320	247
	240	378	292	373	292
	300	433	332	428	328
	400	506	378	501	374
	500	579	428	574	424
环境温度（℃）		40	25	40	25
土壤热阻系数（K·m/W）			2.0		2.0

注：1. 表中系铝芯电缆数值；铜芯电缆的允许持续载流量值可乘以1.29。

2. 缆芯工作温度大于70℃时，允许载流量的确定还应符合下列规定：数量较多的该类电缆敷设于未装机械通风的隧道、竖井时，应计入对环境温升的影响；电缆直埋敷设在干燥或潮湿土壤中，除实施换土处理等能避免水分迁移的情况外，土壤热阻系数取值不宜小于2.0K·m/W。

资料14：规划年配网结构及指标情况

近期，平安新区政府加大招商力度，相继与多家企业签订招商协议，计划2023年一批用户相继落地该地区。为满足新增用户用电需求，规划2023年新建4条10kV线路，分别为美丽线、工业园线、仙坛线、农西线，其中美丽线为架空和电缆混合线路，其余线路均为架空线路。新增公用及用户配电变压器均为S13系列。2023年年底配网网络结构如图12所示，10kV美丽线单线图如图13所示。美丽线可靠性参数如表11～表14所示。

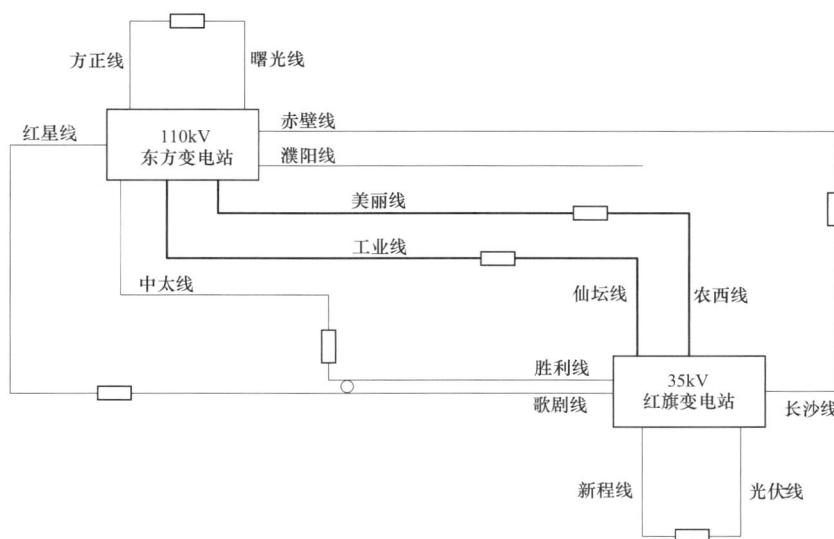

图12　2023年年底配网网络结构（部分）

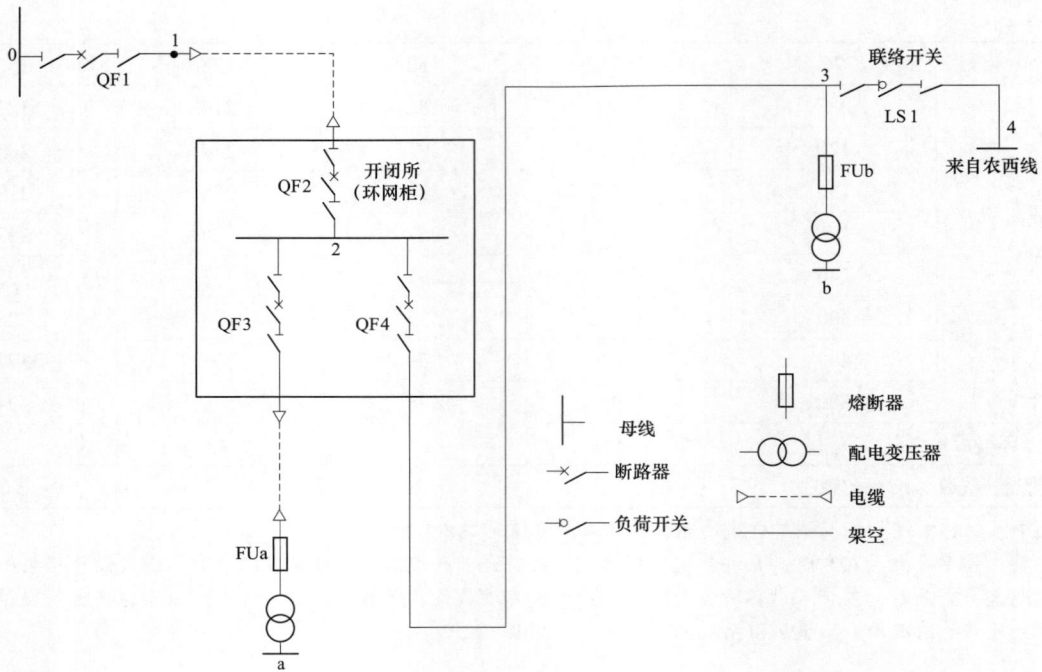

图13 10kV美丽线单线图

　　10kV工业线、仙坛线线路长度均为5km，各有12个用户均匀分布接入，区域供电可靠性要求大于99.99%。为提高供电可靠性，10kV工业线、仙坛线供电区域被选定为"预安排客户零停电示范区"，馈线自动化采用集中式方式，联络开关和分段开关均采用"三遥"，两条线路开关数量和配置方式相同。10kV工业线、仙坛线故障停电率为0.07次/km，平均故障修复时间4h。

表11 10kV美丽线供电可靠性计算相关参数

设施		线路长度（km）	设施故障停电率（次/100km）	平均故障修复时间（h）
供电干线	1-2	2	0.1	5
	2-3	2	0.3	2
	3-4	1	0.3	2
分支线	2-a	1	0.1	5
	3-b	1	0.3	2

表12 10kV美丽线供电可靠性计算相关参数

设施		设施故障停电率（次/100台）	平均故障修复时间（h）
断路器（不考虑紧邻两侧隔离开关故障影响）	QF1-QF4	0.25	3
负荷开关（不考虑紧邻两侧隔离开关故障影响）	LS1	0.2	2.5
熔断器	FUa-FUb	0.2	2
变压器	Ta-Tb	0.35	4

表13　10kV美丽线供电可靠性计算相关参数

负荷点	用户数（户）	负荷容量（kW）
负荷点a	1	800
负荷点b	1	200

表14　10kV美丽线供电可靠性计算相关参数

设施类别	平均故障定位隔离时间（h）	平均故障停电联络开关切换时间（h）	平均故障点上游恢复供电操作时间（h）
开关设备	1	0.5	0.3
设施类别	平均预安排停电隔离时间（h）	平均预安排停电联络开关切换时间（h）	平均预安排停电线段上游恢复供电操作时间（h）
开关设备	0.1	0.1	0.1
设施类别	系统预安排停电率〔次/（100km·年）〕	平均预安排停运持续时间（h）	
架空线路（电缆）	6	7	

注：在预安排停电时，采用先隔离再转供方式。

第二部分　参考答案

1．请根据资料3、资料6～8、资料10，开展基础数据分析

（1）中压线段变更情况。

中压线段变更情况

序号	线段编码	线段范围描述	公用用户		专用用户		出线断路器台数（台）	其他开关台数（台）	注册日期	注销日期	投运日期	退役日期	备注
			变压器台数（台）	总容量（kVA）	变压器台数（台）	总容量（kVA）							
1	东方00630	赤壁线58D至末端	2	1800			0	2	2013/04/16	2021/07/18	2013/04/16		
2	红旗09330	长沙线71LL至末端	2	1800			0	2	2021/07/19		2013/04/16		

（2）中压用户变更情况。

中压用户变更情况

用户编码	用户名称	线段编码	用户描述	变压器		专用设备		投运日期	注册日期	注销日期	退役日期	是否双电源	低压用户总数
				台数（台）	总容量（kVA）	台数（台）	容量（kVA）						
红旗09311001	福清苑	红旗09311	专用			1	800	2017/03/04	2017/03/04	2021/07/27		否	
红旗09311001	福清苑	红旗09311	公用	1	800			2017/03/04		2021/07/28		否	15
红旗09310002	良乡公变	红旗09310	公用	1	800			2015/12/03	2015/12/03	2021/07/20		否	153
红旗09310002	良乡公变	红旗09310	公用	1	800			2015/12/03		2021/07/21		否	159
红旗09321002	凤苑名居	红旗09321	公用	1	1250			2020/01/06	2020/01/06	2021/07/09		否	453
红旗09321002	凤苑名居	红旗09321	公用	1	1250			2020/01/06		2021/07/10		否	455
东方00630001	御景园	东方00630	公用	1	1000			2014/02/13	2014/02/13	2021/07/18		否	301
东方00630002	凤凰园	东方00630	公用	1	800			2014/12/03	2014/12/03	2021/07/18		否	27
东方00630001	御景园	红旗09330	公用	1	1000			2014/02/13	2021/07/19			否	301
东方00630002	凤凰园	红旗09330	公用	1	800			2014/12/03	2021/07/19			否	27

2．请根据资料3、资料6~12，开展运行数据分析

（1）中压停电事件汇总。

中压停电事件汇总

序号	线路名称	起始时间	终止时间	停电户数（户）	停电时户数（h·户）	停电性质	设备名称	技术原因	责任原因	备注
1	赤壁线	07/08 11:25	07/08 15:37	5	16.16	供电网限电			供电网限电	
2	歌剧线	07/10 08:55	07/10 10:55	9	18	内部故障停电	绝缘线	断线	运行管理原因	
3	红星线	07/12 08:15	07/12 14:45	6	39	施工停电			配电网设施计划施工	
4	濮阳线	07/14 14:20	07/14 18:20	22	88	供电网限电			供电网限电	
5	赤壁线	07/18 08:30	07/18 11:30	2	6	施工停电			配电网设施计划施工	
6	歌剧线	07/25 08:25	07/25 16:55	9	76.5	施工停电			配电网设施计划施工	
7	新程线	07/21 13:39	07/21 13:44	14	1.17	内部故障停电	真空断路器	拒、误动	运行管理原因	
8	新程线	07/21 13:39	07/21 15:39	6	12	内部故障停电	变压器低压配电设施	过热	低压设施故障	
9	濮阳线	07/24 05:30	07/24 16:30	22	242	内部故障停电	交联聚氯乙烯绝缘电缆终端	爆炸	施工、安装原因	
10	红星线	07/28 17:21	07/28 19:21	1	2	内部故障停电	用户设备	短路	用户影响	
11	胜利线	07/30 18:56	07/30 18:58	51	1.7	内部故障停电	35kV输变电设备	短路	35kV设施故障	
12	新程线	07/30 18:56	07/30 18:58	23	0.77	内部故障停电	35kV输变电设备	短路	35kV设施故障	
13	光伏线	07/30 18:56	07/30 18:58	28	0.93	内部故障停电	35kV输变电设备	短路	35kV设施故障	

赤壁线中压限电等效停电时间计算如下：

联宜公司、君驰燃气、机关西配等效停电时间＝（1000－300）×6/1000＝4.2（h）

御景园等效停电时间＝（1000－625）×6/1000＝2.25（h）

凤凰园等效停电时间＝（800－625）×6/800＝1.31（h）

取以上最大值4.2h，则

限电时户数＝4.2＋4.2＋4.2＋2.25＋1.31＝16.16（h·户）

（2）低压停电事件汇总。

低压停电事件汇总

序号	停电性质	停电变压器	停电时间		停电情况		停电原因、设备状况详细说明
			起始时间	终止时间	用户数（户）	时户数（h·户）	
1	供电网限电	联宜公司、君驰燃气、机关西配、御景园、凤凰园	07/08 11:25	07/08 15:22	439	979.88	有序用电
2	外力因素	凤苑名居	07/12 17:15	07/12 19:15	155	310	低压单相断线
3	施工停电	联宜公司、君驰燃气	07/18 08:30	07/18 11:30	26	78	线路施工

赤壁线低压限电等效停电时间计算如下：

联宜公司等效停电时间＝（880－300）×6/880＝3.95（h）

君驰燃气等效停电时间＝（800－300）×6/800＝3.75（h）

机关西配等效停电时间＝（770－300）×6/770＝3.66（h）

御景园等效停电时间＝（870－625）×6/870＝1.69（h）

凤凰园等效停电时间＝（980－625）×6/980＝2.17（h）

取以上最大值3.95h，则

限电时户数＝3.95×20＋3.75×6＋3.66×85＋1.69×301＋2.17×27＝979.88（h·户）

（3）指标完成情况。

1）设施指标。

7月10kV濮阳线04出线开关的暴露率＝（24×31－4－11）/（24×31）×100%＝97.98%

7月10kV赤壁线和长沙线71LL联络开关的暴露率＝（31×24－17×24－8）/（24×31）×100%＝44.09%

线路百公里年＝（152＋18）×31/36500＝0.144（100km·年）

FLFI＝2/0.144＝13.89［次/（100km·年）］

2）中压用户指标。

7月等效用户数＝在运用户数＝1020（户）

MID－S＝26.2/5＝5.24（h/次）　　MID－F＝17.18/8＝2.15（h/次）

MIC－S＝44/5＝8.8（户/次）　　MIC－F＝154/8＝19.25（户/次）

SAIDI－1＝504.23/1020＝0.4943（h/户）

ASAI－1＝（1－0.4943/31/24）×100%＝99.9336%

3）低压用户指标。

a）根据《供电系统供电可靠性评价规程　第3部分：低压用户》（DL/T 836.3—2016）附件5，填写低压用户供电可靠性指标统计表，并计算其中第1～9项指标和系统基本数据。

低压用户供电可靠性指标统计表

可靠性指标								系统基本数据名称			
序号	指标名称（只需填英文缩写）	统计数	单位	序号	指标名称（只需填英文缩写）	统计数	单位	序号	数据名称	统计数	单位
1	ASAI-1	99.8865	%	15	SAIFI-S		次/户	1	低压线路累计长度	6.15	km
2	ASAI-2	99.9122	%	16	SAIFI-F		次/户	2	低压架空线路长度	3.05	km
3	ASAI-4	99.8865	%	17	MID-S		h/次	3	低压电缆线路长度	3.1	km
4	SAIDI-1	0.8446	h/户	18	MID-F		h/次	4	实际总用户数	1637	户
5	SAIDI-2	0.6532	h/户	19	CAIFI-1		次/户	5	系统总容量	10203	kVA
6	SAIDI-4	0.8446	h/户	20	CAIFI-4		次/户				
7	SAIFI-1	0.3828	次/户	21	CAIDI-1		h/户				
8	SAIFI-2	0.2871	次/户	22	CAIDI-4		h/户				
9	SAIFI-4	0.3828	次/户	23	CTAIDI-1		h/户				
10	MAIFI		次/户	24	CTAIDI-4		h/户				
11	ASIFI		次	25	CELID-t		%				
12	ASIDI		h	26	CELID-s		%				
13	SAIDI-S		h/户	27	CEMSMIn		%				
14	SAIDI-F		h/户	28	CEMIn		%				

第1～9项指标计算如下：

低压等效用户数＝1614＋（31－10＋1）×2/31＋（31－21＋1）×6/31＋（31－28＋1）×15/31＝1619.48（户）

停电时户数＝1367.88（h·户）

ASAI-1＝ASAI-4＝（1－1367.88/1619.48/31/24）×100%＝99.8865%

ASAI-2＝（1－1057.88/1619.48/31/24）×100%＝99.9122%

SAIDI-1＝SAIDI-4＝1367.88/1619.48＝0.8446（h/户）

SAIDI-2＝1057.88/1619.48＝0.6532（h/户）

SAIFI-1＝SAIFI-4＝（439＋155＋26）/1619.48＝0.3828（次/户）

SAIFI-2＝（439＋26）/1619.48＝0.2871（次/户）

b）计算7月低压用户缺供电量。

限电缺供电量＝［（880－300）/880］×6×880×0.52＋［（800－300）/800］×6×800×0.52＋［（770－300）/770］×6×770×0.52＋［（870－625）/870］×6×870×0.52＋［（980－625）/980］×6×980×0.52＝6708（kWh）

停电缺供电量＝1770×2×0.52＝1840.8（kWh）

7月缺供电量合计＝6708＋1840.8＝8548.8（kWh）

3．请根据资料8～9，分析中压用户停电情况：

（1）故障停电分析和措施。

1）与2020年7月相比。

a）同比新增施工、安装原因，且影响时户数非常高。措施：需要严抓检修施工质量，加强验收把关，杜绝施工质量隐患，确保零缺陷投运。

b）同比新增运行维护原因。措施：要举一反三梳理运行管理阶段的问题隐患，全面排查误整定、树线矛盾等管理问题，并限期整改。

c）同比新增输变电设施故障，虽然影响时户数少，但停电涉及用户范围大。措施：要排查电网设备隐患，加强网架结构和备自投配置，提升电网运行稳定性。

d）用户影响降幅较大，要坚持好的措施做法，控制用户故障影响，持续提升供电可靠性。

2）故障类型分析。

a）设计施工原因占比87%，为最高，措施同上。

b）运行维护原因占比7%，排第2，措施同上。

c）低压设施故障占比4%，排第3，措施：应推进配电管理向低压延伸，加强低压设施运维质量，规范停电计划管控，提升低压设备运行水平。

3）故障趋势分析。

a）用户影响和低压设施故障每月持续发生，反映出相关管理存在问题。措施：需加强用户设备运维指导，加装分界开关确保用户故障不出门，提升低压设施管理措施同上。

b）自然灾害受季节气候影响明显。措施：需做好8月抵御自然灾害的准备，提前排查处理设备隐患。

c）设备原因偶发。措施：需组织开展专题分析，分析运行环境、投运年限、设备类型等方面的影响，针对性采取措施。

（2）8月停电计划优化。

8月停电计划优化

序号	停电范围		主要工作内容	停电时间
	站名	设备名称		
1	东方站	10kV方正线07开关	计量CT变比调整（调整为600/5），断路器例行试验	08/03 08:00～12:00
2	东方站	10kV曙光线01开关至25D开关之间线路	手车开关消缺，站内电缆头更换	08/03 13:00～20:00
3	红旗站	10kV新程线098开关至15D开关之间线路、10kV待用Ⅲ 092开关间隔	新程线#1杆至站内进线电缆更换为YJV22-3×300，新电缆接入待用Ⅲ间隔	08/15 08:00～18:00

1）10kV曙光线及01开关停电，手车开关消缺，站内电缆头更换；10kV方正线07开关计量CT变比调整，断路器例行试验。

a）10kV曙光线、方正线互为联络。10kV曙光线最大电流230A，10kV方正线最大电流196A，合计426A。10kV方正线因CT限流问题，最大允许电流为300A。

b）变比调整后，可接带两条线路全部负荷。JKLGYJ-240允许电流553A，YJV22-3×300允许电流1.29×373＝552（A）。

c）将10kV方正线和10kV曙光线停电顺序互换，避免时间交叉，曙光线停电范围可缩小至10kV曙光线01开关至25D开关之间，停电影响范围由21户减至3户。

2）红旗站10kV新程线停电，市政道路拓宽，#29—#32杆之间线路迁改（架空线入地改为电缆）。10kV新程线杆塔均位于道路两侧，不停电作业条件良好，可提前敷设入地电缆，通过不停电作业接火完成架空线入地改造。

3）红旗站10kV光伏线40D开关至末端线路停电，光伏并网接入受限，#45～#47杆之间JKLGYJ-95导线更换为JKLGYJ-240导线。原线路全线具备不停电作业条件，目前民事影响已消除，可通过旁路不停电作业将JKLGYJ-95导线更换为JKLGYJ-240导线。

4）红旗站10kV新程线及098开关停电，#1杆至站内进线电缆更换为YJV22-3×300。

a）10kV新程线#1杆位于田地内，不具备不停电作业条件。

b）10kV光伏线#45～#47杆之间导线更换后，最大允许电流为552A，可接带10kV新程线、光伏线全部负荷。

c）为推进网架治理，8月底前完成同母线出线联络问题，借此机会将10kV新程线#1杆至站内进线电缆调整至10kV待用Ⅲ092开关间隔供电。

4．请根据资料14，开展规划年供电可靠性相关指标计算

不考虑上级电网的影响，且QF1～QF4均能实现保护的正确配合，10kV美丽线故障时其负荷均能由农西线转供，利用故障模式后果分析法，美丽线供电可靠性相关指标计算结果如下表所示。λ_{LP}为各负荷点停电率期望值（次/年）、μ_{LP}为各负荷点停电时间期望值（h/年）。

故障模式后果分析表

设施		负荷点a		负荷点b	
		λ_{LP}（次/年）	μ_{LP}（h/年）	λ_{LP}（次/年）	μ_{LP}（h/年）
干线设施故障	QF1	0.0025	0.00375	0.0025	0.00375
	线路1-2	0.002	0.003	0.002	0.003
	QF2	0.0025	0.00375	0.0025	0.00375
	QF4	0.0025	0.00325	0.0025	0.00375
	线路2-3	0	0	0.006	0.012
分支线设施故障	线路2-a	0.001	0.005	0	0
	线路3-b	0	0	0.003	0.006
	QF3	0.0025	0.0075	0.0025	0.00325
	FUa	0.002	0.004	0	0
	FUb	0	0	0.002	0.004
	Ta	0.0035	0.014	0	0
	Tb	0	0	0.0035	0.014
预安排停运	线路1-2	0.12	0.024	0.12	0.024
	线路2-3	0	0	0.12	0.84
	线路2-a	0.06	0.42	0	0
	线路3-b	0	0	0.06	0.42
总计		0.1985	0.48825	0.3265	1.3375

负荷点可靠性指标

负荷点指标	负荷点a	负荷点b
负荷点停电率期望值（次/年）	0.1985	0.3265
负荷点停电时间期望值（h/年）	0.48825	1.3375
负荷点平均供电可靠率期望值（%）	99.994	99.985
负荷点缺供电量期望值（kWh/年）	390.6	267.5
负荷点等效系统停电小时数期望值（h/年）	0.3906	0.2675

10kV美丽线可靠性指标

系统指标	指标值
系统平均停电频率期望值（次/年）	0.2625
系统平均停电时间期望值（h/年）	0.9129
平均供电可靠率期望值（%）	99.990
系统缺供电量期望值（kWh）	658.1
系统平均缺供电量期望值（kWh/年）	329.05

5．请根据资料14，制定面向供电可靠性的规划方案

计算10kV工业线、仙坛线最小分段和联络开关的配置数量。为简化计算，不计上级电源不足影响，仅考虑线路故障。工业线、仙坛线采用单联络结构，馈线自动化采用集中式且采用"三遥"开关时，可忽略故障停电转供时间和故障点上游恢复供电时间。

方法1：试凑法

（1）线路不分段时：

系统平均停电频率期望值＝0.07×5＝0.35次/（户·年）

系统平均停电时间期望值＝0.35×4＝1.4h/（户·年）

平均供电可靠率期望值＝（1－1.4/8760）×100%＝99.984%

（2）线路分两段时：

第一段6个用户总停电时间期望值＝0.07×2.5×4×6＝4.2（h·户）/年

第二段6个用户总停电时间期望值＝0.07×2.5×4×6＝4.2（h·户）/年

平均供电可靠率期望值＝［1－（4.2＋4.2）/12/8760］×100%＝99.992%

因此，每条线路至少分成两段能满足供电可靠性要求。

10kV工业线、仙坛线至少需要分段与联络开关数量＝1个（工业线分段开关）＋1个（仙坛线分段开关）＋1个（联络开关）＝3（个）

方法2：计算法

假设每条线路通过k个分段开关分成（$k+1$）段

$$户均停电时间 = \frac{线路故障停电率 \times 单条线路长度}{k+1} \times 平均修复时间 \times \frac{总用户数}{k+1} \times (k+1) \times \frac{1}{总用户数}$$

$$= \frac{线路故障停电率 \times 单条线路长度}{k+1} \times 平均修复时间$$

根据户均停电时间$\leq 1-8760(1-ASAI_{目标})$

$$k \geqslant \frac{\text{线路故障停电率} \times \text{单条线路长度} \times \text{平均修复时间}}{1 - 8760(1 - ASAI_{目标})} - 1 = 0.6$$

取k最小值为1。

因此，每条线路至少分成两段能满足供电可靠性要求。

10kV工业线、仙坛线至少需要分段与联络开关数量＝1（工业线分段开关）＋1（仙坛线分段开关）＋1（联络开关）＝3（个）

试题十二 组合场景（停电计划平衡场景/指标预控场景/辅助规划决策场景）

一、主要考点

根据时户数预控目标利用带电作业技术、中低压发电技术及联络情况进行停电计划平衡，可靠性指标计算。

二、考察重点

在计划平衡过程中能否充分利用给定的技术手段实现停电计划最优。

三、试题及参考答案

—————— 第一部分 题目内容 ——————

请根据提供的资料及检修需求开展停电分析，重点针对停电范围、影响、停电时户数刚性管控等情况进行分析，同时综合利用配网不停电作业等技术手段，分析优化方案。答题时长90min。

【参考资料】

资料1：祥云县供电公司主配网概况

资料2：6月10kV停电需求收集表

资料3：常家站配网结构图及10kV出线单线图

资料4：35kV常家站周期性预试施工方案

资料5：常家站板营线等配电线路运行数据

资料6：10kV大高线检修需求

资料7：陆远化工厂客户典型日负荷曲线

资料8：配网设备允许载流量表

【试题】

1. 请根据资料1~4，开展停电需求分析。

2. 请根据资料1~6，开展停电方案优化（明确优化依据及相关计算，充分考虑时户数消耗及现有装备）：

（1）配网停电检修优化方案分析。

（2）优化过程分析。

3. 请根据资料1~8，进行停电计划统筹：

（1）统筹考虑先算后停，确定经分析平衡后的最终停电计划。

（2）计算2021年6月月度停电计划优化后，较优化前ASAI-1提升情况（保留到小数点后5位）及6月SAIDI-S、SAIFI-S、MID-S、MIC-S指标（保留到小数点后3位）。

资料1：祥云县供电公司主配网概况

祥云县为某设区市下属县，祥云县供电公司目前10kV架空线路总长度965km，电缆线路总长度131km，所辖变电站10kV出线间隔共计48个，待用间隔8个，无代维用户资产，中压用户总数8785户，总容量5638.55MVA。

祥云县供电公司配网不停电作业开展较早，目前拥有绝缘斗臂车2台，10kV发电车1台（1000kW，自适应并网发电，稳定运行最大出力80%），带电作业人员15人，旁路作业装备1套（含旁路负荷开关1台及20m旁路电缆6根，额定电流200A），具备独立开展各类复杂作业能力。

祥云县供电公司严格按照"先算后停、能带不停，一停多用"的原则审核安排停电计划，严格可靠性时户数消耗管理。一季度账户预算400h·户，实际消耗395h·户，执行率98.75%，二季度停电账户预算1400h·户，其中预安排停电账户800h·户，故障停电账户600h·户，4—5月累计已分别消耗600、300h·户。根据往年数据，预计6月故障时户数为350h·户。严格按照管控要求，半年度（6月可用时户数消耗）偏差率不得超过±5%。

资料2：

表1　6月10kV停电需求收集表

序号	日期	停电时间	工作时间	设备名称	停电范围	工作内容	提报单位
1	06/04	08:00~14:00	08:30~13:30	常家站：10kV Ⅰ段母线	常家站：10kV Ⅰ段母线	周期性预试，母线清扫检查，开关保护效验，四遥通讯调试，配电自动化调试	变电检修班
2	06/04	08:00~14:00	08:30~13:30	常家站：10kV常家线及出线开关	常家站：10kV常家线603开关至末端线路	线路配合停电	常家供电所
3	06/04	08:00~14:00	08:30~13:30	常家站：10kV板营线及出线开关	常家站：10kV板营线602开关至17D开关之间线路	线路配合停电	常家供电所
4	06/05	08:00~14:00	08:30~13:30	常家站：10kV Ⅱ段母线	常家站：10kV Ⅱ段母线	周期性预试，母线清扫检查，开关保护效验，四遥通讯调试，配电自动化调试	变电检修班
6	06/05	08:00~14:00	08:30~13:30	常家站：10kV大高线及出线开关	常家站：10kV大高线601开关至35D开关之间线路	线路配合停电；线路#30~#34杆更换直线横担	常家供电所

注：均为需求单位报送，未经审核平衡。

资料3：

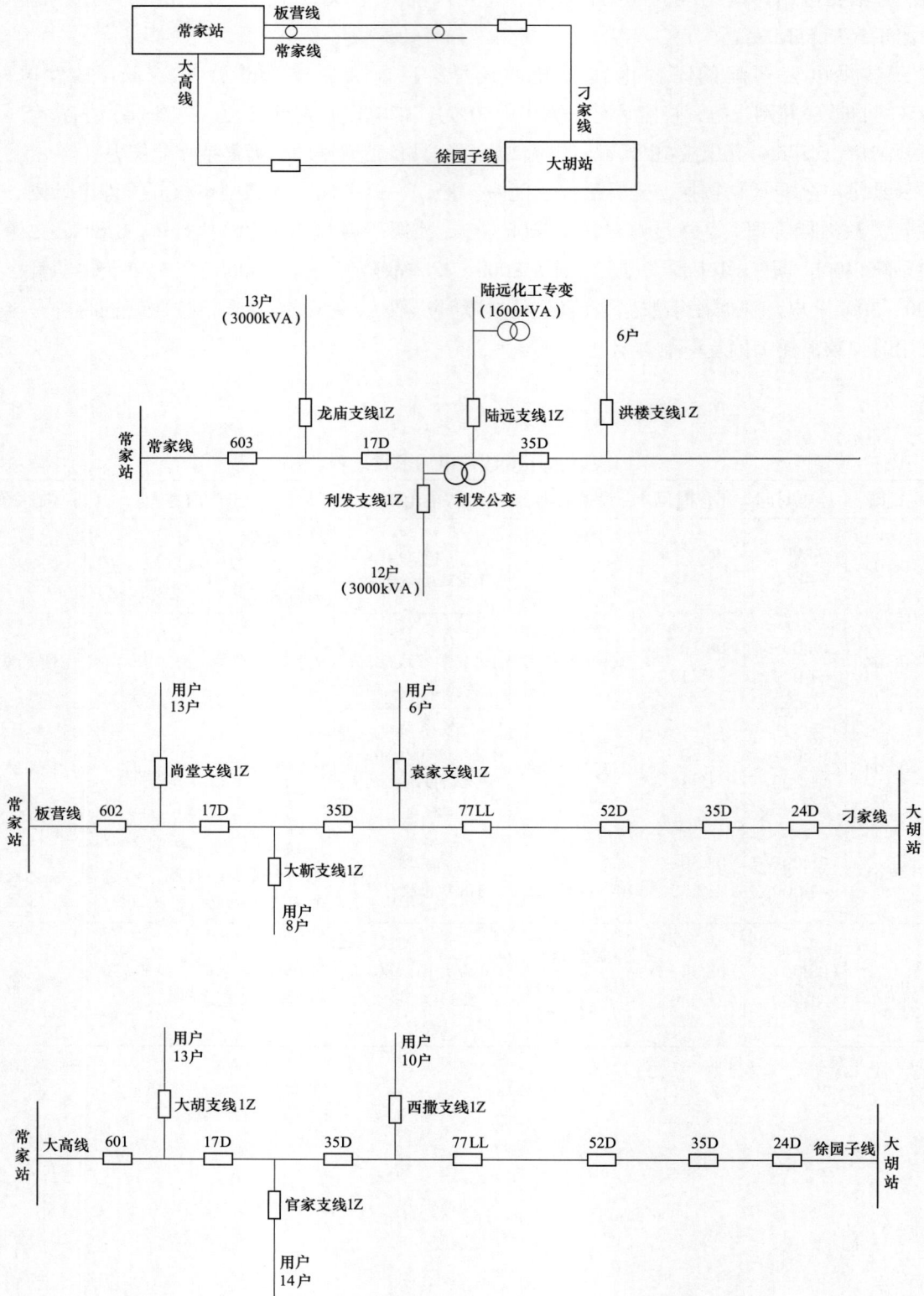

图1 常家站配网结构图及10kV出线单线图

资料4：35kV常家站周期性预试施工方案

一、改造内容

按照周期性预防性试验安排，计划6月开展全站设备轮停试验。

二、电网运行现状

常家站主变2台，#1主变容量为8MVA，#2主变容量为10MVA；35、10kV母线采用单母线分段接线；35kV进线电源2回，10kV出线3回。

35kV常家站配出10kV线路3条，分别为Ⅰ段母线：10kV板营线、10kV常家线，Ⅱ段母线10kV大高线，其中10kV板营线、10kV常家线#1～#40杆为同杆架设向西出线，10kV大高线为变电站向东出线，常家站所有出线通道状况良好。站内开关至站外#1杆均为YJV-3×300电缆出线直埋敷设，架空主干线型号为JKLYGJ-240。

三、施工计划

本次改造采用单侧整变整母线轮停方式。变电检修专业根据现场勘查结果制定了停电计划需求。

计划6月4日，常家站：10kVⅠ段母线及出线开关停电，计划检修时间6h；计划6月5日，常家站：10kVⅡ段母线及出线开关停电，计划检修时间6h。

资料5：常家站板营线等配电线路运行数据

板营线、常家线、大高线、刁家线、徐园子线主干线均为JKLGYJ-240架空导线，出线电缆均直埋敷设至站外#1杆，型号为YJV-3×300。根据负荷预测，6月，刁家线最大电流为200A，板营线最大电流为150A，徐园子线最大电流180A，大高线最大电流150A。通过调度自动化及配电自动化系统进行同比及环比得到常家线6月各自动化开关设备预测电流，如表2所示。

表2 常家线6月各自动化开关设备预测电流

序号	开关名称	最大电流（A）
1	10kV常家线603开关	265
2	10kV常家线17D开关	220
3	10kV常家线陆远支线1Z开关	76
4	10kV常家线35D开关	60

资料6：10kV大高线检修需求

一、缺陷内容

10kV大高线沿省道S104架设，常家供电所在线路巡视时发现，10kV大高线#30～#35杆横担由于施工问题出现抱箍螺丝松动，横担倾斜较为严重。计划结合本次停电改造，对上述缺陷进行同步处理。

二、施工方案

10kV大高线计划变电站出线至35D之间停电检修，后段通过联络转供方式接带。

资料7：

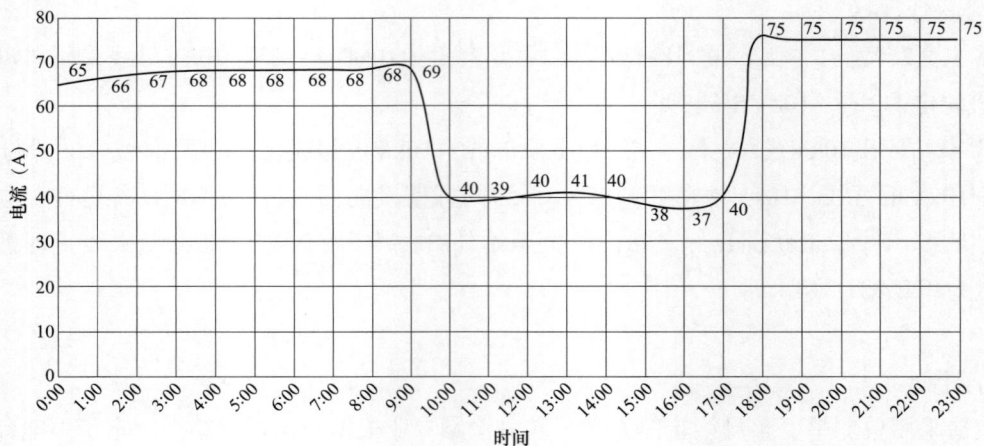

图2　陆远化工厂客户典型日负荷曲线

资料8：配网设备允许载流量表

表3　10kV架空绝缘导线允许载流量　　　　　　　　　　　　　　单位：A

导体标称截面积（mm²）	铜导体	铝导体
35	211	164
50	255	198
70	320	249
95	393	304
120	454	352
150	520	403
185	600	465
240	712	553
300	824	639

表4 10kV三芯电力电缆允许载流量 单位：A

绝缘类型		交联聚乙烯			
钢铠护套		无		有	
敷设方式		空气中	直埋	空气中	直埋
缆芯截面积 （mm²）	35	123	110	123	105
	50	146	125	141	120
	70	178	152	173	152
	95	219	182	214	182
	120	251	205	246	205
	150	283	223	278	219
	185	324	252	320	247
	240	378	292	373	292
	300	433	332	428	328
	400	506	378	501	374
	500	579	428	574	424
环境温度（℃）		40	25	40	25
土壤热阻系数（K·m/W）			2.0		2.0

注：1. 表中系铝芯电缆数值；铜芯电缆的允许持续载流量值可乘以1.29。

2. 缆芯工作温度大于70℃时，允许载流量的确定还应符合下列规定：数量较多的该类电缆敷设于未装机械通风的隧道、竖井时，应计入对环境温升的影响；电缆直埋敷设在干燥或潮湿土壤中，除实施换土处理等能避免水分迁移的情况外，土壤热阻系数取值不宜小于2.0K·m/W。

第二部分 参考答案

1. 请根据资料1~4，开展停电需求分析

停电需求分析表

序号	线路名称	停电范围	影响时间（h）	影响用户数（户）	时户数（h·户）
1	常家站：10kVⅠ段母线	常家站：10kVⅠ段母线	6	0	0
2	常家站：10kV常家线及出线开关	常家站：10kV常家线603开关至末端线路	6	33	198
3	常家站：10kV板营线及出线开关	常家站：10kV板营线602开关至17D开关之间线路	6	13	78
4	常家站：10kVⅡ段母线	常家站：10kVⅡ段母线	6	0	0
5	常家站：10kV大高线及出线开关	常家站：10kV大高线601开关至35D开关之间线路	6	27	162

2. 请根据资料1~6，开展停电方案优化（明确优化依据及相关计算，充分考虑时户数消耗及现有装备）

（1）配网停电检修优化方案分析。

1）上半年整体时户数为1800h·户，按照±5%偏差率计算，上半年可用时户数为1710~1890h·户。

1~5月已消耗时户数＝395＋600＋300＝1295（h·户）

6月预计故障停电时户数为350h·户，则剩余6月预安排停电时户数为65~245h·户，即停电户数范围为11~40户。

2）常家站配电线路方案安排分析。

a）板营线。

安排停电：停电范围为601开关至17D之间，停电时户数为13×6＝78（h·户）。

不停电作业：根据资料，10kV板营线无检修工作，且与10kV刁家线联络互供线路，为实现站内602开关停电检修，考虑采取互供转带方式，负荷转移至刁家线。板营线602开关停电后，带电作业将602出线电缆负荷侧终端头引线解开，实现板营线602开关检修不对客户停电，停电时户数为0。

$N-1$分析。刁家线导线为JKLYGJ-240，出线电缆为YJV-3×300，线路额定载流量为428.28A，线路最大负荷为200A。板营线线路负荷为150A，150A＋200A＝350A＜428.28A，满足$N-1$效验，因此可通过77LL联络开关将线路负荷全部转供刁家线供电。

b）大高线。10kV大高线#30~#35杆横担倾斜处理。

安排停电：最小停电范围为601开关至35D之间，停电时户数为（13＋14）×6＝162（h·户）。

不停电作业：安排#30~#35杆更换横担带电作业，大高线601开关至末端线路负荷通过77LL联络开关将线路负荷全部转供，大高线601开关停电后，带电作业将601开关出线电缆在#1杆引线解开，此方案大高线时户数为0。此时，#30~#35杆更换横担工作可随时择日带电执行。

$N-1$分析：徐园子线导线为JKLYGJ-240，出线电缆为YJV-3×300，则线路额定载流量为428.28A，线路最大负荷为180A。大高线线路负荷为150A，如联络转带180A＋150A＝330A＜428.28A，满足$N-1$效验，因此可通过77LL联络开关将线路负荷全部转供至徐园子线供电。

c）常家线。10kV常家线为单辐射线路，接带客户数量为33户。祥云县供电公司10kV发电车1台

1000kW，自适应并网发电，稳定运行最大出力80%，即800kW，折合电流46.19A。1套旁路负荷开关1台及20m旁路电缆6根，额定电流200A。

安排停电：安排全线停电，停电时户数为34×6＝204（h·户）。安排线段停电，即考虑使用旁路转带＋中压发电＋线路部分停电。

根据线路分段情况，10kV常家线可执行中压发电或旁路转带的线段为：603开关至17D、17D至35D、35D至末端、龙庙支线、利发支线、陆远化工支线。

中压发电不同线段位置可行性分析：603开关至17D负荷预计为265－220＝45（A）<46.19A，可发电接带；龙庙支线同603开关至17D，可发电接带；利发支线负荷预计为220－76－60＝84（A），中压发电车不满足要求；陆远化工支线高峰时段最大负荷为76A，低谷时间段为10:00～17:00，10:00以后化工厂负荷电流降至41A左右，由此可考虑在此时间段内使用中压发电接带陆远化工专变，中压发电车此时接待陆远化工负载率69.28%，满足稳定运行要求；17D至35D实际接带陆远化工支线、利发支线，同上，中压发电车不满足要求；35D至末端负荷预计为60A>46.19A，中压发电车不满足要求。

旁路转带位置可行性分析：10kV常家线、10kV板营线站内开关为同母线，需要同时停电，且#1～#40杆为同杆架设，考虑10kV常家线与10kV板营线建立临时联络，由10kV刁家线接带部分负荷。10kV刁家线接带10kV板营线后，线路剩余的可接入容量电流为428.28－350＝78.28（A），因此10kV常家线可转移负荷必须控制在78A内。

由资料5表2可分析10kV常家线旁路负荷区间为：35D至线路末端、603开关至17D、陆远支线。

旁路开关接带35D-线路末端时，$N-1$效验：刁家线200A、板营线150A、常家线35D开关后段负荷60A，刁家线负载率96.3%，满足$N-1$。结合对中压发电的分析，停电范围17D至35D，此方式停电户数为14或26。

旁路开关接带603开关至17D时，$N-1$效验：刁家线200A、板营线150A、常家线603开关至17D负荷45A，刁家线负载率93.4%，满足$N-1$。结合对中压发电的分析，停电范围17D至35D，此方式停电户数为19。

旁路开关接带陆远支线时，$N-1$效验：刁家线200A、板营线150A、陆远支线（最大）负荷75A，刁家线负载率为[（200＋50＋75）/428.28]×100%＝99.23%，满足$N-1$。结合对中压发电的分析，停电范围17D至35D，此方式停电户数为19或26。

d）最终方案。考虑"先算后停、能带不停"及题干停电户数范围为11～40户，确定常家线停电户数14户为优选方案。

常家线：35D至末端通过旁路电缆建立联络并接带，龙庙支线由中压发电车接带，停电范围为17D至35D开关之间线路，总停电户数14户。

板营线：采取互供转带方式，负荷转移至刁家线。板营线602开关停电后，带电作业将#1杆小号侧电缆终端头引线解开，停电户数0户。

大高线：采取互供转带方式，负荷转移至徐园子线。大高线601开关停电后，带电作业将#1杆小号侧电缆终端头引线解开，线路消缺采用带电作业形式进行，停电户数0户。

（2）优化过程分析。

1）方案优化过程中涉及的带电作业次数及明细。

a）常家线：利用带电作业手段使用旁路作业装备在常家线35D至末端临时联络接拆，记带电作业次数1次；龙庙支线由中压发电车接拆，记带电作业次数1次，小计2次。

b）板营线：利用带电作业手段将板营线#1杆小号侧电缆头解开，工作结束后利用带电作业手段恢复#1杆电缆，记带电作业次数1次。

　c）大高线：利用带电作业手段将大高线#1杆小号侧电缆头解开，工作结束后利用带电作业手段恢复#1杆电缆，记带电作业次数1次。

利用带电作业手段处理大高线#30～#35杆横担缺陷，带电作业次数6次，小计7次。

综上，共计带电作业次数10次。

2）计算计划优化后与预算值偏差率。

计划优化完毕后上半年总停电时户数＝395＋600＋300＋350＋84＝1729（h·户）

偏差值＝［（1729－1800）/1800］×100%＝－3.94%。

3．请根据资料1～8，进行停电计划统筹

（1）统筹考虑先算后停，确定经分析平衡后的最终停电计划。

平衡后的停电计划表

序号	日期	停电时间	工作时间	设备名称	停电范围	工作内容	影响用户
1	06/04	08:00～14:00	08:30～13:30	常家站：10kVⅠ段母线	常家站：10kVⅠ段母线	周期性预试，母线清扫检查，开关保护效验，四遥通讯调试，配电自动化调试	0
2		08:00～14:00	08:30～13:30	常家站：10kV常家线及出线开关	常家站：10kV常家线603开关至35D开关之间线路	线路配合停电	14
3		08:00～14:00	08:30～13:30	常家站：10kV板营线及出线开关	常家站：10kV板营线602开关至#1杆之间线路	线路配合停电	0
4	06/05	08:00～14:00	08:30～13:30	常家站：10kVⅡ段母线	常家站：10kVⅡ段母线	周期性预试，母线清扫检查，开关保护效验，四遥通讯调试，配电自动化调试	0
5		08:00～14:00	08:30～13:30	常家站：10kV大高线及出线开关	常家站：10kV大高线601开关至#1杆之间线路	线路配合停电	0

（2）计算2021年6月月度停电计划优化后，较优化前ASAI-1提升情况（保留到小数点后5位）及6月SAIDI-S、SAIFI-S、MID-S、MIC-S指标（保留到小数点后3位）。

计划优化后共减少停电时户数＝（33＋13＋27－14）×6＝354（h·户）

减少的系统平均停电时间＝354/8785＝0.0403（h/户）

ASAI-1提高了0.0403/30/24×100%＝0.00560%

SAIDI-S＝（14×6）/8785＝0.010（h/户）

SAIFI-S＝14/8785＝0.002（次/户）

MID-S＝6/1＝6（h/次）

MIC-S＝14/1＝14（户/次）

试题十三 组合场景（数据分析场景/故障停电事件处置场景）

一、主要考点

可靠性中压台账变更维护、低压用户台账维护，根据调度日志、配电自动化SOE信息开展中压运行事件分析维护，配电自动化典型模式动作过程分析。

二、考察重点

对基础数据维护原则、结合调度日志等对运行事件完整性准确性的分析能力、可靠性与配电自动化基础知识结合能力，考察对配电运检相关知识的掌握和实际应用水平。

三、试题及参考答案

第一部分 题目内容

请根据下列提供的资料，参照模板要求编制报告。要求章节清晰明了、分段分类合理、语言表达清晰无语病、图文并茂且计算过程清晰、各项数据正确。要求3名参赛选手合作在3h内，完成报告的编制和PPT的制作。最终计算结果精确到小数点后2位，其中供电可靠率保留到小数点后4位。

【参考资料】

资料1：平城县供电公司2021年主配网概况

资料2：配电线路单线图

资料3：中低压用户基本情况

资料4：平城地区2021年8月调度运行日志

资料5：配电线路故障过程

资料6：10kV吴成线、奉天线部分情况说明

资料7：配电设备允许载流量表

【试题】

1. 请根据资料3，完善变更的线段和用户台账。

2. 请根据资料4~5，完善8月中压停电运行数据明细。

3. 请根据资料4~5中配电自动化等故障信息，按时间节点描述整个故障实际发展演变过程，并分析出配电自动化方面存在的问题。

4. 若平城县供电公司配电自动化终端均为电流集中型开关，且10kV海岸线配电自动化存在同样的问题，请描述发生同样故障时配电自动化动作过程。

5. 请根据资料1~6，测算10kV海岸线供电可靠性指标：

（1）CAIFI-4指标计算。

（2）CAIDI-4指标计算。

（3）故障点上游恢复供电操作时间计算。

（4）故障点上游恢复供电时间计算。

（5）故障点下游恢复供电时间（故障停电转供时间）计算。

（6）CEMSMI$_n$指标计算（其中$n=3$）。

资料1：平城县供电公司2021年主配网概况

平城县总面积86km^2，全县辖9个镇，4个街道，1个省级开发区，659个行政村，常住人口634144人，该地区共有35kV变电站10座，110kV变电站8座，220kV变电站1座。110kV线路19条，35kV线路19条，10kV线路147条，年供电量30亿kWh。截至2021年7月31日，平城县供电公司等效用户数为8600户。

平城县区域内有110kV郏城站（额定电压：110kV/10kV，联结组标号：YNd11）、35kV大海站（额定电压：35kV/10kV，联结组标号：YNd11），均为220kV邓集站（额定电压：220kV/110kV/35kV，联结组标号：YNynd11）供电。

平城县供电公司以供电可靠性为配网管理工作主线，大力开展配网自动化建设，开关均升级为一二次融合真空断路器（电流型），目前自动化配置率达到100%，并且在主网一键顺控、配网故障全自愈、一键转供电等自动化实用化功能应用方面取得了较大突破。

资料2：配电线路单线图

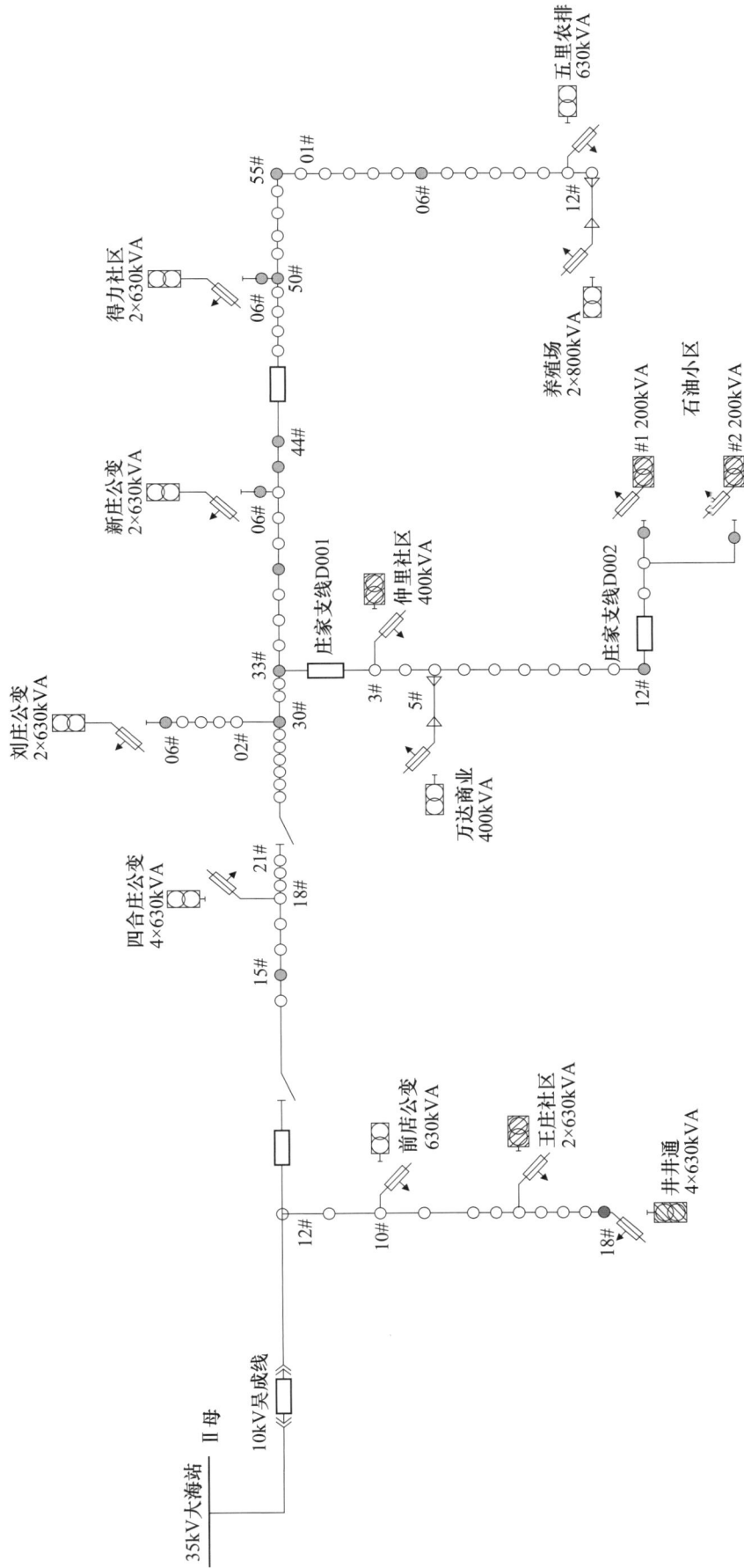

图1　10kV吴成线单线图

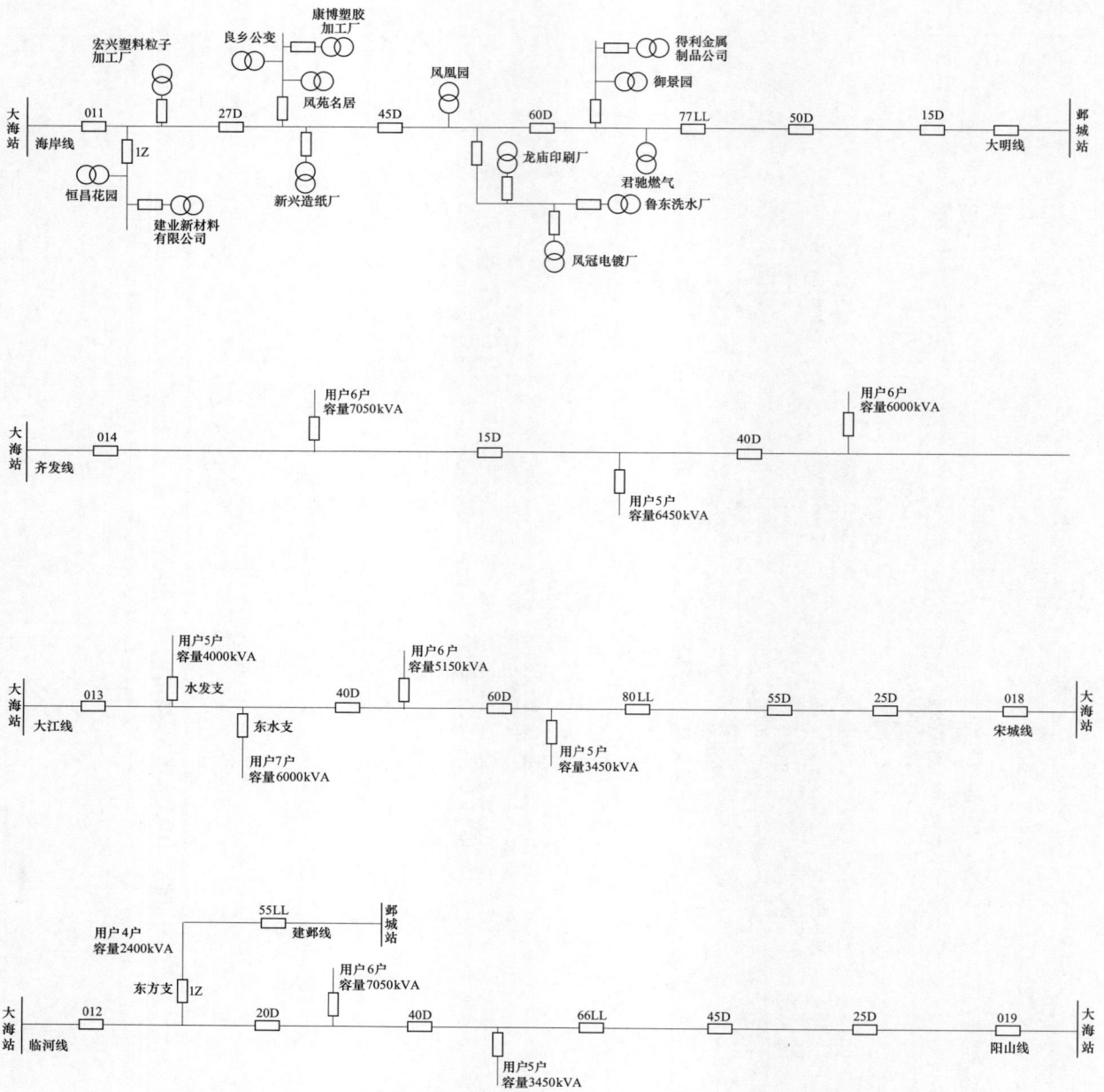

图2　10kV海岸线、齐发线、大江线、临河线单线图

资料3：中低压用户基本情况

表1　10kV石油小区低压用户台账（部分）

10kV公用配电变压器		用户名	低压线段编码	低压用户编码	容量（kW）
中压线段编码	配电变压器名称				
大海0170202	石油小区#1变压器	石油小区1-101	大海01701001	0170100101	2
大海0170202	石油小区#1变压器	石油小区1-102	大海01701001	0170100102	2
大海0170202	石油小区#1变压器	石油小区1-103	大海01701001	0170100103	2

表2 10kV海岸线中压用户信息基本情况统计表

用户编码	用户名称	线段编码	用户描述	变压器 台数（台）	变压器 总容量（kW）	投运日期	注册日期	注销日期	退役日期	是否双电源
大海01110001	宏兴塑料粒子加工厂	大海01110	公用	1	1000	2018/08/05	2018/08/05			否
大海01111001	恒昌花园	大海01111	公用	1	1000	2018/08/05	2018/08/05			否
大海01111002	建业新资料有限公司	大海01111	公用	1	1000	2018/08/05	2018/08/05			否
大海01120001	新兴造纸厂	大海01120	公用	1	1000	2018/08/05	2018/08/05			否
大海01121001	良乡公变	大海01121	公用	1	1000	2018/08/05	2018/08/05			否
大海01121002	康博塑胶加工厂	大海01121	公用	1	800	2018/08/05	2018/08/05			否
大海01121003	凤苑名居	大海01121	公用	1	800	2018/08/05	2018/08/05			否
大海01130001	凤凰园	大海01130	公用	1	630	2018/08/05	2018/08/05			否
大海01131001	龙庙印刷厂	大海01131	公用	1	1250	2018/08/05	2018/08/05			否
大海01140001	君驰燃气	大海01140	公用	1	1250	2018/08/05	2018/08/05			否
大海01131002	鲁东洗水厂	大海01131	公用	1	630	2018/08/05	2018/08/05			否
大海01131003	凤冠电镀厂	大海01131	公用	1	800	2018/08/05	2018/08/05			否
大海01141001	得利金属制品公司	大海01141	公用	1	800	2018/08/05	2018/08/05			否
大海01141002	御景园	大海01141	公用	1	800	2018/08/05	2018/08/05			否

资料4：

表3 平城地区2021年8月调度运行日志

08/03	09:01，110kV郐城站：10kV吴利线20D开关过流Ⅰ段保护动作跳闸，自愈成功，故障区间为分段开关20D～39D，通知开发区李伟带电巡视线路。 09:26，开发区李伟汇报，10kV吴利线故障原因系#32杆断杆所致，经现场检查，#32杆根部埋有0.5m土堆，水泥杆根部已损坏脱落，钢筋变形，应为之前受过强力撞击所致。申请更换水泥杆及200m导线，影响停电用户12户。 16:45，开发区李伟汇报，故障抢修已完成，验收合格，申请恢复送电。 16:50，恢复正常运行方式
08/19	07:07，35kV大海站：10kV海岸线27D开关过流Ⅱ段保护动作跳闸，通知开发区中心张成带电巡视线路。 07:09，35kV大海站：10kV海岸线60D开关过流Ⅰ段保护动作跳闸，通知开发区中心张成带电巡视线路。 07:16，开发区中心张成汇报发现10kV海岸线#50杆AC相避雷器短路放电，避雷器损毁，故障原因为安装距离不满足要求所致。申请将45D开关至60D开关间线路转检修，进行紧急抢修。 07:20，开发区中心张成汇报巡视27D开关至45D开关间线路巡视无异常，申请试送。同意。 11:30，开发区中心张成汇报10kV海岸线45D开关至60D开关间线路故障已修复，申请送电，同意。 15:30，通过一键转供1min内恢复10kV海岸线正常运行方式

08/20	09:05，35kV大海站：#1主变重瓦斯保护出口动作，#1主变301、001开关分闸，因10kV无主变备投装置导致10kV Ⅰ段母线失压，10kV出线配电线路未自愈，全部失电。通知变电运维班张富贵、变电检修班魏然现场检查设备，通知配网抢修指挥班做好客户解释工作。 09:34，根据事故处理预案手动完成一键转供策略录入。 09:35，一键顺控策略执行完成，35kV大海站10kV Ⅰ段母线负荷转供完成。 09:45，变电运维班张富贵汇报：经现场检查，35kV大海站#1主变外观无异常，进一步进行油质成分化验等确定故障原因。 10:50，变电检修班魏然汇报：经油色谱分析，未发现异常申请将#1主变转检修，进一步进行直阻试验等确定故障原因。 11:10，35kV大海站#1主变由热备用转检修。 20:35，变电检修班魏然汇报：35kV大海站#1主变故障原因为直流系统二次接线端子排受潮造成瓦斯保护误动作。 21:20，变电运维班张富贵汇报：35kV大海站#1主变故障已处理，申请试送#1主变。 21:25，35kV大海站#1主变试送成功。 21:50，完成原方式一键顺控策略录入。 21:50，一键顺控策略执行完成，35kV大海站10kV Ⅰ段母线恢复正常运行方式
08/22	15:27，110kV郇城站：10kV道朗线房庄支47-40D开关跳闸，无重合闸，停电用户38户。 15:29，通知道朗所肖克坚带电查线查用户。 17:40，道朗所肖克坚：故障原因为电力设施保护区内的树倒断线（绝缘线），已处理完毕，申请送电， 17:42，遥合10kV道朗线房庄支47-40D开关，送电正常

资料5：配电线路故障过程

10kV海岸线与10kV大明线为异站单联络线路，满足$N-1$要求，10kV海岸线与10kV大明线现有开关（全部为一二次融合真空断路器）设备已全部实现自动化。配电线路故障过程线路均投入全自动FA模式，所有开关均已按照三级保护要求下发定值，具备短路跳闸功能。

2021年8月3日10kV海岸线开展过一次全线停电检修，停电时间：08:00～14:00；主要工作内容：线路整体清扫，导线绑扎固定，更换全部避雷器及受损绝缘子等。

2021年8月19日10kV海岸线发生故障跳闸，详细跳闸信息如下表所示。

表4　调度日志及配电自动化系统报文

序号	系统时标	事项类型	设备名称	原因/SOE名称	结果	操作员	监控员
1	07:07:14.716	保护状态变化	35kV大海站10kV海岸线27D开关	过流Ⅱ段告警	动作（SOE）（接收时间2021/07/07 07:16:15）		
2	07:07:14.716	保护状态变化	35kV大海站10kV海岸线27D开关	开关位置	分（SOE）（接收时间2021/07/07 07:16:15）		
3	07:07:14.716	保护状态变化	35kV大海站10kV海岸线27D开关	过流Ⅱ段告警	复归（SOE）（接收时间2021/07/07 07:16:15）		
4	07:07:15	保护状态变化	35kV大海站10kV海岸线27D开关	过流Ⅱ段告警	动作		
5	07:07:15	保护状态变化	35kV大海站10kV海岸线27D开关	开关位置	分		
6	07:07:151	保护状态变化	35kV大海站10kV海岸线27D开关	过流Ⅱ段告警	复归		
7	07:07:15	故障区间	35kV大海站10kV海岸线27D开关负荷侧	故障区间设定	27D—45D开关之间		

续表

序号	系统时标	事项类型	设备名称	原因/SOE名称	结果	操作员	监控员
8	07:07:16	故障操作	35kV大海站10kV海岸线45D开关	分	预置下发	FA	
9	07:07:36	故障操作	35kV大海站10kV海岸线45D开关	分	预置成功	FA	
10	07:07:36	故障操作	35kV大海站10kV海岸线45D开关	分	执行下发	FA	
11	07:07:56	故障操作	35kV大海站10kV海岸线45D开关	分	执行成功	FA	
12	07:08:07.000	保护状态变化	35kV大海站10kV海岸线45D开关	开关位置	分（SOE）（接收时间2021/07/07 07:16:18）		
13	07:08:16	故障操作	35kV大海站10kV海岸线45D开关	远方分	成功		
14	07:08:16	故障操作	海岸—大明77LL开关	合	预置下发	FA	
15	07:08:42	故障操作	海岸—大明77LL开关	合	预置成功	FA	
16	07:08:42	故障操作	海岸—大明77LL开关	合	执行下发	FA	FA
17	07:09:06	故障操作	海岸—大明77LL开关	合	执行成功	FA	FA
18	07:09:06.557	保护状态变化	海岸—大明77LL开关	开关位置	合（SOE）（接收时间2021/07/07 07:10:22）		
19	07:09:07.000	故障操作	海岸—大明77LL开关	远方合	成功		
20	07:09:07.500	保护状态变化	35kV大海站10kV海岸线60D开关	过流Ⅰ段告警	动作（SOE）（接收时间2021/07/07 07:16:18）		
21	07:09:07.500	保护状态变化	35kV大海站10kV海岸线60D开关	开关位置	分（SOE）（接收时间2021/07/07 07:16:18）		
22	07:09:07.500	保护状态变化	35kV大海站10kV海岸线60D开关	过流Ⅰ段告警	复归（SOE）（接收时间2021/07/07 07:16:18）		
23	07:09:08	保护状态变化	35kV大海站10kV海岸线60D开关	过流Ⅰ段告警	动作		
24	07:09:08	保护状态变化	35kV大海站10kV海岸线60D开关	开关位置	分		
25	07:09:08	保护状态变化	35kV大海站10kV海岸线60D开关	过流Ⅰ段告警	复归		
26	07:10:21	状态变化	35kV大海站10kV海岸线45D开关	交流失电	动作		
27	07:09:36	故障区间	35kV大海站10kV海岸线45D开关负荷侧	故障区间设定	45D—60D开关之间		
28	07:21:27	故障操作	35kV大海站10kV海岸线27D开关	合	预置下发	调度员	调度员
29	07:21:28	故障操作	35kV大海站10kV海岸线27D开关	合	预置成功	调度员	调度员
30	07:21:29	故障操作	35kV大海站10kV海岸线27D开关	合	执行下发	调度员	调度员
31	07:21:30	故障操作	35kV大海站10kV海岸线27D开关	合	执行成功	调度员	调度员

续表

序号	系统时标	事项类型	设备名称	原因/SOE名称	结果	操作员	监控员
32	07:21:31.000	保护状态变化	35kV大海站10kV海岸线27D开关	开关位置	合（SOE）（接收时间2021/07/07 07:22:22）		
33	07:21:32	保护状态变化	35kV大海站10kV海岸线27D开关	远方合	成功		
34	07:21:32	状态变化	35kV大海站10kV海岸线45D开关	交流失电	复归		
35	11:31:16	故障操作	35kV大海站10kV海岸线45D开关	合	预置下发	调度员	调度员
36	11:31:170	故障操作	35kV大海站10kV海岸线45D开关	合	预置成功	调度员	调度员
37	11:31:17	故障操作	35kV大海站10kV海岸线45D开关	合	执行下发	调度员	调度员
38	11:31:19	故障操作	35kV大海站10kV海岸线45D开关	合	执行成功	调度员	调度员
39	11:31:19	故障操作	35kV大海站10kV海岸线45D开关	开关位置	合（SOE）（接收时间2021/07/07 11:32:10）		
40	11:31:20	故障操作	35kV大海站10kV海岸线45D开关	远方合	成功		

资料6：10kV吴成线、奉天线部分情况说明

10kV吴成线（Ⅱ母）主干线于2005年5月20日建成，2008年5月21日投产送电；庄家支线于2010年4月12日建成，2010年4月30日投产送电。

10kV吴成线庄家支线石油家属院（三供一业，1个计量点）共有变压器2台（#1变为居民供电、#2变为沿街商业供电），居民60户，变压器性质原均为专变。2018年8月15日对小区进行一户一表改造验收通过后，将#1主变资产移交供电公司管理。

10kV吴成线（Ⅱ母）因接带负荷较大，于2021年8月25日将庄家支线负荷通过带电作业方式切改到10kV大江线（Ⅰ母）接带，大江线连接点为55D开关所在电杆，庄家支线连接点为庄家支线#12杆，新的联手开关为庄家支线D001开关。

10kV奉天线（Ⅱ母）为用户专线，2016年3月15日投运。接带2台三相交流电机（1个计量点，电机电压为10kV、容量均为400kW，电机名为奉天#1电机、奉天#2电机）和2台专变（2个计量点，容量均为630kVA，变压器名称为奉天#1变、奉天#2变），其中两台专变分别接带2台低压电机（380V、220kW）。为平衡Ⅰ、Ⅱ母负荷，2021年8月26日将10kV奉天线出线电缆调整至Ⅰ母线接带，出线开关为10kV奉天线015开关。

2021年8月15日接到平城县政府相关职能部门通知函，需配合平城县委、县政府开展专项环境治理与保护工作，8月16日对10kV海岸线所接带的宏兴塑料粒子加工厂、建业新资料有限公司、康博塑胶加工厂、新兴造纸厂、龙庙印刷厂、凤冠电镀厂、鲁东洗水厂、得利金属制品公司八家无证无照、污染企业进行强制停电，因上述几个用户均为专变用户，采取直接停用户分界开关的方式进行，8月31日未恢复用户供电。

资料7：配电设备允许载流量表

表5 10kV架空绝缘导线允许载流量 单位：A

导体标称截面积（mm²）	铜导体	铝导体
35	211	164
50	255	198
70	320	249
95	393	304
120	454	352
150	520	403
185	600	465
240	712	553
300	824	639

表6 10kV三芯电力电缆允许载流量 单位：A

绝缘类型		交联聚乙烯			
钢铠护套		无		有	
敷设方式		空气中	直埋	空气中	直埋
缆芯截面积（mm²）	35	123	110	123	105
	50	146	125	141	120
	70	178	152	173	152
	95	219	182	214	182
	120	251	205	246	205
	150	283	223	278	219
	185	324	252	320	247
	240	378	292	373	292
	300	433	332	428	328
	400	506	378	501	374
	500	579	428	574	424
环境温度（℃）		40	25	40	25
土壤热阻系数（K·m/W）			2.0		2.0

注：1. 表中系铝芯电缆数值；铜芯电缆的允许持续载流量值可乘以1.29。

2. 缆芯工作温度大于70℃时，允许载流量的确定还应符合下列规定：数量较多的该类电缆敷设于未装机械通风的隧道、竖井时，应计入对环境温升的影响；电缆直埋敷设在干燥或潮湿土壤中，除实施换土处理等能避免水分迁移的情况外，土壤热阻系数取值不宜小于2.0K·m/W。

第二部分 参考答案

1. 请根据资料3，完善变更的线段和用户台账

中压线段变更情况

| 序号 | 线段编码 | 线段范围描述 | 公用用户 | | | 专用用户 | | | 出线断路器台数（台） | 其他开关台数（台） | 注册日期 | 注销日期 | 投运日期 | 退役日期 | 备注 |
			用户数（户）	变压器台数（台）	总容量（kVA）	用户数（户）	变压器台数（台）	总容量（kVA）							
1	大海0170202	10kV吴成线庄家支线D002至末端	0	0	0	1	2	400	0	1	2010/04/30	2018/08/14（2018/08/15）	2010/04/30		
2	大海0170202	10kV吴成线庄家支线D002至末端	1	1	200	1	1	200	0	1	2018/08/15（2018/08/16）	2021/08/25	2010/04/30		
3	大海0170201	10kV吴成线庄家支线D001至D002	1	1	400	1	1	400	0	1	2010/04/30	2021/08/25	2010/04/30		
4	大海0130401	10kV大江线55D至庄家支线D001联络	1	1	400	1	1	400	0	1	2021/08/26		2010/04/30		
5	大海013040101	10kV大江线庄家支线D002至末端	1	1	200	1	1	200	0	1	2021/08/26		2010/04/30		
6	大海021	10kV奉天线	0	0	0	3	2	2060	1	0	2016/03/15	2021/08/26	2016/03/15		
7	大海015	10kV奉天线	0	0	0	3	2	2060	1	0	2021/08/27		2016/03/15		

高中压用户变更情况

| 电压等级（kV） | 用户名称 | 所属线段编码 | 用户性质（公/专） | 变压器 | | 专用设备 | | 投运日期 | 注册日期 | 注销日期 | 退役日期 | 是否双电源 | 低压用户总数（户） |
				台数（台）	总容量（kVA）	台数（台）	容量（kVA）						
10	石油小区#1、#2	大海0170202	专	2	400	0	0	2010/04/30	2010/04/30	2018/08/14（2018/08/15）		否	60
10	石油小区#1	大海0170202	公	1	200	0	0	2010/04/30	2018/08/15（2018/08/16）	2021/08/25		否	60
10	石油小区#2	大海0170202	专	1	200	0	0	2010/04/30	2018/08/15（2018/08/16）	2021/08/25		否	0
10	石油小区#1	大海013040101	公	1	200	0	0	2010/04/30	2021/08/26			否	60
10	石油小区#2	大海013040101	专	1	200	0	0	2010/04/30	2021/08/26			否	0

电压等级（kV）	用户名称	所属线段编码	用户性质（公/专）	变压器 台数（台）	变压器 总容量（kVA）	专用设备 台数（台）	专用设备 容量（kVA）	投运日期	注册日期	注销日期	退役日期	是否双电源	低压用户总数（户）
10	仲里社区	大海0170201	公	1	400	0	0	2010/04/30	2010/04/30	2021/03/25		否	—
10	万达商业	大海0170201	专	1	400	0	0	2010/04/30	2010/04/30	2021/03/25		否	0
10	仲里社区	大海0130401	公	1	400	0	0	2010/04/30	2021/08/26			否	—
10	万达商业	大海0130401	专	1	400	0	0	2010/04/30	2021/08/26			否	0
10	奉天#1、#2电机	大海02101	专	0	0	2	800	2016/03/15	2016/03/15	2021/08/26		否	0
10	奉天#1变	大海02101	专	1	630	0	0	2016/03/15	2016/03/15	2021/08/26		否	—
10	奉天#2变	大海02101	专	1	630	0	0	2016/03/15	2016/03/15	2021/08/26		否	—
10	奉天#1、#2电机	大海01501	专	0	0	2	800	2016/03/15	2021/08/27			否	0
10	奉天#1变	大海01501	专	1	630	0	0	2016/03/15	2021/08/27			否	2
10	奉天#2变	大海01501	专	1	630	0	0	2016/03/15	2021/08/27			否	2

低压用户变更情况

用户编码	用户名称	低压线段编码	所属配电变压器 编号	所属配电变压器 名称	所属配电变压器 容量（kVA）	投运日期	注册日期	注销日期	退役日期	是否双电源	用户容量（kW）
0170100101	石油小区1-101	大海01701001	大海017020211	石油小区#1	200	2018/08/15	2018/08/15	—		否	2
0170100102	石油小区1-102	大海01701001	大海017020211	石油小区#1	200	2018/08/15	2018/08/15	—		否	2
0170100103	石油小区1-103	大海01701001	大海017020211	石油小区#1	200	2018/08/15	2018/08/15	—		否	2

2．请根据资料4～5，完善8月中压停电运行数据明细

8月中压停电运行数据明细表

事件序号	线路名称	起始时间	终止时间	停电户数（户）	停电时户数（h·户）	停电性质	设备名称	技术原因	责任原因	备注
1	10kV海岸线	2021/08/03 08:00:00	2021/08/03 14:00:00	14	84	检修停电			10kV配电网设施计划检修停电	

续表

事件序号	线路名称	起始时间	终止时间	停电户数（户）	停电时户数（h·户）	停电性质	设备名称	技术原因	责任原因	备注
2	10kV海岸线	2021/08/19 07:07:14	2021/08/19 11:31:19	3	4.463	内部故障停电	避雷器	短路	施工、安装原因	07:09:06，60D—77LL之间用户恢复供电，停电时户数为0.062h·户；11:31:19，45D—60D之间用户恢复供电，停电时户数为4.401h·户
3	10kV海岸线	2021/08/19 07:07:14	2021/08/19 07:21:31	2	0.476	内部故障停电	真空断路器	拒、误动	运行管理原因	
4	10kV海岸线	2021/08/20 09:05:00	2021/08/20 09:35:00	6	3	内部故障停电	35kV输变电设备	35kV输变电系统故障	35kV设施故障	
	10kV齐发线			17	8.5					
	10kV大江线			23	11.5					
	10kV临河线			15	7.5					
5	10kV吴利线	2021/08/03 09:01	2021/08/03 16:50	12	93.8	内部故障停电	杆塔	倒、断杆塔	运行管理原因	
6	10kV道朗线	2021/08/22 15:27	2021/08/22 17:42	38	85.5	内部故障停电	绝缘线	断线	运行管理原因	

3. 请根据资料4~5中配电自动化等故障信息，按时间节点描述整个故障实际发展演变过程，并分析出配电自动化方面存在的问题

（1）实际故障发展演变过程。

1）07:07:14，35kV大海站10kV海岸线27D开关过流Ⅰ段跳闸，FA启动，并判定故障区间为10kV海岸线27D开关至45D开关间线路。

2）07:08:07，FA分开10kV海岸线45D开关，隔离故障区间。

3）07:08:09，FA合上10kV海岸线海岸至大明77LL联络开关，回复非故障区间供电。

4）07:09:07，10kV海岸线60D开关过流Ⅰ段跳闸，FA启动，并判定故障区间为10kV海岸线60D开关至45D开关间线路。

5）07:16，现场巡视人员汇报发现10kV海岸线#50杆AC相避雷器绝缘击穿。

6）07:21:31，调度值班员根据现场汇报情况，遥控合上10kV海岸线27D开关，试送成功，恢复全部非故障区间供电。

（2）配电自动化方面存在的问题。

1）45D开关未正确上传故障信号，未能及时跳闸，导致FA判错故障区间，造成27D开关至45D开关间非故障线路停电。

2）45D开关未正确上传故障信号及跳闸的原因：保护压板及跳闸压板未投。

4．若平城县供电公司配电自动化终端均为电流集中型开关，且10kV海岸线配电自动化存在同样的问题，请描述发生同样故障时配电自动化动作过程

（1）10kV海岸线101开关过流Ⅱ段保护动作跳闸，重合不成。

（2）FA启动，根据101开关、27D开关上传的过流信号，判定故障区间为10kV海岸线27D开关至45D开关间线路。

（3）FA遥控分开27D开关及45D开关隔离故障区间。

（4）FA遥控合上10kV海岸线101开关，恢复电源侧非故障区间供电。

（5）FA遥控合上海岸至大明77LL开关，恢复负荷侧非故障区间供电。

（6）10kV大明线601开关过流Ⅱ段保护动作跳闸，重合不成。

（7）FA启动，并判定故障区间为10kV海岸线60D开关至45D开关间线路。

（8）FA遥控分开60D开关，隔离故障区间。

（9）FA遥控合上10kV大明线601开关恢复非故障区间供电。

5．请根据资料1~6，测算10kV海岸线供电可靠性指标

（1）CAIFI-4指标计算。该指标为在统计期间内，发生停电用户的平均停电次数。

10kV海岸线在8月统计周期内共计发生4次停电：

第一次：8月3日10kV海岸线开展过一次全线停电检修。停电范围：全线，停电时间：8:00~14:00，时长：6h，户数14户。

第二次：8月16日政府相关职能部门函告对10kV海岸线所接带的八家无证无照、污染企业进行强制停电。停电范围：宏兴塑料粒子加工厂、建业新资料有限公司、康博塑胶加工厂、新兴造纸厂、龙庙印刷厂、凤冠电镀厂、鲁东洗水厂、得利金属制品公司，户数8户，至31日未恢复；根据相关规定，配合政府部门要求配合执法停电，不参与停电事件计算。

第三次：8月19日35kV大海站：10kV海岸线27D开关过流Ⅱ段保护动作跳闸：①停电范围：45D开关至60D开关之间，停电时间：07:07:14.716~11:31:19.000，时长：4.40119h，户数1户；②停电范围：27D开关至45D开关之间，停电时间：07:07:14.716~07:21:31.000，时长：0.2378567h，户数2户；③停电范围：60D开关至77LL开关之间，停电时间：07:07:14.716~07:09:06.557，时长：0.0311781h，户数2户。因此，不计短时停电时，停电户数3户。

第四次：8月20日09:05　35kV大海站：#1主变重瓦斯保护出口动作，停电范围：全线，停电时间：09:05~09:35，时长：0.5h，户数6户。

综上所述，不计短时停电时：

$$CAIFI-4 = \frac{\sum 每次持续停电用户数}{持续停电用户总数} = （14+3+6）/14 = 1.64（次/户）$$

（2）CAIDI-4指标计算。该指标为在统计期间内，发生停电用户的平均停电时间。

$$CAIDI-4 = \frac{\sum 每次持续停电时间 \times 每次持续停电用户数}{持续停电用户总数} = （6 \times 14 + 4.40119 \times 1 + 0.2378567 \times 2 +$$

$0.5 \times 6）/14 = 6.56（h/户）$

（3）故障点上游恢复供电操作时间计算。该指标为从故障点被隔离到故障点上游开关重新合闸时间。

27D开关分闸：07:07:14.716，27D开关合闸：07:21:31.000

60D开关分闸：07:09:07.500

故障点被隔离时间点为60D开关分闸，故障点上游开关重新合闸时间点为27D开关合闸，因此，故障点上游恢复供电操作时间为0.2065278h，即0.21h。

（4）故障点上游恢复供电时间计算。该指标为从故障点发生到故障点上游开关重新合闸时间。

27D开关分闸：07:07:14.716，27D开关合闸：07:21:31.000

故障点发生时间点为27D开关分闸，故障点上游开关重新合闸时间点为27D开关合闸，因此，故障点上游恢复供电操作时间为0.2378567h，即0.24h。

（5）故障点下游恢复供电时间（故障停电转供时间）计算。该指标为从故障点发生到负荷转供完成时间。

27D开关分闸：07:07:14.716，27D开关合闸：07:21:31.000

77LL开关合闸：07:09:06.557

60D开关分闸：07:09:07.500

故障点发生时间点为27D开关分闸，负荷转供完成时间点为60D开关分闸，因此，故障点上游恢复供电操作时间为0.0313289h，即0.03h。

（6）$CEMSMI_n$指标计算（其中$n=3$）。该指标为停电次数大于n次的用户数/总用户数。

停电次数大于3次且时长大于1min的线段为：

1）停电范围：27D开关至45D开关之间，停电时间：07:07:14.716~07:21:31.000，时长：0.2378567h，户数2户。

2）停电范围：45D开关至60D开关之间，停电时间：07:07:14.716~11:31:19.000，时长：4.40119h，户数1户。

3）停电范围：60D开关至77LL开关之间，停电时间：07:07:14.716~07:09:06.557，时长：0.0311781h，户数2户。

$CEMSMI_n = 5/14 \times 100\% = 35.71\%$

试题十四　组合场景（数据分析场景/停电计划平衡场景/指标预控场景）

一、主要考点

等效用户数、系统平均停电时间、供电可靠率以及停电影响相关指标等数据分析计算、年度故障停电责任原因统计分析（横向对比分析、纵向对比分析、类别比较分析）、重大事件日核算及全年各月度故障停电时户数预测、基于"一停多用、能带不停"的原则进行配网停电计划优化平衡及实施效果分析。

二、考察重点

对原始停电事件数据的整理提取、关键可靠性指标的分析计算、故障停电责任原因归纳总结、故障停电时户数预测、预安排停电计划平衡等可靠性综合能力，全面考察对供电可靠性知识的掌握程度和实际应用水平。

三、试题及参考答案

───────────── 第一部分　题目内容 ─────────────

神山市总面积4600km²，总人口420万，所辖6区1县，分别为幸福区、临山区、檀乡区、万县、古城区、安康区、高新区。请根据下列资料，参照模板要求，编制报告。根据资料1运用电子表格工具，生成可靠性停电事件关键字段统计表，用图形分析展示相关指标，根据资料2～10编制分析报告，要求章节清晰明了、分段分类合理、语言表达清晰无语病、图文并茂且计算过程清晰、各项数据正确。

【参考资料】

资料1：神山市供电公司2019—2021年停电用户统计明细

资料2：神山市2019—2021年中压用户及配电线路基础数据

资料3：万县供电公司2022年主配网概况

资料4：万县供电公司区域电网拓扑图

资料5：35kV大海站接线示意图

资料6：35kV大海站综合自动化系统改造施工方案

资料7：部分线路单线图

资料8：8月各配电管理单位提报停电计划需求表

资料9：万县部分配电线路明细

资料10：配电网检修定额标准

【试题】

1. 神山市可靠性指标数据分析计算（结果保留6位小数）：

（1）分别计算神山市2019—2021年系统平均停电时间及供电可靠率。

（2）计算2021年神山市停电影响相关指标，包括CAIFI-1、CAIFI-4、CAIDI-1、SAIDI-4。

2. 根据资料1，对临山区2021年故障停电责任原因进行分析。

3. 重大事件日核算及报表填报：

（1）计算神山市T_{MED}界限值。

（2）若神山市每年重大事件日界限值趋于稳定，请使用平均值法预测2022年各月故障停电时户数，同时满足全年故障停电同比至少压降10%的管理要求（若平均值法预测结果不满足要求，对预测值进行等比例压降）。

4. 根据神山市供电公司要求，9月分配给万县预安排停电时户数为3260h·户，偏差率控制在5%以内。请综合考虑时户数要求、计划需求必要性及停电时间合理性填写平衡后的配网停电计划（含配合主网改造工作）。

资料1：神山市供电公司2019—2021年停电用户统计明细

扫描右侧二维码可下载并阅读。

神山市供电
公司2019—
2021年停电
用户统计明细

资料2：

表1 神山市2019—2021年中压用户及配电线路基础数据

序号	单位	中压用户数（户）		
		2019年	2020年	2021年
1	安康区	2792	2855	2792
2	高新区	1978	2026	1978
3	古城区	2882	2992	2882
4	临山区	6065	6179	6065
5	檀乡区	5549	5688	5549
6	万县	7074	7689	8800
7	幸福区	11362	11751	12175
合计	神山市	37702	39180	40241

注：表中数据均为年底数据值（中压用户数≈等效用户数）。

资料3：万县供电公司2022年主配网概况

万县总面积86km²，全县辖9个镇，4个街道，1个省级开发区，659个行政村，常住人口634144人，该地区共有35kV变电站10座，110kV变电站8座，220kV变电站1座。110kV线路19条，35kV线路19条，10kV线路147条，年供电量30亿kWh。截至2022年7月31日，万县供电公司等效用户数为8600户，8月无新增用户。10kV线路导线型号均为JKLGYJ-240/30，8月线路负载率预计均在50%以下。

10kV青州线除#30～#90杆位于田地内，不具备不停电作业条件外，其他杆塔均位于道路两侧，各类施工条件良好。10kV方大线、海岸线#45杆至末端线路均位于田地内，不具备不停电作业条件，其余杆塔均位于道路两侧，各类施工条件良好。其他10kV线路均具备带电作业条件。

万县供电公司有不停电作业人员12人，绝缘服、绝缘手套及绝缘杆齐备，仅配置20m绝缘斗臂车带小吊臂2辆，3m绝缘引流线带消弧开关3根，具备部分三四类复杂作业能力。

资料4：

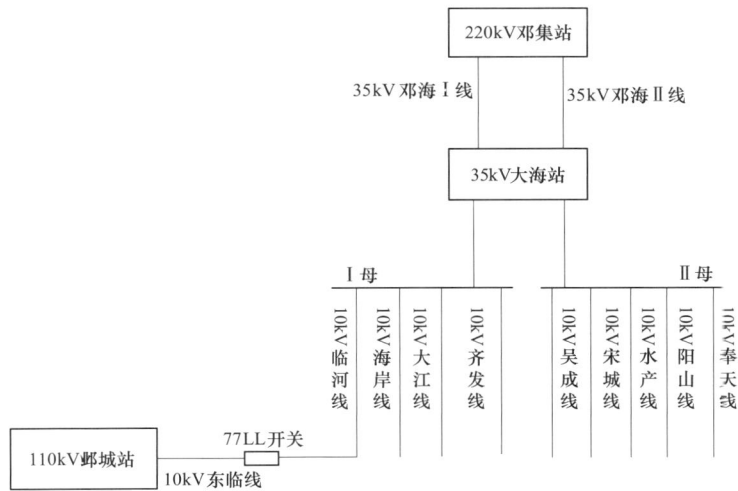

图1　万县供电公司区域电网拓扑图

资料5：

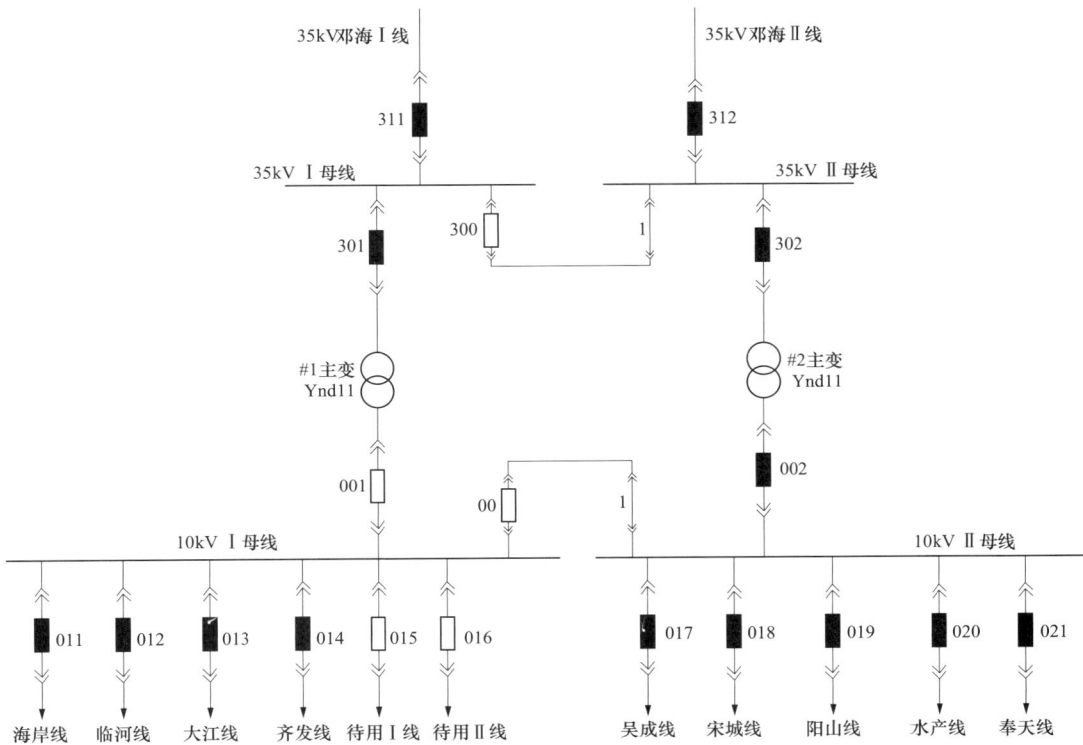

图2　35kV大海站接线示意图

资料6：35kV大海站综合自动化系统改造施工方案

一、工程概况

35kV大海站于2009年10月建成，变电容量2×10MVA。变电站综合自动化系统为CAN2000系统。经过十余年连续运行，变电站多套微机保护装置损坏，监控系统、远动系统趋于瘫痪，安全隐患突出，影响大海站供电区域安全可靠供电。为保证该站安全稳定运行，公司决定改造变电站综合自动化系统1套，为优化改造施工方案，减少停电施工作业时间，确保施工改造作业安全、施工进度和作业质量，现根据现场勘查情况，制定本方案。

二、施工任务

1．综合自动化系统配置

新增变压器微机保护装置2套；新增35kV线路保护及测控装置2套；新增10kV线路保护及测控装置11套；新增综合测控装置1套；新增小电流接地选线装置1套；新增远动系统1套；更换12V 100Ah蓄电池18块。

2．土建施工

更换主变保护测控屏、公用屏、直流屏、交流屏；新增35kV线路保护测控屏、远动屏、不间断电源屏；更换10kV馈线间隔CT11组，更换PT1组；更换室外端子箱为不锈钢端子箱，新增检修端子箱；更换二次电缆；室外电缆沟改造。

三、施工步骤

（一）开竣工

工程计划开工日期8月3日，计划竣工日期9月5日。

（二）工程总体安排

（1）第一阶段8月3—12日，主控室新增屏位基础及屏底电缆沟施工，室外电缆沟改造。

（2）第二阶段8月13日—9月5日，全站综合自动化改造。

（三）具体施工步骤

1．不停电施工部分

（1）8月3日，设备开箱，资料收集。将有关资料报送调度，做好定值整定准备。

（2）8月4—7日，新增屏位基础及屏底电缆沟施工，室外电缆沟改造。

（3）8月8—10日，主控室主变保护屏、公共测控屏、线路保护测控屏、直流屏、远动屏就位，拆除原公共测控屏，新交流屏就位。

（4）8月11—13日，全站二次电缆敷设。

（5）8月14—16日，监控系统主站安装，新直流屏安装及试验。

（6）8月17—19日，新屏新接二次线及试验。

2．停电施工部分

（1）8月20日08:00～12:00。工作任务：35kVⅠ段母线PT二次改造及端子箱更换，保护传动实验。停电范围：35kVⅠ段母线PT。

（2）8月20日13:00～17:00。工作任务：35kVⅡ段母线PT二次改造及端子箱更换，保护传动实验。停电范围：35kVⅡ段母线PT。

（3）8月21日08:00~8月22日17:00。工作任务：#1主变综合自动化改造，#1三变及两侧开关端子箱更换，001开关CT更换，母线桥加装相色绝缘套，保护传动实验。停电范围：#1主变及001、301开关。

（4）8月23日08:00~8月24日17:00。工作任务：#2主变综合自动化改造，#2三变及两侧开关端子箱更换，002开关CT更换，母线桥加装相色绝缘套，保护传动实验。停电范围：#2三变及002、302开关。

（5）8月25日08:00~21:00。工作任务：35kV邓海Ⅰ线开关综合自动化改造及端子箱更换，保护传动实验。停电范围：35kV邓海Ⅰ线。

（6）8月26日08:00~21:00。工作任务：35kV邓海Ⅱ线开关综合自动化改造及端子箱更换，保护传动实验。停电范围：35kV邓海Ⅱ线。

（7）8月27日07:00~13:00。工作任务：10kV海岸线开关综合自动化改造及CT更换，保护传动实验。停电范围：10kV海岸线011开关。

（8）8月27日14:00~20:00。工作任务：10kV临河线开关综合自动化改造及CT更换，保护传动实验。停电范围：10kV临河线012开关。

（9）8月28日07:00~13:00。工作任务：10kV大江线开关综合自动化改造及CT更换，保护传动实验。停电范围：10kV大江线013开关。

（10）8月28日14:00~20:00。工作任务：10kV齐发线开关综合自动化改造及CT更换，保护传动实验。停电范围：10kV齐发线014开关。

（11）8月29日07:00~13:00。工作任务：10kV待用Ⅰ线开关综合自动化改造及CT更换，保护传动实验。停电范围：10kV待用Ⅰ线015开关。

（12）8月29日14:00~20:00。工作任务：10kV待用Ⅱ线开关综合自动化改造及CT更换，保护传动实验。停电范围：10kV待用Ⅱ线016开关。

（13）8月30日07:00~13:00。工作任务：10kV吴成线开关综合自动化改造及CT更换，保护传动实验。停电范围：10kV吴成线017开关。

（14）8月30日14:00~20:00。工作任务：10kV宋城线开关综合自动化改造及CT更换，保护传动实验。停电范围：10kV宋城线018开关。

（15）9月1日07:00~13:00。工作任务：10kV阳山线开关综合自动化改造及CT更换，保护传动实验。停电范围：10kV阳山线019开关。

（16）9月1日14:00~20:00。工作任务：10kV水产线开关综合自动化改造及CT更换，保护传动实验。停电范围：10kV水产线020开关。

（17）9月2日07:00~13:00。工作任务：10kV奉天线综合自动化改造及CT更换，保护传动实验。停电范围：10kV奉天线021开关。

（18）9月2日14:00~20:00。工作任务：10kV分段开关综合自动化改造及CT更换，保护传动实验。停电范围：10kV分段00开关。

资料7：

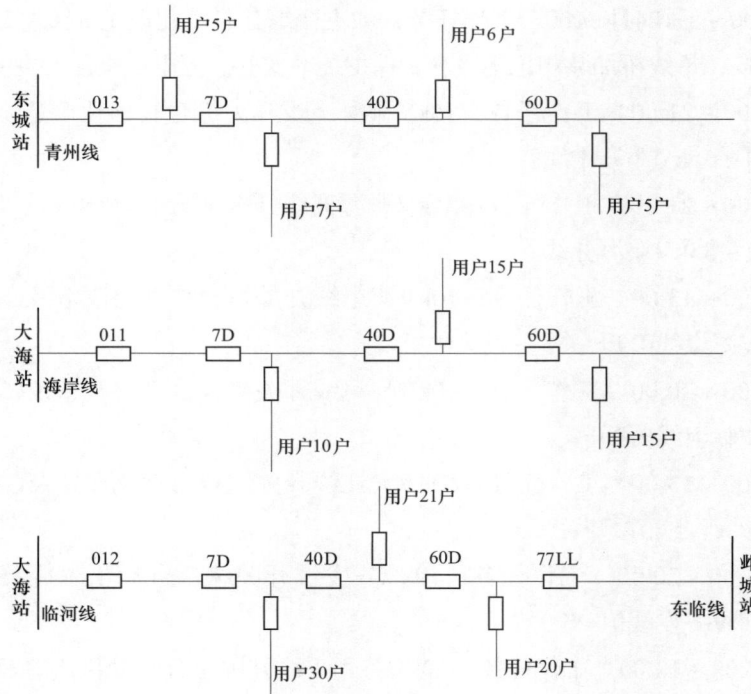

图3 部分线路单线图

资料8：

表2 8月各配电管理单位提报停电计划需求表

序号	变电站	电压等级（kV）	停电范围	主要工作内容	计划停电时间		计划工作时间		停电性质	申请单位	停电时户数（h·户）	备注
1	东城站	10	10kV青州线	配电线路标准化治理，更换#7、#60杆配电自动化开关	08/06 08:00	08/06 18:00	08/06 08:30	08/06 17:30	技改工程	东城供电中心	230	
2	大海站	10	10kV吴成线	#7耐张杆改为非转角塔	08/07 08:00	08/07 18:00	08/07 08:30	08/07 17:30	紧急消缺	北岭供电中心	770	
3	大海站	10	10kV水产线	更换H5环网箱	08/10 08:00	08/10 18:00	08/10 08:30	08/10 17:30	生产维护	北岭供电中心	480	
4	东城站	10	10kV惠州Ⅱ线H5环网柜H5-2开关至末端线路	更换H6环网箱为带自动化装置环网箱	08/12 08:00	08/12 18:00	08/12 08:30	08/12 17:30	紧急消缺	东城供电中心	360	
5	北岭站	10	10kV海河Ⅱ线H3环网柜H3-2开关至末端线路	更换H4环网箱为不带自动化装置环网箱	08/13 08:00	08/13 18:00	08/13 08:30	08/13 17:30	紧急消缺	北岭供电中心	620	
6	尚堂站	10	10kV菜张线	将#10~#12杆之间导线更换为LGJ-240导线	08/14 08:00	08/14 18:00	08/14 08:30	08/14 17:30	技改工程	东城供电中心	450	档距50m

续表

序号	变电站	电压等级（kV）	停电范围	主要工作内容	计划停电时间		计划工作时间		停电性质	申请单位	停电时户数（h·户）	备注
7	北岭站	10	10kV汾北Ⅳ线45D开关至末端线路	10kV汾北Ⅳ线#47~#50杆之间线路迁改（架空线入地改为电缆），并在#50杆加装分段开关	08/16 08:00	08/16 18:00	08/16 08:30	08/16 17:30	技改工程	北岭供电中心	720	
8	东城站	10	10kV方大线45D开关至末端线路	加装10kV方大线与10kV海岸线联络开关1台（联络位置）	08/29 08:00	08/29 18:00	08/29 08:30	08/29 17:30	技改工程	东城供电中心	240	
9	大海站	10	10kV海岸线60D开关至末端线路	加装10kV方大线与10kV海岸线联络开关1台（联络位置）	08/29 08:00	08/29 18:00	08/29 08:30	08/29 17:30	技改工程	北岭供电中心	150	

资料9：

表3 万县部分配电线路明细

序号	变电站	线路名称	导线型号	联络情况	是否满足$N-1$	用户数（户）
1	35kV大海站	10kV海岸线	JKLGYJ-240/30	单辐射	否	40
2	35kV大海站	10kV齐发线	JKLGYJ-240/30	单辐射	否	69
3	35kV大海站	10kV大江线	JKLGYJ-240/30	单辐射	否	55
4	35kV大海站	10kV临河线	JKLGYJ-240/30	单联络	是	71
5	35kV大海站	10kV吴成线	JKLGYJ-240/30	单辐射	否	77
6	35kV大海站	10kV宋城线	JKLGYJ-240/30	单辐射	否	62
7	35kV大海站	10kV阳山线	JKLGYJ-240/30	单辐射	否	55
8	35kV大海站	10kV水产线	JKLGYJ-240/30	单辐射	否	48
9	35kV大海站	10kV奉天线	JKLGYJ-240/30	单辐射	否	96

资料10：

表4 配电网检修定额标准

序号	检修内容	作业时间（h）	备注
1	架空线路单回路改双回路（原线路横担具备单回改多回条件）	5.5	按照240mm²导线500m放线、紧线、跳线施工进行检修停电时间定额编制
2	架空线路单回路改双回路（原线路横担不具备单回改多回条件）	7.5	
3	架空线路单回路导线更换	4.5	
4	架空线路拉线更换	3	
5	架空线路直线杆改塔	6	
6	架空线路耐张杆改塔（转角塔）	28	混凝土浇筑基础
7	架空线路耐张杆改塔（转角塔）	6	钢管塔打桩基础
8	架空线路耐张杆改塔（非转角塔）	6	
9	架空线路直线杆异坑更换	4	按照8m杆及以上施工进行检修停电时间定额编制
10	架空线路直线杆原坑更换	5	

续表

序号	检修内容	作业时间（h）	备注
11	架空线路耐张杆更换（转角杆）	10	按照单回路施工进行检修停电时间定额编制
12	架空线路耐张杆更换（非转角塔）	5	
13	架空线路直线杆绝缘子更换	4	按照更换单回三相针式绝缘子进行检修停电时间定额编制
14	架空线路耐张绝缘子的更换	4	
15	架空线路户外避雷器更换	4	按照更换一组三相避雷器进行检修时间停电定额编制
16	架空线路户外三相隔离开关新装（主线与未投运分支线间新装）	3	
17	架空线路户外三相隔离开关新装（在运线路上新装）	5	
18	架空线路户外三相隔离开关更换	5	
19	架空线路户外三相跌落式熔断器更换	5	
20	架空线路户外负荷开关（断路器）新装（在运线路与带电线路间新装）	4.5	按照线路加装负荷开关进行检修时间停电定额编制
21	架空线路户外负荷开关（断路器）新装（带电线路上新装）	6.5	
22	架空线路户外负荷开关（断路器）更换	5.5	
23	架空线路户外馈线自动化开关新装（在运线路与未投运线路之间新装）	5	
24	架空线路户外馈线自动化开关新装（在运线路上新装）	6	
25	架空线路户外开关（自动化开关、PT）更换	6	
26	新建10kV电缆线路接入开关柜（柜外制作电缆终端头）	4	按照新建240mm²电缆线路接入开关柜进行检修时间停电定额编制
27	新建10kV电缆线路接入开关柜（柜内制作电缆终端头）	4.5	
28	新建10kV电缆线路接入架空线路	3	
29	10kV电缆更换（非穿管电缆更换）	4	针对500m电缆进行更换参考设定
30	10kV电缆更换（穿管电缆更换）	9.5	针对50m电缆进行更换参考设定
31	通信型电缆故障指示器安装	3.5	按照新建通信型电缆故障指示器进行检修时间停电定额编制
32	电缆中间头更换	7	按照制作1个电缆中间头制定
33	电缆终端头更换	7	
34	电缆分接箱更换	8	按照更换4分支电缆分接箱进行检修时间停电定额编制
35	电缆分接箱新装	7	按照电缆长度足够情况安装电缆分接箱进行检修时间停电定额编制
36	10kV环网箱更换（不带自动化装置的环网箱）	7	
37	10kV环网箱更换（带自动化装置的环网箱）	8	
38	配变台架新装	3	
39	台架配变更换（需更换JP柜）	8	
40	台架配变更换（无需更换JP柜）	5	

续表

序号	检修内容	作业时间（h）	备注
41	配电室新装	3	
42	配电室变压器更换	8	按照同类型单台变压器单台配电柜更换进行检修时间停电定额编制
43	箱变新装	3	按照箱变接入架空线进行检修停电时间定额编制
44	箱变更换	8	按照终端型箱变增容进行检修停电时间定额编制

注：10kV线路停送电时间标准定额均为0.5h。

第二部分 参考答案

1. 神山市可靠性指标数据分析计算（结果保留6位小数）

（1）分别计算神山市2019—2021年系统平均停电时间及供电可靠率。

2019年：

SAIDI-1＝∑（每次停电时间×每次停电户数）/等效总用户数＝69592.31923/37702＝1.845852189（h/户）＝1.845852（h/户）

ASAI-1＝（1－系统平均停电时间/统计期间总小时数）×100%＝（1－1.845852189/8760）×100%＝99.978929%

若不计短时停电时，

$$\text{SAIDI-4}＝(\text{SAIDI-1})-\frac{\sum 每次短时停电时间×每次短时停电户数}{总用户数}=1.845852189（h/户）=1.845852（h/户）$$

$$\text{ASAI-4}＝\left(1-\frac{系统平均停电时间-系统平均短时停电时间}{统计期间时间}\right)×100\%=99.978929\%$$

2020年：

SAIDI-1＝∑（每次停电时间×每次停电户数）/等效总用户数＝55256.75218/39180＝1.410330581（h/户）＝1.410331（h/户）

ASAI-1＝（1－系统平均停电时间/统计期间总小时数）×100%＝（1－1.410330581/8784）×100%＝99.983944%

若不计短时停电时，

$$\text{SAIDI-4}＝(\text{SAIDI-1})-\frac{\sum 每次短时停电时间×每次短时停电户数}{总用户数}=1.682427566（h/户）=1.682428（h/户）$$

$$\text{ASAI-4}＝\left(1-\frac{系统平均停电时间-系统平均短时停电时间}{统计期间时间}\right)×100\%=99.983945\%$$

2021年：

SAIDI-1＝∑（每次停电时间×每次停电户数）/等效总用户数＝67702.85572/40241＝1.682434724（h/户）＝1.682435（h/户）

ASAI-1＝（1－系统平均停电时间/统计期间总小时数）×100%＝（1－1.682434724/8760）×100%＝99.980794%

若不计短时停电时，

$$\text{SAIDI-4}＝(\text{SAIDI-1})-\frac{\sum 每次短时停电时间×每次短时停电户数}{总用户数}=1.410313566（h/户）=1.410314（h/户）$$

$$\text{ASAI-4}＝\left(1-\frac{系统平均停电时间-系统平均短时停电时间}{统计期间时间}\right)×100\%=99.980794\%$$

（2）计算2021年神山市停电影响相关指标。

停电用户平均停电频率：在统计期间内，发生停电用户的平均停电次数，记作CAIFI-1（次/户）。

$$\text{CAIFI-1} = \frac{\sum \text{每次停电用户数}}{\text{停电用户总数}} = 23502/14008 = 1.677756$$

不计短时停电时：

$$\text{CAIFI-4} = \frac{\sum \text{每次持续停电用户数}}{\text{持续停电用户总数}} = 23443/14002 = 1.674261$$

停电用户平均停电时间：在统计期间内，发生停电用户的平均停电时间，记作CAIDI-1（h/户）。

$$\text{CAIDI-1} = \frac{\sum \text{每次停电时间} \times \text{每次停电用户数}}{\text{停电用户总数}} = 67702.85571/14008 = 4.833156462 = 4.833156$$

若不计短时停电时，

$$\text{SAIDI-4} = \frac{\sum \text{每次持续停电时间} \times \text{每次持续停电用户数}}{\text{持续停电用户总数}} = 67702.85571/14002 = 4.835206949$$

$= 4.835207$

2. 根据资料1对临山区2021年故障停电责任原因进行分析

外力、气候、用户因素是影响2021年平均停电时间的主要因素，对比分析如图4所示。

横向对比：临山区故障停电主要责任因素（外力、气候、用户）导致的平均停电时间高于神山市整体水平。

纵向对比：临山区故障停电主要责任因素（外力、气候、用户）2021年同比呈增加趋势。

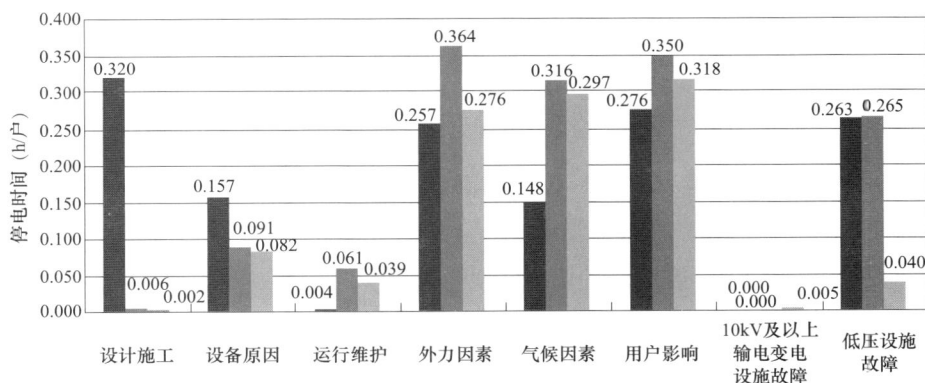

临山区2020—2021年故障停电责任原因分析

3. 重大事件日核算及报表填报

（1）计算神山市T_{MED}界限值

重大事件日界限值T_{MED}的确定方法：

1）选取最近三年每天的SAIDI-F值（跨日的停电计入停电当天）。

2）剔除值SAIDI-F为零的日期，组成数据集合。

3）计算数据集合中每个SAIDI-F值的自然对数。

4）计算：SAIDI-F自然对数的算术平均值。

5）计算：SAIDI-F自然对数的标准差。

6）T_{MED}计算方法为：

$$T_{MED} = \exp(\alpha + 2.5\beta) = \exp(-6.602924 + 2.5 \times 1.615021) = 0.077$$

（2）若神山市每年重大事件日界限值趋于稳定，请使用平均值法预测2022年各月故障停电时户数，同时满足全年故障停电同比至少压降10%的管理要求（若平均值法预测结果不满足要求，对预测值进行等比例压降）。

2022预测时户数　　　　　　　　　　单位：h·户

项目	1月	2月	3月	4月	5月	6月	7月	8月	9月	10月	11月	12月
1.1 设计施工	1.88	0.00	0.85	11.26	155.78	7.80	1.56	636.68	163.74	26.07	0.00	17.59
1.2 设备原因	427.69	77.62	213.00	155.18	679.85	633.06	208.66	1176.30	1199.42	218.70	437.54	179.42
1.3 运行维护	40.28	62.89	90.26	84.66	132.41	31.14	139.09	227.36	71.16	164.69	56.13	133.45
1.4 外力因素	293.12	432.76	1463.07	1058.48	1734.61	686.43	122.28	1076.19	1014.59	1201.67	470.37	471.95
1.6 气候因素	2.93	34.73	178.47	122.95	679.38	3245.43	1164.66	3946.09	790.29	49.46	115.19	18.20
1.7 用户影响	433.16	531.52	1099.32	503.51	1303.16	773.84	475.82	1134.28	1379.99	594.14	708.67	819.86
2. 10kV及以上输电变电设施故障	0.00	15.70	0.00	0.00	0.00	71.01	0.00	30.42	0.00	0.00	24.18	12.46
3. 低压设施故障	68.46	13.87	85.31	114.77	93.21	222.80	82.54	48.34	28.53	364.47	394.40	159.08
总计	1267.52	1169.09	3130.29	2050.81	4778.38	5671.50	2194.60	8275.68	4647.72	2619.21	2206.50	1812.02

4．根据神山市供电公司要求，9月分配给万县预安排停电时户数为3260h·户，偏差率控制在5%以内。请综合考虑时户数要求、计划需求必要性及停电时间合理性填写平衡后的配网停电计划（含配合主网改造工作）

（1）配网停电计划优化（要求方案优化过程中，明确优化依据及相关时户计算，充分考虑一停多用、不停电作业能力及工作时间合理性）。

1）10kV青州线#7杆更换开关工作现场具备带电作业条件，因此该计划停电范围改为40D分段开关至末端线路，同时根据标准化检修定额确定该项检修工作时间可压缩为6h，因此工作时间调整为08:30～14:30，停电时间调整为08:00～15:00。

2）10kV吴成线线路检修工作配合变电站综合自动化改造停电时间调整至8月30日，同时根据标准化检修定额及变电检修需求确定该项检修工作时间可压缩为6h，因此工作时间调整为07:00～13:00，停电时间调整为06:30～13:30。

3）10kV水产线更换环网箱工作配合变电站综合自动化改造停电时间调整至9月。

4）10kV海河Ⅱ线H3环网柜H3-2开关至末端线路更换环网箱工作根据标准化检修定额确定该项检修工作时间可压缩为8h，因此工作时间调整为08:30～16:30，停电时间调整为08:00～17:00。

5）10kV海河Ⅱ线H3环网柜H3-2开关至末端线路更换环网箱工作根据标准化检修定额确定该项检修工作时间可压缩为7h，因此工作时间调整为08:30～15:30，停电时间调整为08:00～16:00。

6）10kV菜张线更换导线工作根据标准化检修定额确定该项检修工作时间可压缩为4.5h，因此工作时间调整为08:30～13:00，停电时间调整为08:00～13:30。

7）10kV汾北Ⅳ线45D开关至末端线路架空线入地改为电缆工作现场具备芎电作业条件，因此该停电计划改为带电作业进行。

8）10kV方大线与10kV海岸线加装联络开关工作，考虑8月27日海岸线站内开关综合自动化改造，优化停电时序将该工作调整至8月26日开展，届时海岸线负荷可转供至方大线供电，同时根据标准化检修定额确定该项检修工作时间可压缩为6h，因此工作时间调整为08:30～14:30，停电时间调整为08:00～15:00。

9）10kV海岸线与10kV临河线站内开关综合自动化改造，负荷可通过联络线路转带，需站内开关至7D开关之间线路配合停电，根据施工方案增加配网停电计划。

10）10kV大江线、齐发线、宋城线站内开关综合自动化改造，因线路单辐射需全线停电配合，根据施工方案增加配网停电计划。

（2）平衡后配网停电计划表。

平衡后配网停电计划表

序号	变电站	电压等级（kV）	停电范围	主要工作内容	计划停电时间		计划工作时间		停电性质	停电时户数（h·户）	备注
1	东城站	10	10kV青州线40D分段开关至末端线路	配电线路标准化治理，更换#60杆配电自动化开关	08/06 08:00	08/06 15:00	08/06 08:30	08/06 14:30	技改工程	77	
2	东城站	10	10kV惠州Ⅱ线H5环网柜H5-2开关至末端线路	更换H6环网箱为带自动化装置环网箱	08/12 08:00	08/12 17:00	08/12 08:30	08/12 16:30	紧急消缺	324	
3	北岭站	10	10kV海河Ⅱ线H3环网柜H3-2开关至末端线路	更换H4环网箱为不带自动化装置环网箱	08/13 08:00	08/13 16:00	08/13 08:30	08/13 15:30	紧急消缺	496	
4	尚堂站	10	10kV菜张线	将#10～#12杆之间导线更换为LGJ-240导线	08/14 08:00	08/14 13:30	08/14 08:30	08/14 13:00	技改工程	247.5	档距50m
5	东城站	10	10kV方大线45D开关至末端线路	加装10kV方大线与10kV海岸线联络开关1台	08/26 08:00	08/26 15:00	08/26 08:30	08/26 14:30	技改工程	168	
6	大海站	10	10kV海岸线60D开关至末端线路	加装10kV方大线与10kV海岸线联络开关1台	08/26 08:00	08/26 15:00	08/26 08:30	08/26 14:30	技改工程	105	
7	大海站	10	10kV海岸线011开关至7D开关之间线路	配合站内开关综自改造	08/27 06:30	08/27 13:30	08/27 07:00	08/27 13:00	技改工程	0	
8	大海站	10	10kV临河线012开关至7D开关之间线路	配合站内开关综自改造	08/27 13:30	08/27 20:30	08/27 14:00	08/27 20:00	技改工程	0	
9	大海站	10	10kV大江线	配合站内开关综合自动化改造	08/28 06:30	08/28 13:30	08/28 07:00	08/28 13:00	技改工程	385	
10	大海站	10	10kV齐发线	配合站内开关综合自动化改造	08/28 13:30	08/28 20:30	08/28 14:00	08/28 20:00	技改工程	483	

续表

序号	变电站	电压等级（kV）	停电范围	主要工作内容	计划停电时间		计划工作时间		停电性质	停电时户数（h·户）	备注
11	大海站	10	10kV吴成线	配合站内开关综合自动化改造；#7耐张杆改为非转角塔	08/30 06:30	08/30 13:30	08/30 07:00	08/30 13:00	紧急消缺	539	
12	大海站	10	10kV宋城线	配合站内开关综合自动化改造	08/30 13:30	08/30 20:30	08/30 14:00	08/30 20:00	技改工程	434	

（3）计算计划平衡前后8月供电可靠率提升百分比（结果保留小数点后3位）。

计划平衡前停电时户数＝230＋770＋480＋360＋620＋450＋720＋240＋150＋7×（40＋55＋69＋77＋62）＝6141（h·户）

计划平衡后停电时户数＝77＋324＋496＋247.5＋168＋105＋385＋483＋539＋434＝3258.5（h·户）

经过平衡后减少时户数＝6141－3258.5＝2882.5（h·户）

提高的供电可靠率＝（2882.5/8600/31/24）×100%＝0.451%

试题十五　数据分析及规划评估场景

一、主要考点

供电可靠性指标统计数据的分析统计，可靠性规划地区分类、负荷增长计算及变电站布点设备选型，FMEA法计算该线路供电可靠性相关指标等。

二、考察重点

对可靠性指标统计数据的分析统计能力、可靠性规划及评估易混易错知识掌握情况。

三、试题及参考答案

第一部分　题目内容

台安市平安新区总面积53.6km²，常住人口20万人，区内有高精尖电子产品制造企业，电子产业示范园总面积12km²。截至2021年年底，园区内居住用地2.5km²，负荷密度25MW/km²，商业用地3.5km²，负荷密度65MW/km²，其他均为工业用地。请根据台安市的可靠性数据、电网发展情况，进行供电可靠性数据分析、网架规划和相关指标评估。

【资料】

资料1：台安市供电公司可靠性指标计算统计表

资料2：台安市供电公司可靠性运行数据统计表

资料3：供电可靠性技术原因、设备原因、责任原因、停电性质编码表

资料4：电子产业示范园基本情况

资料5：配电线路单线图及可靠性评估参数

【试题】

1．请根据资料1～3，编制台安市供电公司2022年上半年可靠性指标分析报告：

（1）主要指标完成情况分析。

（2）预安排停电分析。

（3）故障停电分析。

（4）重复停电及典型事件分析。

（5）存在的主要问题及改进措施建议。

2．请根据资料4，编制电子产业示范园电网负荷及规划分析简报：

（1）分析该电子产业示范园的供电分区，计算对应的供电可靠性及综合电压合格率目标。

（2）2025年年初在建集群工厂达产，在其他条件不变的情况下，说明该产业园区供电分区是否发生变化。

（3）根据现有变电容量及负荷增长（负荷饱和期容载比按1.75计算），并结合《配电网规划设计技术导则》提出对该园区110kV变电站建设的规划建议（变电站按照最少数量及三变最少数量考虑）。

3．请根据资料5，利用FMEA法计算该线路供电可靠性相关指标。

资料1：台安市供电公司可靠性指标计算统计表

可扫描右侧二维码下载并阅读。

台安市供电公司可靠性指标计算统计表

资料2：台安市供电公司可靠性运行数据统计表

可扫描右侧二维码下载并阅读。

台安市供电公司可靠性运行数据统计表

资料3：

表1　供电可靠性技术原因编码表

序号	技术原因码	技术原因名称
1	3000	其他
2	3001	安全距离不足
3	3011	爆炸
4	3012	变形
5	3021	操动机构不灵
6	3022	沉陷
7	3023	出口电压高、低
8	3031	倒、断杆塔
9	3032	短路
10	3033	断股
11	3034	断裂
12	3035	断线
13	3036	断相
14	3041	发热
15	3042	飞脱
16	3051	过电压
17	3052	过负荷
18	3053	过热
19	3061	击穿
20	3062	基础损坏、下陷
21	3063	接触不良

续表

序号	技术原因码	技术原因名称
22	3064	接地
23	3065	进水
24	3066	拒、误动
25	3067	绝缘不良
26	3071	开焊
27	3072	开裂
28	3073	开路
29	3081	裂纹
30	3082	漏气
31	3083	漏油
32	3091	密封不良
33	3101	倾倒
34	3102	倾斜
35	3103	缺相
36	3111	熔断
37	3112	闪络
38	3113	烧损
39	3114	失火
40	3115	松动
41	3116	损伤
42	3117	损坏
43	3121	塌陷
44	3122	脱落
45	3131	弯曲
46	3132	位移
47	3141	线间距不足
48	3151	异常
49	3152	异物
50	3153	异声
51	3161	10kV馈线系统故障
52	3162	10kV母线系统故障
53	3163	35kV输变电系统故障
54	3164	66kV输变电系统故障
55	3165	110kV输变电系统故障
56	3166	220kV输变电系统故障
57	3167	330kV输变电系统故障
58	3168	500kV及以上输变电系统故障
59	3171	发电设备故障

表2 供电可靠性设备原因编码表

序号	停电设备编码	停电设备名称	停电设备全称
1		配电设备	配电设备
2	9003003	高压熔断器	配电设备 柱上设备 高压熔断器
3	9003004	避雷器	配电设备 柱上设备 避雷器
4	9003005	防鸟装置	配电设备 柱上设备 防鸟装置
5	9003007	高压电容器	配电设备 柱上设备 高压电容器
6	9003008	高压计量箱	配电设备 柱上设备 高压计量箱
7	9003009	电压互感器	配电设备 柱上设备 电压互感器
8	9004001	变压器台架	配电设备 户外配电变压器台 变压器台架
9	9004002	变压器高压引线	配电设备 户外配电变压器台 变压器高压引线
10	9004003	变压器低压配电设施	配电设备 户外配电变压器台 变压器低压配电设施
11	9004004	避雷器	配电设备 户外配电变压器台 避雷器
12	9005	箱式配电站	配电设备 箱式配电站
13	9005003	熔断器	配电设备 箱式配电站 熔断器
14	9005004	站内公用设备	配电设备 箱式配电站 站内公用设备
15	9005005	箱（墙）体、基础	配电设备 箱式配电站 箱（墙）体、基础
16	9005009	变压器低压配电设施	配电设备 箱式配电站 变压器低压配电设施
17	9006	土建配电站	配电设备 土建配电站
18	9006003	熔断器	配电设备 土建配电站 熔断器
19	9006004	站内公用设备	配电设备 土建配电站 站内公用设备
20	9006005	箱（墙）体、基础	配电设备 土建配电站 箱（墙）体、基础
21	9006009	变压器低压配电设施	配电设备 土建配电站 变压器低压配电设施
22	9007	开关站	配电设备 开关站
23	9007003	熔断器	配电设备 开关站 熔断器
24	9007004	站（柜）内公用设备	配电设备 开关站 站（柜）内公用设备
25	9007005	箱（墙）体、基础	配电设备 开关站 箱（墙）体、基础
26	9097	用户设备	配电设备 用户设备
27	9098	设备不明	配电设备 设备不明
28	9099	其他	配电设备 其他
29	9001	架空线路	配电设备 架空线路
30	9001001	杆塔	配电设备 架空线路 杆塔
31	9001002	导线	配电设备 架空线路 导线
32	9001002001	裸导线	配电设备 架空线路 导线 裸导线
33	9001002002	绝缘线	配电设备 架空线路 导线 绝缘线
34	9001003	拉线	配电设备 架空线路 拉线
35	9001004	横担	配电设备 架空线路 横担
36	9001005	基础	配电设备 架空线路 基础
37	9001006	金具	配电设备 架空线路 金具
38	9001007	绝缘子	配电设备 架空线路 绝缘子

续表

序号	停电设备编码	停电设备名称	停电设备全称
39	9002	电缆线路	配电设备　电缆线路
40	9002001	电缆本体	配电设备　电缆线路　电缆本体
41	9002001001	油纸绝缘电缆	配电设备　电缆线路　电缆本体　油纸绝缘电缆
42	9002001002	聚氯乙烯绝缘电缆	配电设备　电缆线路　电缆本体　聚氯乙烯绝缘电缆
43	9002001003	交联聚氯乙烯绝缘电缆	配电设备　电缆线路　电缆本体　交联聚氯乙烯绝缘电缆
44	9002001004	其他绝缘电缆	配电设备　电缆线路　电缆本体　其他绝缘电缆
45	9002002	电缆终端	配电设备　电缆线路　电缆终端
46	9002002001	油纸绝缘电缆终端	配电设备　电缆线路　电缆终端　油纸绝缘电缆终端
47	9002002002	聚氯乙烯绝缘电缆终端	配电设备　电缆线路　电缆终端　聚氯乙烯绝缘电缆终端
48	9002002003	交联聚氯乙烯绝缘电缆终端	配电设备　电缆线路　电缆终端　交联聚氯乙烯绝缘电缆终端
49	9002002004	其他绝缘电缆终端	配电设备　电缆线路　电缆终端　其他绝缘电缆终端
50	9002003	电缆中间接头	配电设备　电缆线路　电缆中间接头
51	9002003001	油纸绝缘电缆中间接头	配电设备　电缆线路　电缆中间接头　油纸绝缘电缆中间接头
52	9002003002	聚氯乙烯绝缘电缆中间接头	配电设备　电缆线路　电缆中间接头　聚氯乙烯绝缘电缆中间接头
53	9002003003	交联聚氯乙烯绝缘电缆中间接头	配电设备　电缆线路　电缆中间接头　交联聚氯乙烯绝缘电缆中间接头
54	9002003004	其他绝缘电缆中间接头	配电设备　电缆线路　电缆中间接头　其他绝缘电缆中间接头
55	9002004	电缆分接箱	配电设备　电缆线路　电缆分接箱
56	9002005	电缆计量箱	配电设备　电缆线路　电缆计量箱
57	9002006	电缆沟（隧道）	配电设备　电缆线路　电缆沟（隧道）
58	9004	户外配电变压器台	配电设备　户外配电变压器台
59	9004007	油浸式变压器	配电设备　户外配电变压器台　油浸式变压器
60	9005007	油浸式变压器	配电设备　箱式配电站　油浸式变压器
61	9005008	干式变压器	配电设备　箱式配电站　干式变压器
62	9006007	油浸式变压器	配电设备　土建配电站　油浸式变压器
63	9006008	干式变压器	配电设备　土建配电站　干式变压器
64	9005001	断路器	配电设备　箱式配电站　断路器
65	9006001	断路器	配电设备　土建配电站　断路器
66	9007001	断路器	配电设备　开关站　断路器
67	9003	柱上设备	配电设备　柱上设备
68	9003001	柱上断路器	配电设备　柱上设备　柱上断路器
69	9003001001	油断路器	配电设备　柱上设备　柱上断路器　油断路器
70	9003001002	真空断路器	配电设备　柱上设备　柱上断路器　真空断路器
71	9003001003	SF₆断路器	配电设备　柱上设备　柱上断路器　SF₆断路器
72	9003001004	其他型式断路器	配电设备　柱上设备　柱上断路器　其他型式断路器
73	9003002	柱上负荷开关	配电设备　柱上设备　柱上负荷开关
74	9003006	柱上隔离开关	配电设备　柱上设备　柱上隔离开关
75	9005002	负荷开关	配电设备　箱式配电站　负荷开关

序号	停电设备编码	停电设备名称	停电设备全称
76	9006002	负荷开关	配电设备　土建配电站　负荷开关
77	9006006	隔离开关	配电设备　土建配电站　隔离开关
78	9007002	负荷开关	配电设备　开关站　负荷开关
79	9007006	隔离开关	配电设备　开关站　隔离开关
80		输变电设备	输变电设备
81	9011	10kV馈线设备	输变电设备　10kV馈线设备
82	9012	10kV母线设备	输变电设备　10kV母线设备
83	9013	35kV输变电设备	输变电设备　35kV输变电设备
84	9014	66kV输变电设备	输变电设备　66kV输变电设备
85	9015	110kV输变电设备	输变电设备　110kV输变电设备
86	9016	220kV输变电设备	输变电设备　220kV输变电设备
87	9017	330kV输变电设备	输变电设备　330kV输变电设备
88	9018	500kV及以上输变电设备	输变电设备　500kV及以上输变电设备
89	9020	发电设备	发电设备
90		其他	其他

表3　供电可靠性责任原因编码表

序号	原因分类	原因编码	责任原因全称	停电性质码
1	50		预安排停电	
2	501		检修停电	
3	5011		计划检修	
4	50111	5000	10（20，6）kV配电网设施检修	2111
5	50112	5001	10（20，6）kV馈线系统设施检修	2111
6	50113	5002	10（20，6）kV母线系统设施检修	2111
7	50114	5003	35kV设施检修	2111
8	50115	5004	66kV设施检修	2111
9	50116	5005	110kV设施检修	2111
10	50117	5006	220kV及以上设施检修	2111
11	50118	5007	外部电网检修停电	2112
12	5012		临时检修	
13	50121	5010	10（20，6）kV配电网临时检修	2211
14	50122	5011	10（20，6）kV馈线系统临时检修	2211
15	50123	5012	10（20，6）kV母线及以上设施临时检修	2211
16	50124	5013	外部电网设施临时检修	2212
17	502		工程停电	
18	5021		内部计划施工停电	
19	50211	5020	10（20，6）kV配电网设施计划施工	2121，2221
20	50212	5021	10（20，6）kV馈线系统设施计划施工	2121，2221

序号	原因分类	原因编码	责任原因全称	停电性质码
21	50213	5022	10（20，6）kV母线系统设施计划施工	2121，2221
22	50214	5023	35kV设施计划施工	2121，2221
23	50215	5024	66kV设施计划施工	2121，2221
24	50216	5025	110kV设施计划施工	2121，2221
25	50217	5026	220kV及以上电压等级设施计划施工	2121，2221
26	5022		外部电网建设施工停电	
27	50221	5027	外部电网建设施工停电	2122，2222
28	5023		业扩工程施工停电	
29	50231	5028	业扩工程施工停电	2121，2221
30	5024		市政工程建设施工停电	
31	50241	5029	市政工程建设施工停电	2121，2221
32	503		用户申请停电	
33	5031	5030	用户计划申请停电	2131
34	5032	5031	用户临时申请检修停电	2231
35	504		限电	
36	5041	5040	系统电源不足限电	2321
37	5042	5041	系统电源不足限电	2313
38	505		调电	
39	5051	5050	调电	2141，2241
40	506		低压作业影响	
41	5061	5060	低压作业影响	2121
42	51		故障停电	
43	511		10kV配电网设施故障	
44	5111		设计施工	
45	51111	5100	规划、设计不周	1101
46	51112	5101	施工安装原因	1101
47	5112		设备原因	
48	51121	5110	产品质量不良	1101
49	51122	5111	设备老化	1101
50	5113		运行维护	
51	51131	5120	检修试验质量原因	1101
52	51132	5121	运行管理原因	1101
53	51133	5129	责任原因不清	1101
54	5114		外力因素	
55	51141	5130	交通车辆破坏	1101
56	51142	5131	动物因素	1101
57	51143	5132	盗窃	1101
58	51144	5133	异物短路	1101

续表

序号	原因分类	原因编码	责任原因全称	停电性质码
59	51145	5134	外部施工影响	1101
60	51146	5139	其他外力因素	1101
61	5115		自然因素	
62	51151		自然灾害	
63	511511	5140	自然灾害	1101
64	51152		气候因素	
65	511521	5150	雷害	1101
66	511522	5151	大风大雨	1101
67	511523	5159	其他气候因素	1101
68	5116		用户影响	
69	51161	5160	用户影响	1101
70	512		10kV及以上输变电设施故障	
71	5121	5170	10（20，6）kV馈线系统设施故障	1101
72	5122	5171	10（20，6）kV母线系统设施故障	1101
73	5123	5172	35kV设施故障	1101
74	5124	5173	66kV设施故障	1101
75	5125	5174	110kV设施故障	1101
76	5126	5175	220kV及以上电压等级设施故障	1101
77	5127	5176	外部电网设施故障	1202
78	513		低压设施故障	
79	5131	5180	低压设施故障	1101
80	514		发电设施故障	
81	5141	5190	发电设施故障	1202

表4 供电可靠性停电性质编码表

序号	代码	名称
1	1	故障停电
2	1101	内部故障停电
3	1202	外部故障停电
4	2	
5	21	计划停电
6	2111	计划检修停电（内部）
7	2112	计划检修停电（外部）
8	2121	计划施工停电（内部）
9	2122	计划施工停电（外部）
10	2131	用户计划申请停电
11	22	临时停电
12	2211	临时检修停电（内部）

续表

序号	代码	名称
13	2212	临时检修停电（外部）
14	2221	临时施工停电（内部）
15	2222	临时施工停电（外部）
16	2231	用户临时申请停电
17	23	限电
18	2313	系统电源不足限电
19	2321	供电网限电
20	2141	计划调电
21	2241	临时调电

资料4：电子产业示范园基本情况

电子产业示范园工厂A，用电面积1.5km²，两条专线通过厂区1座自有110kV变电站供电，单母线分段接线，两台主变容量均为31.5MW互为备用。其产品主要为各类智能电子等，产量30万组，产品单耗350kWh/组，最大负荷利用小时数为4000h。产业链配套集群工厂B生产订单稳定，用电面积1km²，产品为3C电池反应资料，产量20万t，产品单耗750kWh/t，最大负荷利用小时数为4500h。其他工业用地负荷密度为10MW/km²。该开发区各类负荷同时系数取0.8。

据统计，该区域居民及商业负荷增长率8%/年，目前该电子产业园区良好的产业发展吸引了配套B工厂扩大生产，现规划范围内目前B工厂新增2倍产能的配套生产线正在建设中，预计2025年年初将全部达产。

资料5：配电线路单线图及可靠性评估参数

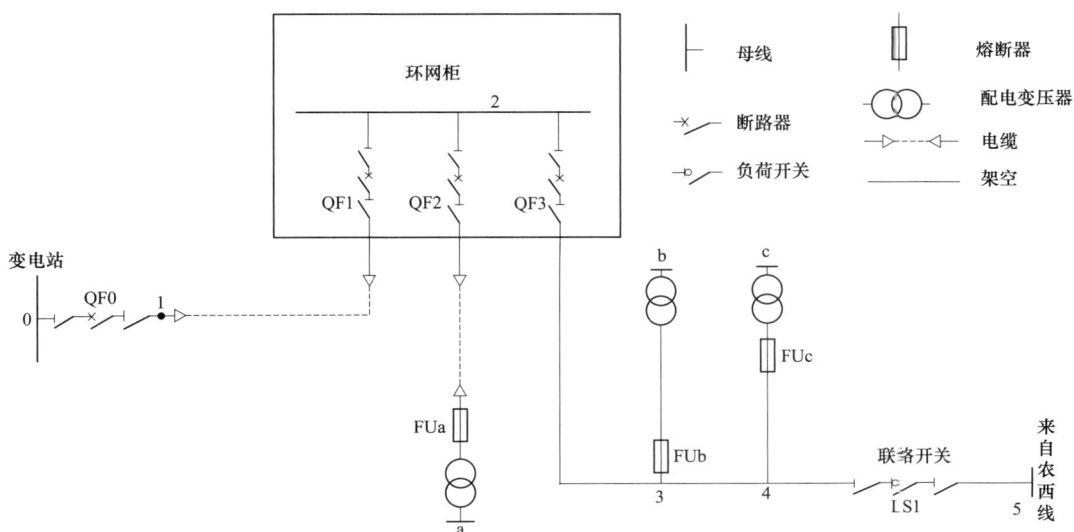

图1　配电线路单线图

表5 供电可靠性计算相关参数

设施		线路长度（km）	设施故障停电率（次/100km）（次/100台）	平均故障修复时间（h）
供电干线	1-2	2	0.2	2
	2-3	2	0.2	2
	3-4	2	0.2	2
分支线	2-a	1	0.1	1.5
	3-b	1	0.1	1.5
	4-c	1	0.1	1.5
断路器（不考虑紧邻两侧隔离开关故障影响）	QF0-QF3		0.25	3
负荷开关（不考虑紧邻两侧隔离开关故障影响）	LS1		0.2	2.5
熔断器	FUa-FUc		0.2	2
变压器	Ta-Tc		0.35	4

表6 供电可靠性计算相关参数

负荷点	用户数（户）	负荷容量（kW）
负荷点a	5	500
负荷点b	11	200
负荷点c	7	300

表7 供电可靠性计算相关参数

设施类别	平均故障定位隔离时间（h）	平均故障停电联络开关切换时间（h）	平均故障点上游恢复供电操作时间（h）
开关设备	1	0.5	0.3
设施类别	平均预安排停电隔离时间（h）	平均预安排停电联络开关切换时间（h）	平均预安排停电线段上游恢复供电操作时间（h）
开关设备	0.1	0.1	0.1
设施类别	系统预安排停电率［次/（100km·年）］	平均预安排停运持续时间h	
架空线路（电缆）	6	7	

注：在预安排停电时，采用先隔离，再转供方式。

第二部分　参考答案

1.请根据资料1~3，编制台安市供电公司2022年上半年可靠性指标分析报告

（1）主要指标完成情况分析。

台安市供电公司2022年上半年供电可靠性主要指标

主要指标	2022年	2021年	同比变化
等效总用户数（户）	232.26	228.1	4.16
平均供电可靠率ASAI-1（%）	99.5096	99.7835	−0.2739
平均系统停电时间ASIDI（h）	21.3025	9.4065	11.896
系统平均停电频率SAIFI-1［次/（户·年）］	6.144	5.1907	0.9533
停电总时户数（h·户）	4947.73	2145.63	2802.1
停电累计户次（户·次）	1427	1184	243
预停停电时户数（h·户）	930.36	860.84	69.52
预安排停电累计户次	1227	1065	162
故障停电时户数（h·户）	4017.37	1284.78	2732.59
故障停电累计户次（h·户）	764	1035	−271

（2）预安排停电分析。台安市供电公司2022年上半年度预安排停电30次，其中工程停电17次，检修停电13次。对ASAI-1影响较大的三个主要原因为10（20，6）kV配电网设施计划施工、10（20，6）kV配电网临时检修、10（20，6）kV配电网设施检修。

台安市供电公司2022年上半年预安排停电责任原因分析表

原因编码	责任原因全称	次数（次）	时户数（h·户）	用户平均停电时间（h）	对ASAI-1影响
	预安排停电	30	930.36	4.0787	0.001
	检修停电	13	76.47	0.3352	0.0001
	计划检修	1	0.53	0.0023	0
5000	10（20，6）kV配电网设施检修	1	0.53	0.0023	0
5001	10（20，6）kV馈线系统设施检修	0	0	0	0
5002	10（20，6）kV母线系统设施检修	0	0	0	0
5003	35kV设施检修	0	0	0	0
5004	66kV设施检修	0	0	0	0
5005	110kV设施检修	0	0	0	0
5006	220kV及以上设施检修	0	0	0	0
5007	外部电网检修停电	0	0	0	0

续表

原因编码	责任原因全称	次数（次）	时户数（h·户）	用户平均停电时间（h）	对ASAI-1影响
	临时检修	12	75.94	0.3329	0.0001
5010	10（20，6）kV配电网临时检修	12	75.94	0.3329	0.0001
5011	10（20，6）kV馈线系统临时检修	0	0	0	0
5012	10（20，6）kV母线及以上设施临时检修	0	0	0	0
5013	外部电网设施临时检修	0	0	0	0
	工程停电	17	853.89	3.7435	0.0009
	内部计划施工停电	17	853.89	3.7435	0.0009
5020	10（20，6）kV配电网设施计划施工	17	853.89	3.7435	0.0009
5021	10（20，6）kV馈线系统设施计划施工	0	0	0	0
5022	10（20，6）kV母线系统设施计划施工	0	0	0	0
5023	35kV设施计划施工	0	0	0	0
5024	66kV设施计划施工	0	0	0	0
5025	110kV设施计划施工	0	0	0	0
5026	220kV及以上电压等级设施计划施工	0	0	0	0
	外部电网建设施工停电	0	0	0	0
5027	外部电网建设施工停电	0	0	0	0
	业扩工程施工停电	0	0	0	0
5028	业扩工程施工停电	0	0	0	0
	市政工程建设施工停电	0	0	0	0
5029	市政工程建设施工停电	0	0	0	0
	用户申请停电	0	0	0	0
5030	用户计划申请停电	0	0	0	0
5031	用户临时申请检修停电	0	0	0	0
	限电	0	0	0	0
5040	系统电源不足限电	0	0	0	0
5041	系统电源不足限电	0	0	0	0
	调电	0	0	0	0
5050	调电	0	0	0	0
	低压作业影响	0	0	0	0
5060	低压作业影响	0	0	0	0

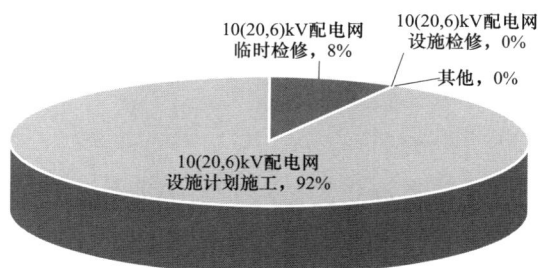

台安市供电公司2022年上半年度预安排停电责任原因占比

（3）故障停电分析。台安市供电公司2022年上半年故障停电37次，其中10kV配电网设施故障35次，低压设施故障2次。对ASAI-1影响较大的三个主要原因为：其他气候因素、设备老化、其他外力因素。

台安市供电公司2022年上半年故障停电责任原因分析表

原因编码	责任原因全称	次数（次）	时户数（h·户）	用户平均停电时间（h）	对ASAI-1影响
	故障停电	37	4017.37	17.6123	0.004
	10kV配电网设施故障	35	4016.77	17.6097	0.004
	设计施工	0	0	0	0
5100	规划、设计不周	0	0	0	0
5101	施工安装原因	0	0	0	0
	设备原因	12	224.68	0.985	0.0002
5110	产品质量不良	0	0	0	0
5111	设备老化	12	224.68	0.985	0.0002
	运行维护	0	0	0	0
5120	检修试验质量原因	0	0	0	0
5121	运行管理原因	0	0	0	0
5129	责任原因不清	0	0	0	0
	外力因素	5	27.23	0.1194	0
5130	交通车辆破坏	0	0	0	0
5131	动物因素	0	0	0	0
5132	盗窃	0	0	0	0
5133	异物短路	0	0	0	0
5134	外部施工影响	0	0	0	0
5139	其他外力因素	5	27.23	0.1194	0
	自然因素	17	3764.56	16.504	0.0038

续表

原因编码	责任原因全称	次数（次）	时户数（h·户）	用户平均停电时间（h）	对ASAI-1影响
	自然灾害	0	0	0	0
5140	自然灾害	0	0	0	0
	气候因素	17	3764.56	16.504	0.0038
5150	雷害	1	16.95	0.0743	0
5151	大风大雨	0	0	0	0
5159	其他气候因素	16	3747.61	16.4297	0.0038
	用户影响	1	0.3	0.0013	0
5160	用户影响	1	0.3	0.0013	0
	10kV及以上输变电设施故障	0	0	0	0
5170	10（20，6）kV馈线系统设施故障	0	0	0	0
5171	10（20，6）kV母线系统设施故障	0	0	0	0
5172	35kV设施故障	0	0	0	0
5173	66kV设施故障	0	0	0	0
5174	110kV设施故障	0	0	0	0
5175	220kV及以上电压等级设施故障	0	0	0	0
5176	外部电网设施故障	0	0	0	0
	低压设施故障	2	0.6	0.0026	0
5180	低压设施故障	2	0.6	0.0026	0
	发电设施故障	0	0	0	0
5190	发电设施故障	0	0	0	0

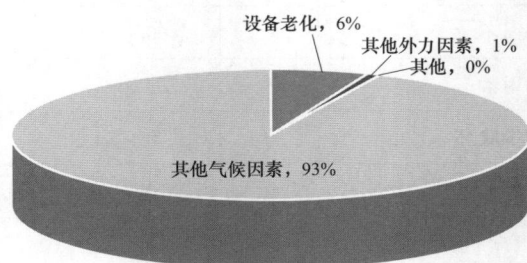

台安市供电公司2022年上半年度故障停电责任原因占比

（4）重复停电及典型事件分析。

1）预安排重复停电分析。预安排重复停电线段有77个，其中重复停电4次的有11个，重复停电3次的有44个，重复停电2次的有22个。预安排重复停电4次的线段有台安00709、台安00714、台安00715、台安00717、台安00726、新金00313、新金00314、新金00615、新金00618、新金00627、新金00712。

预安排重复停电超4次线段明细

线段编码	线段名称	开始时间	结束时间	停电时户数（h·户）	停电性质	停电设备	责任原因
台安00709	台安07线09段	2022/04/26 09:29	2022/04/26 09:45	0.27	计划施工停电（内部）	10kV馈线设备	10（20，6）kV配电网设施计划施工
台安00709	台安07线09段	2022/05/26 08:44	2022/05/26 09:00	0.99	计划施工停电（内部）	10kV馈线设备	10（20，6）kV配电网设施计划施工
台安00709	台安07线09段	2022/05/27 06:10	2022/05/27 06:15	0.32	临时检修停电（内部）	负荷开关	10（20，6）kV配电网临时检修
台安00709	台安07线09段	2022/05/27 17:40	2022/05/27 17:46	0.4	临时检修停电（内部）	负荷开关	10（20，6）kV配电网临时检修
台安00714	台安07线14段	2022/01/08 08:11	2022/01/08 08:30	1.6	计划施工停电（内部）	10kV馈线设备	10（20，6）kV配电网设施计划施工
台安00714	台安07线14段	2022/05/26 08:00	2022/05/26 17:00	9	计划施工停电（内部）	10kV馈线设备	10（20，6）kV配电网设施计划施工
台安00714	台安07线14段	2022/05/27 06:10	2022/05/27 06:15	0.08	临时检修停电（内部）	负荷开关	10（20，6）kV配电网临时检修
台安00714	台安07线14段	2022/05/27 17:40	2022/05/27 17:46	0.1	临时检修停电（内部）	负荷开关	10（20，6）kV配电网临时检修
台安00715	台安07线15段	2022/01/08 08:11	2022/01/08 08:30	1.92	计划施工停电（内部）	10kV馈线设备	10（20，6）kV配电网设施计划施工
台安00715	台安07线15段	2022/05/26 08:44	2022/05/26 09:00	1.8	计划施工停电（内部）	10kV馈线设备	10（20，6）kV配电网设施计划施工
台安00715	台安07线15段	2022/05/27 06:10	2022/05/27 06:15	0.56	临时检修停电（内部）	负荷开关	10（20，6）kV配电网临时检修
台安00715	台安07线15段	2022/05/27 17:40	2022/05/27 17:46	0.7	临时检修停电（内部）	负荷开关	10（20，6）kV配电网临时检修
台安00717	台安07线17段	2022/01/08 08:12	2022/01/08 08:30	0.6	计划施工停电（内部）	10kV馈线设备	10（20，6）kV配电网设施计划施工
台安00717	台安07线17段	2022/05/26 08:44	2022/05/26 09:00	1.31	计划施工停电（内部）	10kV馈线设备	10（20，6）kV配电网设施计划施工
台安00717	台安07线17段	2022/05/27 06:10	2022/05/27 06:15	0.4	临时检修停电（内部）	负荷开关	10（20，6）kV配电网临时检修
台安00717	台安07线17段	2022/05/27 17:40	2022/05/27 17:46	0.5	临时检修停电（内部）	负荷开关	10（20，6）kV配电网临时检修
台安00726	台安07线26段	2022/05/26 08:00	2022/05/26 17:00	9	计划施工停电（内部）	10kV馈线设备	10（20，6）kV配电网设施计划施工

续表

线段 编码	线段 名称	开始时间	结束时间	停电时 户数 （h·户）	停电性质	停电设备	责任原因
台安 00726	台安07 线26段	2022/05/27 06:10	2022/05/27 06:15	0.4	临时检修停 电（内部）	负荷开关	10（20，6）kV配电网临时检修
台安 00726	台安07 线26段	2022/05/27 17:40	2022/05/27 17:46	0.5	临时检修停 电（内部）	负荷开关	10（20，6）kV配电网临时检修
台安 00726	台安07 线26段	2022/06/08 10:28	2022/06/08 16:58	6.5	临时检修停 电（内部）	杆塔	10（20，6）kV配电网临时检修
新金 00313	天锦03 线13段	2022/01/08 08:11	2022/01/08 08:30	1.28	计划施工停 电（内部）	10kV馈 线设备	10（20，6）kV配电网设施计划施工
新金 00313	天锦03 线13段	2022/04/24 14:54	2022/04/24 16:52	6.79	计划施工停 电（内部）	10kV馈 线设备	10（20，6）kV配电网设施计划施工
新金 00313	天锦03 线13段	2022/05/27 06:10	2022/05/27 06:20	1.02	临时检修停 电（内部）	10kV馈 线设备	10（20，6）kV配电网临时检修
新金 00313	天锦03 线13段	2022/05/27 17:00	2022/05/27 17:20	1.98	临时检修停 电（内部）	负荷开关	10（20，6）kV配电网临时检修
新金 00314	天锦03 线14段	2022/01/08 07:46	2022/01/08 08:30	1.46	计划施工停 电（内部）	10kV馈 线设备	10（20，6）kV配电网设施计划施工
新金 00314	天锦03 线14段	2022/04/24 09:29	2022/04/24 16:50	33.97	计划施工停 电（内部）	10kV馈 线设备	10（20，6）kV配电网设施计划施工
新金 00314	天锦03 线14段	2022/05/27 06:10	2022/05/27 06:20	0.85	临时检修停 电（内部）	10kV馈 线设备	10（20，6）kV配电网临时检修
新金 00314	天锦03 线14段	2022/05/27 17:00	2022/05/27 17:20	1.65	临时检修停 电（内部）	负荷开关	10（20，6）kV配电网临时检修
新金 00615	南木06 线15段	2022/04/07 10:42	2022/04/07 11:14	0.53	计划检修停 电（内部）	电压 互感器	10（20，6）kV配电网设施检修
新金 00615	南木06 线15段	2022/05/27 06:15	2022/05/27 06:30	2.5	临时检修停 电（内部）	负荷开关	10（20，6）kV配电网临时检修
新金 00615	南木06 线15段	2022/05/27 17:00	2022/05/27 17:05	0.8	临时检修停 电（内部）	负荷开关	10（20，6）kV配电网临时检修
新金 00615	南木06 线15段	2022/06/11 07:00	2022/06/11 18:09	98.97	计划施工停 电（内部）	10kV馈 线设备	10（20，6）kV配电网设施计划施工
新金 00618	南木06 线18段	2022/04/26 14:21	2022/04/26 14:42	0.35	计划施工停 电（内部）	10kV馈 线设备	10（20，6）kV配电网设施计划施工
新金 00618	南木06 线18段	2022/05/27 06:15	2022/05/27 06:30	1	临时检修停 电（内部）	负荷开关	10（20，6）kV配电网临时检修
新金 00618	南木06 线18段	2022/05/27 17:00	2022/05/27 17:05	0.32	临时检修停 电（内部）	负荷开关	10（20，6）kV配电网临时检修
新金 00618	南木06 线18段	2022/06/20 07:02	2022/06/20 18:30	45.49	计划施工停 电（内部）	10kV馈 线设备	10（20，6）kV配电网设施计划施工
新金 00627	南木06 线27段	2022/05/17 06:58	2022/05/17 16:08	26.47	计划施工停 电（内部）	10kV馈 线设备	10（20，6）kV配电网设施计划施工
新金 00627	南木06 线27段	2022/05/27 06:15	2022/05/27 06:30	0.25	临时检修停 电（内部）	负荷开关	10（20，6）kV配电网临时检修

续表

线段编码	线段名称	开始时间	结束时间	停电时户数（h·户）	停电性质	停电设备	责任原因
新金00627	南木06线27段	2022/05/27 17:00	2022/05/27 17:05	0.08	临时检修停电（内部）	负荷开关	10（20，6）kV配电网临时检修
新金00627	南木06线27段	2022/06/20 07:01	2022/06/20 18:22	11.35	计划施工停电（内部）	10kV馈线设备	10（20，6）kV配电网设施计划施工
新金00712	新金07线12段	2022/01/08 07:47	2022/01/08 08:30	2.88	计划施工停电（内部）	10kV馈线设备	10（20，6）kV配电网设施计划施工
新金00712	新金07线12段	2022/05/27 06:10	2022/05/27 06:20	0.68	临时检修停电（内部）	负荷开关	10（20，6）kV配电网临时检修
新金00712	新金07线12段	2022/05/27 17:01	2022/05/27 17:05	0.28	临时检修停电（内部）	10kV馈线设备	10（20，6）kV配电网临时检修
新金00712	新金07线12段	2022/06/09 07:35	2022/06/09 15:29	21.66	计划施工停电（内部）	10kV馈线设备	10（20，6）kV配电网设施计划施工

建议：一是加强设备运维质量，应用红外成像、超声波局放检测等技术手段提高设备缺陷发现能力；二是践行"应修必修，修必修好，一次修好"原则，加强综合检修作业统筹，减少线段重复停电；三是提高"不停电作业"能力，因地制宜应用旁路作业车、中压发电车、绝缘斗臂车、绝缘支架等手段减少预安排停电检修次数。

2）故障重复停电分析。故障重复停电线段有55个，其中重复停电9次线段2个，8次1个，7次8个，6次2个，5次2个，4次6个，3次15个，2次19个。故障重复停电9次线段为新金00621、新金00625。故障重复停电9次线段为新金00621、新金00625，新金00621、新金00625线段在2月均发生六次设备老化。

预安排重复停电超4次线段明细

事件序号	线段编码	开始时间	结束时间	持续时长（h）	停电时户数（h·户）	停电性质	停电设备	技术原因	责任原因
2201280323	新金00621	2022/01/28 18:21	2022/01/28 21:15	2.9	5.55	内部故障停电	裸导线	短路	其他气候因素
2202070726	新金00621	2022/02/07 02:44	2022/02/07 18:58	16.23	32.46	内部故障停电	裸导线	短路	其他气候因素
2202150109	新金00621	2022/02/15 13:27	2022/02/15 13:45	0.3	0.6	内部故障停电	裸导线	失火	其他外力因素
2202160202	新金00621	2022/02/16 14:51	2022/02/16 15:19	0.47	0.94	内部故障停电	裸导线	短路	设备老化
2202160203	新金00621	2022/02/16 09:18	2022/02/16 11:05	1.78	3.56	内部故障停电	裸导线	短路	设备老化
2202180143	新金00621	2022/02/18 11:27	2022/02/18 11:46	0.32	0.64	内部故障停电	裸导线	异常	设备老化
2202190130	新金00621	2022/02/19 14:37	2022/02/19 15:11	0.57	1.14	内部故障停电	柱上负荷开关	异常	设备老化

续表

事件序号	线段编码	开始时间	结束时间	持续时长（h）	停电时户数（h·户）	停电性质	停电设备	技术原因	责任原因
2202190128	新金00621	2022/02/19 15:37	2022/02/19 15:56	0.32	0.64	内部故障停电	柱上负荷开关	异常	设备老化
2202190129	新金00621	2022/02/19 11:35	2022/02/19 12:03	0.47	0.94	内部故障停电	裸导线	短路	设备老化
2201280323	新金00625	2022/01/28 18:20	2022/01/28 20:57	2.62	5.24	内部故障停电	裸导线	短路	其他气候因素
2202070726	新金00625	2022/02/07 02:44	2022/02/07 18:58	16.23	27.4	内部故障停电	裸导线	短路	其他气候因素
2202150109	新金00625	2022/02/15 13:26	2022/02/15 13:45	0.32	0.64	内部故障停电	裸导线	失火	其他外力因素
2202160202	新金00625	2022/02/16 14:51	2022/02/16 15:19	0.47	0.94	内部故障停电	裸导线	短路	设备老化
2202160203	新金00625	2022/02/16 09:17	2022/02/16 11:05	1.8	3.6	内部故障停电	裸导线	短路	设备老化
2202180143	新金00625	2022/02/18 11:27	2022/02/18 11:46	0.32	0.64	内部故障停电	裸导线	异常	设备老化
2202190130	新金00625	2022/02/19 14:37	2022/02/19 15:10	0.55	1.1	内部故障停电	柱上负荷开关	异常	设备老化
2202190129	新金00625	2022/02/19 11:35	2022/02/19 12:03	0.47	0.94	内部故障停电	裸导线	短路	设备老化
2202190128	新金00625	2022/02/19 15:36	2022/02/19 15:56	0.33	0.66	内部故障停电	柱上负荷开关	异常	设备老化

建议：加强线路防护工作；设备老化、自然灾害造成的重复停电较多，应采取针对性措施，如加强老旧设备改造、加强防雷抗寒措施等工作。

3）预安排停电时间较长分析。预安排超过10h事件2个，其中2206200370为10kV馈线设备施工，时间最长，为11.73h。

预安排停电超10h事件明细

事件序号	开始时间	结束时间	持续时长（h）	时户数（h·户）	停电设备	技术原因	责任原因
2206200370	2022/06/20 07:01	2022/06/20 18:45	11.73	193.31	10kV馈线设备	其他	10（20，6）kV配电网设施计划施工
2206110262	2022/06/11 07:00	2022/06/11 18:09	11.15	98.97	10kV馈线设备	其他	10（20，6）kV配电网设施计划施工

建议：加强10kV配电网设施计划施工管理，积极应用"不停电作业"技术，提高不停电作业能力建设，因地制宜采用预制化、机械化、集团化施工等方式减少施工导致的停电时间。

4）预安排停电时户数超100h·户分析。预安排停电时户数超100h·户数事件3个，其中2205170328预安排停电时户数最多，为245.7h·户。

预安排停电时户数超100h·户明细

事件序号	开始时间	结束时间	持续时长（h）	时户数（h·户）	停电设备	技术原因	责任原因
2205170328	2022/05/17 06:58	2022/05/17 16:10	9.2	245.7	10kV馈线设备	其他	10（20，6）kV配电网设施计划施工
2206200370	2022/06/20 07:01	2022/06/20 18:45	11.73	193.31	10kV馈线设备	其他	10（20，6）kV配电网设施计划施工
2205260511	2022/05/26 08:00	2022/05/26 17:45	9.75	139.18	10kV馈线设备	其他	10（20，6）kV配电网设施计划施工

建议：加强10kV配电网设施计划施工管理，积极应用"不停电作业"技术，提高不停电作业能力建设，因地制宜采用预制化、机械化、集团化施工等方式减少施工导致的停电时间。

5）预安排停电户次数超20户·次分析。预安排停电户次数超20事件12个，其中2205270299和2205270537预安排停电户次最多，为69户·次。

预安排停电户次数超20户次明细

事件序号	开始时间	结束时间	持续时长（h）	户次数（户·次）	时户数（h·户）	停电设备	技术原因	责任原因
2205270299	2022/05/27 06:15	2022/05/27 06:30	0.25	69	17.25	负荷开关	其他	10（20，6）kV配电网临时检修
2205270537	2022/05/27 17:00	2022/05/27 17:05	0.08	69	5.52	负荷开关	其他	10（20，6）kV配电网临时检修
2205260511	2022/05/26 08:00	2022/05/26 17:45	9.75	66	139.18	10kV馈线设备	其他	10（20，6）kV配电网设施计划施工
2205270501	2022/05/27 17:40	2022/05/27 17:46	0.1	66	6.6	负荷开关	其他	10（20，6）kV配电网临时检修
2205270523	2022/05/27 06:10	2022/05/27 06:14	0.08	66	5.28	负荷开关	其他	10（20，6）kV配电网临时检修
2205270536	2022/05/27 06:10	2022/05/27 06:20	0.17	55	9.35	负荷开关	其他	10（20，6）kV配电网临时检修
2205270413	2022/05/27 17:01	2022/05/27 17:05	0.07	55	3.85	10kV馈线设备	其他	10（20，6）kV配电网临时检修
2205170328	2022/05/17 06:58	2022/05/17 16:10	9.2	28	245.7	10kV馈线设备	其他	10（20，6）kV配电网设施计划施工
2205270530	2022/05/27 17:00	2022/05/27 17:19	0.33	23	7.59	负荷开关	其他	10（20，6）kV配电网临时检修
2205270506	2022/05/27 06:10	2022/05/27 06:14	0.08	23	1.84	负荷开关	其他	10（20，6）kV配电网临时检修
2205270535	2022/05/27 17:00	2022/05/27 17:19	0.33	21	6.93	负荷开关	其他	10（20，6）kV配电网临时检修
2205270510	2022/05/27 06:10	2022/05/27 06:20	0.17	21	3.57	10kV馈线设备	其他	10（20，6）kV配电网临时检修

建议：一是合理调整单条线路接带客户数及供电范围，通过就近切割、新配出线路、增加合理联络及分段配电自动化开关等方式，压降停电范围及用户数量。二是提高不停电作业能力建设，按照"能带不停"的原则，综合应用联络转供、转供临时联络、中压发电、低压发电作业等方式保持非检修区域供电。

6）故障停电时间较长分析。故障停电时间超8h事件11个，其中2202070726故障停电时间最长，为21.25h。

故障停电时间超8h明细

事件序号	开始时间	结束时间	持续时长（h）	时户数（h·户）	停电设备	技术原因	责任原因
2202070726	2022/02/07 02:44	2022/02/07 23:59	21.25	1026.67	裸导线	短路	其他气候因素
2202071751	2022/02/07 02:52	2022/02/07 23:59	21.12	283.37	裸导线	短路	其他气候因素
2202080281	2022/02/08	2022/02/08 21:00	21	298.25	裸导线	短路	其他气候因素
2202070373	2022/02/07 03:22	2022/02/07 23:59	20.62	661.35	裸导线	短路	其他气候因素
2202080222	2022/02/08	2022/02/08 17:58	17.97	252.8	裸导线	短路	其他气候因素
2206200392	2022/06/20	2022/06/20 17:18	17.3	17.3	裸导线	断线	设备老化
2202080245	2022/02/08	2022/02/08 16:57	16.95	435.59	裸导线	短路	其他气候因素
2202070460	2022/02/07 04:41	2022/02/07 20:57	16.27	239.08	裸导线	短路	其他气候因素
2202071362	2022/02/07 02:36	2022/02/07 17:48	15.2	146.02	裸导线	短路	其他气候因素
2203170422	2022/03/17 00:08	2022/03/17 12:35	12.45	108.9	熔断器	烧损	其他气候因素
2202080262	2022/02/08 01:57	2022/02/08 10:15	8.3	168.05	裸导线	短路	其他气候因素

建议：一是推广使用暂态型故障指示器、一二次融合断路器开关提高故障范围判断及故障区域隔离能。二是对于潜在较大影响的天气异常预报事件，合理增加抢修人员力量。三是加强网架合理性调整，合理调整单条线路接带客户数及供电范围，通过就近切割、新配出线路、增加合理联络及分段配电自动化开关等方式，压降停电范围及用户数量。四是提高不停电地装备能力，按照"先复电、再抢修"的原则，应用中压发电、低压发电作业等方式优先恢复非故障区域供电。

7）故障停电时户数超300h·户分析。故障停电时户数超300h·户事件3个，其中2202070726故障停电时户数最多，为1026.67h·户。

故障停电时户数超300h·户明细

事件序号	开始时间	结束时间	持续时长（h）	时户数（h·户）	停电设备	技术原因	责任原因
2202070726	2022/02/07 02:44	2022/02/07 23:59	21.25	1026.67	裸导线	短路	其他气候因素
2202070373	2022/02/07 03:22	2022/02/07 23:59	20.62	661.35	裸导线	短路	其他气候因素
2202080245	2022/02/08	2022/02/08 16:57	16.95	435.59	裸导线	短路	其他气候因素

建议：一是根据用户分布，增加线路分段/分支/异站联络配电自动化开关，实现线路合理分段，提高非故障区域自愈恢复供电能力。二是提高不停电作业装备能力，按照"先复电、再抢修"的原则，应用中压发电、低压发电作业等方式优先恢复非故障区域供电。

8）故障停电户次数超50户·次分析。故障停电户次数超50户·次事件7个，其中2202070726故障停电户次数最多，为67户·次。

故障停电户次数超50户·次明细

事件序号	开始时间	结束时间	持续时长（h）	户次数（户·次）	时户数（h·户）	停电设备	技术原因	责任原因
2202070726	2022/02/07 02:44	2022/02/07 23:59	21.25	67	1026.67	裸导线	短路	其他气候因素
2202190129	2022/02/19 11:35	2022/02/19 14:02	2.45	61	43.77	裸导线	短路	设备老化
2202160203	2022/02/16 09:17	2022/02/16 11:50	2.55	60	100.48	裸导线	短路	设备老化
2202070460	2022/02/07 04:41	2022/02/07 20:57	16.27	57	239.08	裸导线	短路	其他气候因素
2201280323	2022/01/28 18:20	2022/01/28 21:15	2.92	52	82.93	裸导线	短路	其他气候因素
2202070373	2022/02/07 03:22	2022/02/07 23:59	20.62	51	661.35	裸导线	短路	其他气候因素
2202080281	2022/02/08	2022/02/08 21:00	21	51	298.25	裸导线	短路	其他气候因素

建议：一是根据用户分布，增加线路分段/分支/异站联络配电自动化开关，实现线路合理分段，提高非故障区域自愈恢复供电能力。二是提高不停电作业装备能力，按照"先复电、再抢修"的原则，应用中压发电、低压发电作业等方式优先恢复非故障区域供电。

（5）存在的主要问题及改进措施建议。

1）主要问题。

a）存在重复停电、停电时间较长事件。

b）对ASAI-1影响较大的三个预安排责任原因为10（20，6）kV配电网设施计划施工、10（20，6）kV配电网临时检修、10（20，6）kV配电网设施检修。

c）对ASAI-1影响较大的三个故障责任原因为其他气候因素、设备老化、其他外力因素。

2）相关措施建议。

a）工程建设施工停电计划及停电施工方案管理，加强综合停电管理，减少重复停电。（预安排重复、时间长）

b）加强城市电网的主网架的建设。（互联互供能力）

c）改进配电网的网架结构。（停电范围大）

d）工程建设停电施工现场管理，加强标准化作业时间管理，增加施工力量。（时间长）

e）加强配网线路及设备巡视，加强线路及设备缺陷管理，减少配网故障。（故障重复）

f）开展事故抢修标准化作业，按照"先复电、再抢修"的原则，应用中压发电、低压发电作业等方式优先恢复非故障区域供电减少部分故障停电时间较长的事件。（故障处置时间长）

g）加强老旧配网设备改造，减少配网故障。（老旧设备故障多）

h）配电网反外力损（坏）管理。（外力破坏）

i）开展不停电作业能力建设，提高不停电作业人员作业能力及装备配置。（检修工作比例较大）

2. 请根据资料4，编制电子产业示范园电网负荷及规划分析简报

（1）分析该电子产业示范园的供电分区，计算对应的供电可靠性及综合电压合格率目标。

工厂A为110kV专线负荷，计算负荷密度时，应扣除110（66）kV及以上专线负荷。

该区域综合最大用电负荷＝（居民负荷＋商业负荷＋B工厂负荷＋其他工业负荷）×负荷同时率＝$[2.5×25＋3.5×65＋20×10000×750/4500/1000＋（12－2.5－3.5－1.5－1）×10]×0.8＝286.67$（MW）

该电子产业园区负荷密度＝286.67/（12－1.5）＝27.30MW/km²，该负荷密度≥15MW/km²，<30MW/km²，且为省会市，因此属于A类供电区域。

A类供电区域要求平均供电可靠率≥99.99%，综合电压合格率≥99.97%。

（2）2025年年初在建集群工厂达产，在其他条件不变的情况下，说明该产业园区供电分区是否发生变化。

该区域用电负荷＝（居民负荷＋商业负荷）＋B工厂（B厂新增2条新投生产线）负荷＋其他工业负荷）×同时系数＝$[（2.5×25＋3.5×65）×1.083＋3×20×10000×750/4500/1000＋（12－2.5－3.5－1.5－1）×10]×0.8＝359.26$（MW）

该电子产业园区负荷密度＝359.26/（12－1.5）＝34.21（MW/km²），该负荷密度>30MW/km²，因此预计2025年该园区发展为A＋类供电区域。

（3）根据现有变电容量及负荷增长（负荷饱和期容载比按1.75计算），并结合《配电网规划设计技术导则》提出对该园区110kV变电站建设的规划建议（变电站按照最少数量及主变最少数量考虑）。

在建集群工厂达产后，预计该区域用电负荷为359.26MW；根据容载比1.75的原则，该区域变电总容量应为：359.26×1.75＝628.71MVA。根据《配电网规划设计技术导则》（DL/T 5729—2016），按照A＋、A类区域选型原则，至少需新建110kV变电站2座（单座容量4×80MVA）。

3．请根据资料5，利用FMEA法计算该线路供电可靠性相关指标

<h4 style="text-align:center">故障模式后果分析表</h4>

设施		负荷点a		负荷点b		负荷点c	
		λ_{LP}（次/年）	μ_{LP}（h/年）	λ_{LP}（次/年）	μ_{LP}（h/年）	λ_{LP}（次/年）	μ_{LP}（h/年）
干线设施故障	QF0	0.0025	0.00375	0.0025	0.00375	0.0025	0.00375
	线路1-2	0.004	0.006	0.004	0.006	0.004	0.006
	QF1	0.0025	0.00375	0.0025	0.00375	0.0025	0.00375
	QF3	0.0025	0.00325	0.0025	0.00375	0.0025	0.00375
	线路2-3	0	0	0.004	0.008	0.004	0.008
	线路3-4	0	0	0.004	0.008	0.004	0.008
分支线设施故障	线路2-a	0.001	0.0015	0	0	0	0
	线路3-b	0	0	0.001	0.0015	0	0
	线路4-c	0	0	0.001	0.0015	0.001	0.0015
	QF2	0.0025	0.0075	0.0025	0.00325	0.0025	0.00325
	FUa	0.002	0.004	0	0	0.002	0
	FUb	0	0	0.002	0.004	0.002	0.004
	FUc	0	0	0.002	0.004	0.002	0.004
	Ta	0.0035	0.014	0	0	0	0
	Tb	0	0	0.0035	0.014	0	0
	Tc	0	0	0	0	0.0035	0.014
预安排停运	线路1-2	0.12	0.024	0.12	0.024	0.12	0.024
	线路2-3	0	0	0.12	0.84	0.12	0.84
	线路3-4	0	0	0.12	0.84	0.12	0.84
	线路2-a	0.06	0.42	0	0	0	0
	线路3-b	0	0	0.06	0.42	0	0
	线路4-c	0	0	0.06	0.42	0.06	0.42
总计		0.2005	0.48775	0.5115	2.6055	0.4525	2.184

<h4 style="text-align:center">负荷点可靠性指标</h4>

负荷点指标	负荷点a	负荷点b	负荷点c
负荷点停电率期望值（次/年）	0.5815	0.5815	0.5815
负荷点停电时间期望值（h/年）	0.4878	2.6055	2.1840
负荷点平均供电可靠率期望值（%）	99.994%	99.970%	99.975%
负荷点缺供电量期望值（kWh/年）	243.8750	521.1000	655.2000
负荷点等效系统停电小时数期望值（h/年）	0.2439	0.5211	0.6552

10kV线路可靠性指标

系统指标	指标值
系统平均停电频率期望值（次/年）	0.5815
系统平均停电时间期望值（h/年）	2.0168
平均供电可靠率期望值（%）	99.977
系统缺供电量期望值（kWh）	1420.1750
系统平均缺供电量期望值（kWh/年）	61.7467

2022年电力行业职业技能竞赛
（供电可靠性管理员）综合能力考试试卷

兴安市为地级市，联东县为兴安市下辖县。请根据兴安市、联东县相关供电可靠性数据、运行日志及网架情况等资料，进行数据统计分析、事件填报、综合停电优化及目标管控分析等工作，并完成报告编制。

【参考资料】

资料1：兴安市主配网概况

资料2：兴安市供电公司2021年可靠性管理目标及要求

资料3：兴安市供电公司2020、2021年停电事件表

资料4：联东县供电公司2021年10月停电计划表

资料5：联东县供电公司2021年10月调度运行日志

资料6：联东县供电公司部分电网结构图及线路运行参数

资料7：联东县供电公司部分线路运行参数

资料8：联东县供电公司2021年11—12月停电计划

资料9：可靠性评估相关资料

【试题】

1. 请根据资料1～3，对兴安市2021年1—9月指标完成情况进行分析，主要分析1—9月全口径累计系统平均停电时间（保留到小数点后4位）。（15分）

从总体情况、预安排停电情况、故障停电情况、典型事件等维度进行分析。

2. 请根据资料4～5，结合资料6，完善联东县10月中压停电事件表和低压停电事件表。（15分）

（1）中压停电事件表要填写预安排停电和故障停电事件。

（2）中压停电事件序号从"2021010001"开始，同一事件同一序号；低压停电事件序号从"2021020001"开始。

3. 请根据资料6～8，结合资料1～2，针对11—12月停电计划涉及工作内容、停电必要性、停电范围、影响停电时户数等情况进行分析。同时，请结合现有装备和技术手段，优化方案，测算优化后的停电时户数。（22分）

4. 请根据相关资料，开展可靠性管理目标分析及重要负荷点的可靠性评估。

（1）请结合前三个场景，分析2021年联东县供电公司能否完成年度供电可靠性管理预定目标。（预测该县11、12月故障停电时户数分别为180、220h·户，除已定停电计划外无其他预安排停电）。（3分）

（2）请结合资料9，进行重要负荷点的可靠性评估。（5分）

5. 请根据以上资料，分析2021年供电可靠性方面存在的问题，提出2022年供电可靠性提升的意见和建议。（10分）

资料1：兴安市主配网概况

兴安市供电面积为1631km²，下辖6个区县，人口92万人，市域北部低山丘陵，东部沿海，西部平原，地势西高东低，年平均气温15.6℃，年均降雨量1309mm，冬季除部分山区外基本无降雪。

截至目前，全市共有220kV变电站6座，110kV变电站21座，35kV变电站20座，变电总容量5635MVA。2020年全社会用电量97.94亿kWh，同比增长10.63%，全社会最高负荷151.249万kW，同比增长14.88%。

联东县为兴安市下辖县之一。联东县供电公司目前拥有绝缘斗臂车2台，10kV发电车1台（1000kVA，具备同期并网发电能力，最大可连续发电8h），带电作业人员15人，旁路作业装备1套（含旁路负荷开关1台及20m旁路电缆，额定电流为200A），具备配网复杂不停电作业能力。

资料2：兴安市供电公司2021年可靠性管理目标及要求

工作目标：兴安市供电公司2021年供电可靠率目标为99.9758%，系统平均停电时间小于2.12h/户。联东县供电公司供电可靠率目标为99.9783%，系统平均停电时间小于1.90h/户。

2020年兴安市供电公司等效中压用户数为9200户，预计2021年兴安市供电公司等效中压用户数为9954户，2020年和2021年各时段等效用户数均按年度等效用户数进行计算，明细如表1所示。

表1 兴安市供电公司2020、2021年等效用户明细

公司名称	2020年等效用户数（户）	2021年等效用户数（户）
北城区供电公司	2172	2350
海潮县供电公司	1836	1987
联东县供电公司	1702	1842
东升县供电公司	1610	1742
西乐县供电公司	962	1040
南山县供电公司	918	993
兴安市供电公司	9200	9954

资料3：兴安市供电公司2020、2021年停电事件表

可扫描右侧二维码下载并阅读。

兴安市供电公司
2020、2021年
停电事件表

资料4：

表2 联东县供电公司2021年10月停电计划表

序号	站名	线路名称	停电范围	主要工作内容	停电时间	备注
1	35kV西台站	10kV西郊线	10kV西郊线35D开关至64D开关之间线路	JKLGYJ-150绝缘导线、避雷器更换，安装驱鸟器	10/12 08:00～18:00	19户
2	110kV阳腾站	10kV阳风线	10kV阳风线26D开关至58D开关之间线路	#30～#32杆之间线路导线更换，58D开关后负荷由阳风线供电永久调整至由西河线供电	10/18 08:00～12:00	16户
3	35kV西台站	10kV阳华线	10kV阳华线921开关至44D开关之间线路	拆除10kV阳华线#10杆T接太和支线隔离刀闸，阳和支线#1杆新装智能开关1台，#5～#11杆段线路绝缘化改造	10/23 08:00～15:00	25户

资料5：

表3　联东县供电公司2021年10月调度运行日志

序号	变电站	日期	日志类型	日志内容
1	35kV西台站	10/10	设备跳闸	08:09，35kV西台站：10kV西青线923开关速断跳闸，重合不成功，通知西台供电所王某带电查线。 08:49，西台供电所王某汇报：10kV西青线#1～#2杆间绝缘线被护树木压断边相，10kV西青线与10kV西环线#1～#2杆同杆架设，无法申请临时停运10kV西环线。 08:55，调度员李某遥控拉开10kV西环线922开关。西台供电所王某办理抢修手续组织抢修。 10:33，西台供电所王某汇报：10kV西青线故障处理完成，申请恢复供电。 10:55，10kV西环线供电正常，恢复正常运行方式。 10:58，10kV西青线供电正常，恢复正常运行方式。
2	35kV西台站	10/12	倒闸操作	08:00，供指中心值班人员张三遥控合上10kV西郊线一临天线87LL联络开关。 08:02，供指中心值班人员李某四遥控拉开10kV西郊线64D开关。 08:05，遥控拉开10kV西郊线35D开关。 08:45，10kV西郊线35D—64D段线路由热备用转检修。 17:23，10kV西郊线35D—64D段线路检修完毕。 17:25，合上10kV西郊线35D开关，前段线路供电正常。 17:50，合上10kV西郊线64D开关，拉开10kV西郊线一临天线87LL联络开关。
3	35kV南江站	10/13	运行记录	08:15，接用户报修电话，阳光小区部分低压居民停电。 08:55，高新区刘某汇报：10kV南凤线阳光小区A相因小区物业维修，施工作业车辆刮蹭断线。 09:20，低压抢修人员到达现场。 15:15，高新区刘某汇报：抢修结束，送电成功。 备注：阳光小区低压三相用户5户，单相用户156户。
4	35kV南江站	10/17	设备跳闸	15:21，南江站：10kV南地线18D开关速断跳闸，重合闸未投。通知西台供电所王某带电查线。 17:18，西台供电所王某汇报：10kV南地线瓷器厂用户分界负荷开关，客户自行组织抢修。 17:20，遥控拉开10kV南地线18—06J瓷器厂分界负荷开关，申请拉开10kV南地线18D支线18—06J瓷器厂分界负荷开关。 10月18日10:46，西台供电所王某汇报：瓷器厂用户箱变更换完毕，可以恢复送电。 10月18日10:50，遥控合上10kV南地线18—06J瓷器厂分界负荷开关。
5	110kV阳腾站	10/18	倒闸操作	08:30，供指中心值班人员李某四遥控合上10kV阳凤线一西河线71LL联络开关，08:33，供指中心值班人员李某四遥控拉开10kV阳凤线58D开关。 08:45，遥控拉开10kV阳凤线26D开关，09:15，10kV阳凤线26D—58D段线路由热备用转检修。 11:55，10kV阳凤线26D—58D段线路由检修转备用，12:00，合上10kV阳凤线26D开关，前段线路供电正常，拉开10kV阳凤线—西河线71LL联络开关。 12:05，供指中心值班人员李某四遥控合上10kV阳凤线58D开关。

续表

序号	变电站	日期	日志类型	日志内容
6	35kV恒昌站	10/21	设备跳闸	13:39，35kV恒福线912开关速断跳闸，重合成功，非故障区域自愈成功，37D开关后段负荷由10kV西木线供电。通知西台供电所李某对10kV恒福线带电巡线。 14:25，营销部张某告知某专用户精密制造厂，通知营测指挥班王某做好多户解释工作。 14:46，西台供电所李某汇报：10kV恒福线#22杆支线，#25杆支线专变用户精密制造厂自备应急电源于14:39分启动成功。 15:23，西台供电所李某汇报：10kV恒福线故障抢修完毕，21D开关定值整定错误，已处理，可以恢复供电。 15:39，35kV恒昌站：10kV恒福线送电正常，15:50，10kV恒福线恢复原运行方式。
7	110kV阳腾站	10/23	倒闸操作	08:00，遥控合上10kV阳华线一西庄线71LL联络开关。 08:07，遥控拉开110kV阳腾站10kV阳华线921开关，08:05，遥控拉开110kV阳腾站10kV阳华线44D开关。 14:00～14:45，110kV阳华线921开关—44D开关主段线路由热备用转检修。 14:46，遥控合上110kV阳腾站10kV阳华线921开关。 14:47，合上10kV阳华线44D开关，14:49，拉开10kV阳华线一西庄线47LL联络开关。
8	35kV南江站	10/25	设备跳闸	15:45，35kV南江站：10kV南凤线911开关速断动作，重合不成功。通知幸福南区安某带电查线。 16:10，幸福南区安某汇报：巡视发现用户检修自用变压器时序不采碰10kV南凤线#26～#27杆导线。 16:13，遥控拉开10kV南凤线23D开关。 16:15，遥控合上10kV南凤线911开关。 16:45，幸福南区安某汇报：故障处理完毕，具备复电条件。 17:00，10kV南凤线由检修转运行。
9	110kV汤胜变	10/30	设备跳闸	18:56，接上级调度信息，110kV汤胜变35kV汤红线314开关过流保护动作跳闸，重合不成功，35kV红旗站全站失压，通知输电运检中心巡线。 同时，110kV汤胜变10kV汤臣线922开关速断保护动作跳闸，重合不成功，通知供电所查线。 19:36，输电运检中心李某来汇报35kV阳红线#17～#18档之间导线搭到110kV汤臣线进线311开关，1号主变001，301开关。19:42，遥控合上10kV红明线一阳素线71LL联络开关。 19:38，遥控分开35kV红旗站35kV阳红线311开关，1号主变001，301开关。 19:46，遥控合上10kV红福线一阳素线71LL联络开关。 22:41，10kV汤臣线全线供电正常。
10	110kV阳腾站	10/31	运行记录	11:23，110kV阳凤线负载率超85%，低压满载。 11:25，启动迎峰度夏有序用电方案，按照当前期通知用户的压限额度，阳凤园每台配变允许供电容量640kVA。 详供电容量300kVA，御景园，凤凰园有序用电结束，恢复正常运行方式。 17:25，110kV阳腾站：10kV阳凤线有序用电，全线可带电容量2200kVA。其中联宜公司，君驰燃气，机关西配每台配变允许供电容量640kVA。 备注：联宜公司（限电前负荷为900kW，低压用户1户），君驰燃气（限电前负荷为900kW，低压用户1户），机关西配（限电前负荷为900kW，低压用户1户），御景园（限电前负荷为750kW，低压用户520户），凤凰园（限电前负荷为750kW，低压用户630户）

资料6：联东县供电公司部分电网结构图及线路运行参数

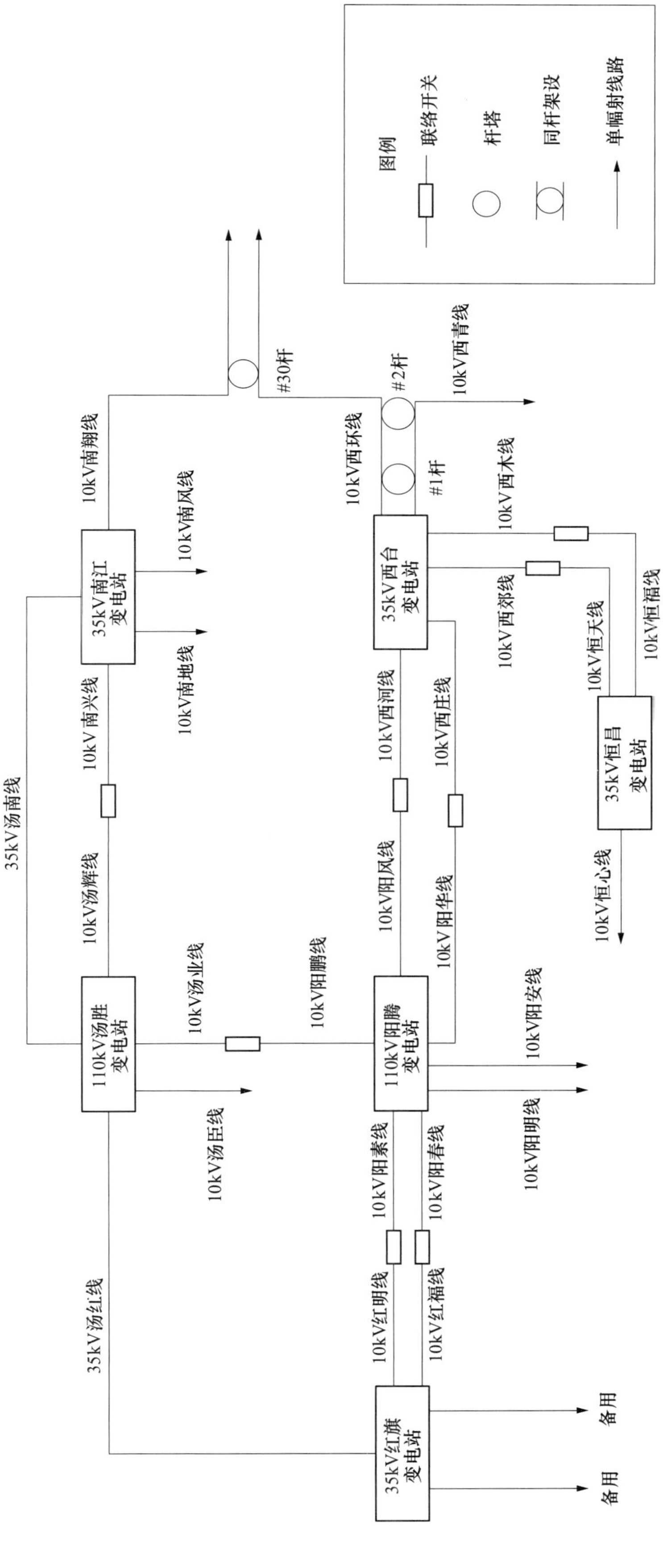

图1　联东县公司区域电网拓扑图

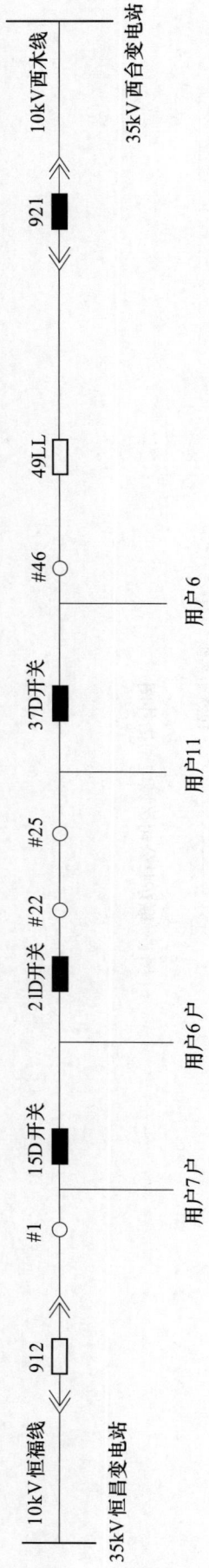

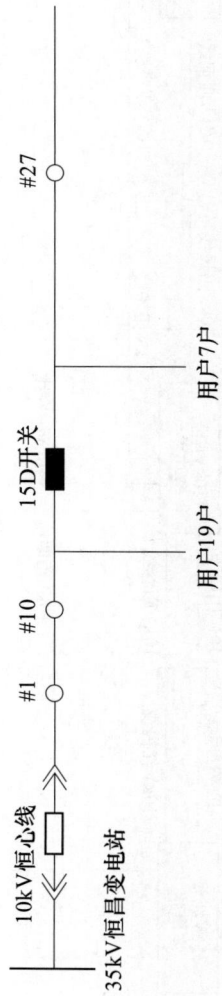

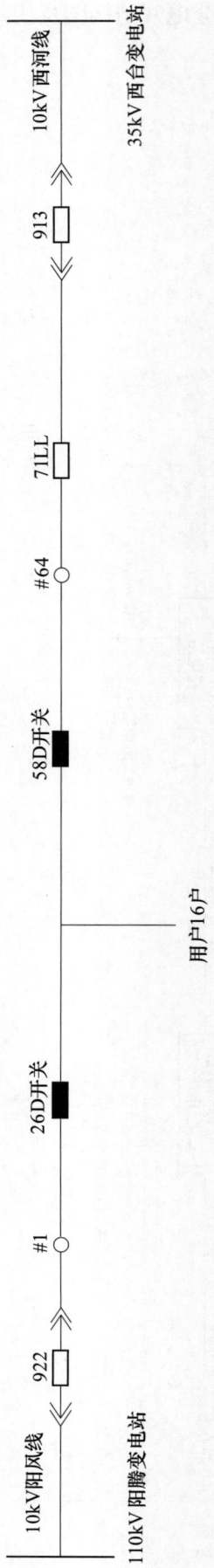

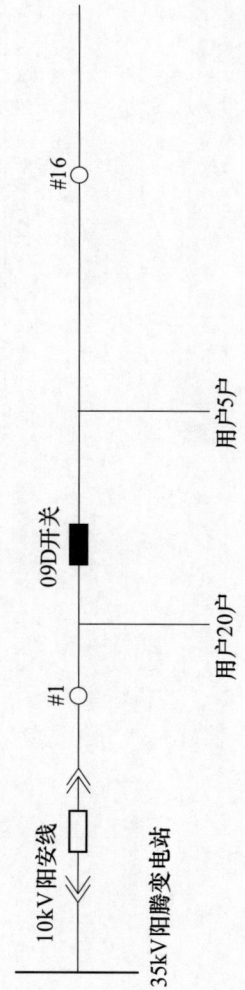

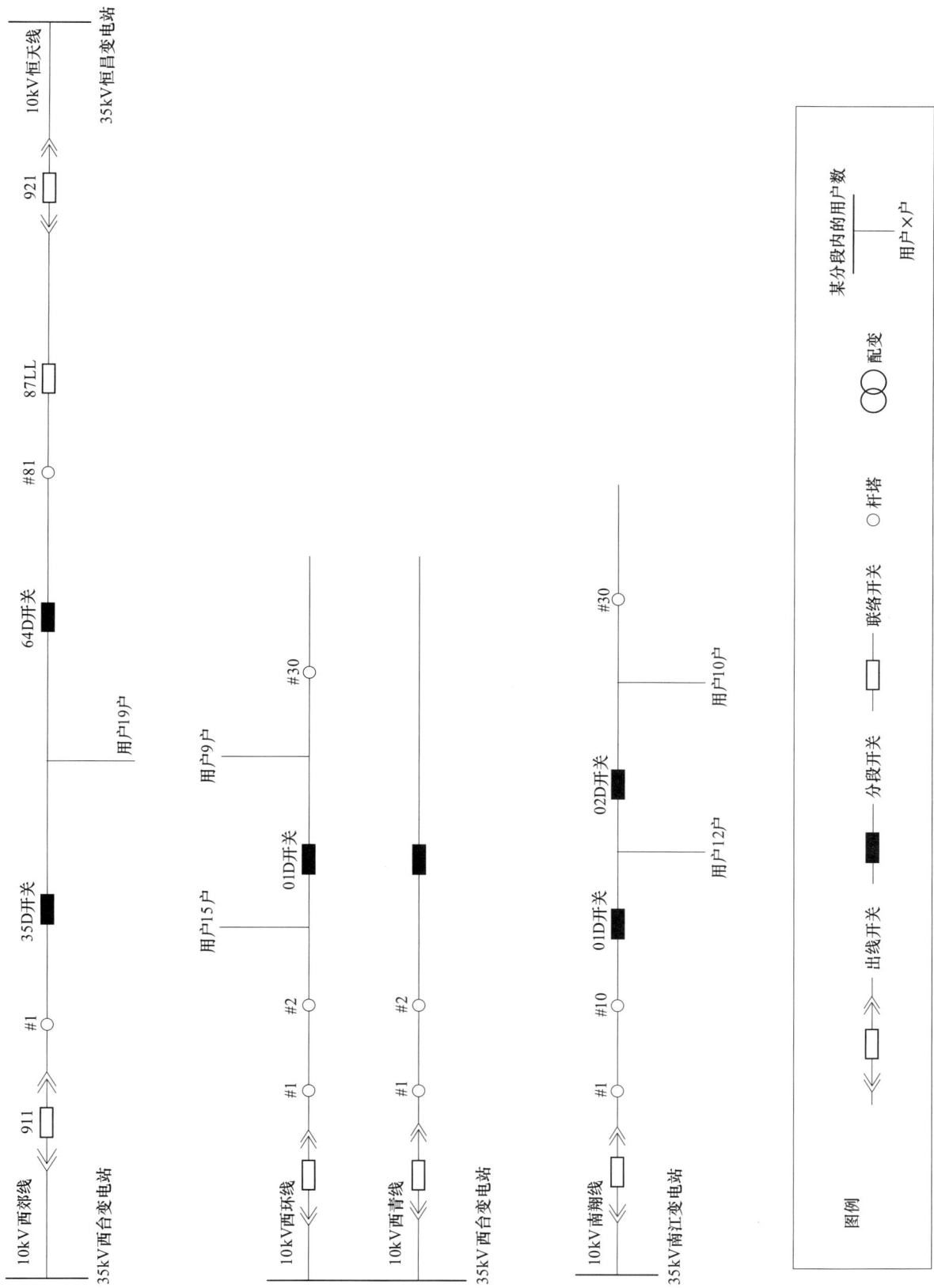

图2　部分线路略单线图

图例

出线开关　分段开关　联络开关　○杆塔　配变

某分段内的用户数 / 用户×户

10kV西郊线　911　#1　35D开关　64D开关　#81　87LL　921　10kV桓昌天线
35kV西合变电站　用户19户　35kV桓昌变电站

10kV西环线　911　#1　#2　01D开关　用户15户　用户9户　#30
10kV西青线　#1　#2　35kV西合变电站

10kV南翔线　911　#1　#10　01D开关　02D开关　用户12户　用户10户　#30
35kV南汇变电站

资料7:

表4 联东县供电公司部分线路运行参数

厂站	母线	线路	允许负荷（MW）	预计11—12月最大负荷（MW）	用户数（户）
35kV西台站（2×10MVA）	Ⅰ母线	10kV西郊线911	8.05	2	29
		10kV西庄线912	7.32	2.2	32
		10kV西河线913	7.32	1.8	35
	Ⅱ母线	10kV西木线921	8.05	1	50
		10kV西环线922	8.05	4	24
		10kV西青线923	6.05	3.6	43
35kV南江站（1×20MVA）	Ⅰ母线	10kV南风线911	7.32	2.5	34
		10kV南翔线912	7.32	4.4	22
	Ⅱ母线	10kV南兴线921	8.05	3.3	20
		10kV南地线922	6.98	1.8	17
35kV恒昌站（6MVA +10MVA）	Ⅰ母线	10kV恒福线911	7.32	3	30
	Ⅱ母线	10kV恒天线921	7.32	2.7	21
		10kV恒心线922	7.32	1.5	26
35kV红旗站（2×20MVA）	Ⅰ母线	10kV红福线911	8.05	1.2	15
		备用	8.05		
	Ⅱ母线	10kV红明线921	8.05	1.7	21
		备用	8.05		
110kV阳腾站（2×63MVA）	Ⅰ母线	10kV阳安线911	9.56	2.5	25
		10kV阳明线912	9.56	1.3	16
		10kV阳素线913	9.56	1.5	17
	Ⅱ母线	10kV阳华线921	9.56	3.1	45
		10kV阳凤线922	9.56	2.1	26
		10kV阳鹏线923	9.56	1.4	18
		10kV阳春线924	9.56	2.1	21
110kV汤胜站（2×63MVA）	Ⅰ母线	10kV汤辉线911	10	2.2	10
	Ⅱ母线	10kV汤业线921	10	1.5	12
		10kV汤臣线922	10	2.1	16

注：1. 10kV线路的联络点均位于主干线。

2. 35kV南江变电站为单线单变供电。

3. 10kV南翔线全线为架空导线，线路路径大多为空旷平地，运行条件较好。出线开关至01D开关无中压用户，01D开关至02D开关之间带有12个中压用户，最高负荷为2.4MW；02D开关后端有10个中压用户，最高负荷为2MW。

4. 10kV线路西环线出线开关至01D开关带有15个中压用户，最高负荷为2MW；01D开关后端有9个中压用户，最高负荷为2MW。

5. 各项工程不考虑操作时间。

资料8：

表5　联东县供电公司2021年11—12月停电计划

序号	日期	计划停电时间	工作时间	停电范围	工作内容	是否全线	提报单位
1	11/05	07:30～19:30	08:00～19:00	35kV恒昌站全站；全部10kV出线停电	35kV恒昌站35kV进线迁改	是	输电部、开发区供电所
2	11/08	08:00～13:00	08:30～12:30	35kV南江变电站进线汤南线全站停电；全部10kV出线停电	35kV南江站35kV汤南线进线配合停电	是	输电部、开发区供电所
3	11/17	08:00～13:00	08:30～12:30	35kV南江站：10kV南翔线出线开关及全线	10kV南翔线#1～#10杆大修	是	太平供电所
4	12/02	07:30～11:30	08:00～11:00	35kV恒昌站恒心线15D开关后段；110kV阳腾站阳安线09D开关后段	35kV恒昌站10kV恒心线15D开关后段与110kV阳腾站10kV阳安线09D后段新建联络环网箱	是	基建部
5	12/18	09:00～13:00	09:30～12:30	35kV恒昌站10kV恒心线全线	更换35kV恒昌站10kV恒心线#10杆小号侧A相线夹；更换35kV恒昌站10kV恒心线#10杆小号C相瓷绝缘子	是	运维班组

一、35kV恒昌变电站35kV进线实施线路改造

1．工程内容

35kV恒昌变电站共有2回35kV同杆架设进线，政府实施区域规划时要求2回35kV线路同时迁改，该工程要求于12月8日前交付，政府单位于12月10日进场开展市政工程。

2．停电申请内容

11月5日07:30～19:30，35kV恒昌变电站主网进线实施线路改造，35kV恒昌变电站全站及出线停电。

二、35kV南江站35kV汤南线进线配合停电工程

1．工程内容

因某输电线路工程新建施工需跨35kV南江变电站进线35kV汤南线，受地理环境限制，无法通过电缆旁路或架设跨越架等方式避免35kV汤南线停电，为配合施工作业，需要对35kV南江站全停。

2．停电申请内容

11月8日08:00～13:00，35kV南江站全站及出线停电。

三、35kV南江站10kV南翔线大修工程

1．工程内容

35kV南江变电站10kV南翔线#1～#10杆导线老化，出现断股，为保障线路安全运行水平，联东县公司计划对10kV南翔线开展大修，更换#1～#10杆导线。该工程不具备不停电作业条件。

2．停电申请内容

11月17日08:00～13:00，停电范围为10kV线路南翔线全线。

四、35kV恒昌站10kV恒心线网架完善工程

1．工程内容

联东县公司35kV恒昌站10kV恒心线网架完善工程为本年度重点基建工程，计划于35kV恒昌站10kV恒心线15D开关后段与110kV阳腾站10kV阳安线09D开关后段新增1台环网箱，实施联络改造，该项工程要求于12月初完成。经评估，该工程现场不具备不停电作业条件。

2．停电申请内容

12月2日07:30～11:30，35kV恒昌站10kV恒心线15D开关后段，涉及中压用户7户；110kV阳腾站10kV阳安线09D开关后段，涉及中压用户5户。

五、35kV恒昌站10kV恒心线消缺工作

1．工程内容

联东县公司运维班组巡视过程中发现线路缺陷，并安排停电开展计划消缺，如表6所示。

表6 消缺明细

序号	线路名称	设备名称	缺陷内容	处理措施
1	35kV恒昌站10kV恒心线	#10杆小号侧A相线夹	发热	更换线夹
2	35kV恒昌站10kV恒心线	#10杆小号侧C相瓷绝缘子	破损	更换瓷绝缘子

2．停电申请内容

12月18日09:00～13:00，35kV恒昌站10kV恒心线全线停电。

资料9：可靠性评估相关资料

在图3所示的系统中，MS1为10kV母线，QF1为出线断路器，FU1～FU3均为熔断器，QS1～QS3均为负荷开关，a（医院）、b（学校）、c（政府）均为联东县重要负荷点。

联络开关QS3常开，其余负荷开关常闭。该系统假设条件如下：

（1）母线、断路器、负荷开关和熔断器均无故障，不考虑计划检修影响，不考虑负荷转移过程中的潮流过载问题。

（2）所有负荷开关均采用手动操作。

（3）分支线故障时，熔断器动作优先于出线断路器。

（4）若故障处置涉及多个负荷开关操作，设定人员充足，操作可同时进行。

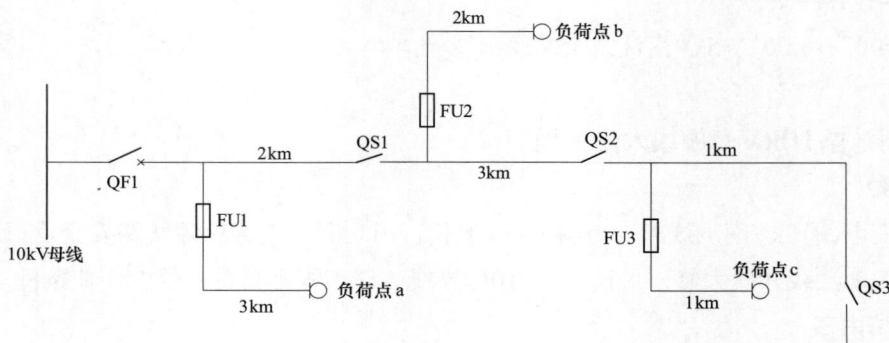

图3 配电线路单线图

表7　供电可靠性计算相关参数

设备名称	故障率 ［次/（km·a）］	平均修复时间 （h）	负荷开关手动操作 时间（h）	负荷点供电的 用户数（户）	负荷点的年负荷 峰值（kW）
供电干线1	0.1	3			
分支线	0.25	1			
QS1、QS2			0.5		
负荷点a				250	1000
负荷点b				100	400
负荷点c				50	100
QS3			1		